电能计量基础及计量装置的运行和管理

主编 李斌勤 李 刚

重庆大学出版社

内容提要

本书共6个教学项目，主要内容涉及电能表的基本知识，测量用互感器，电能计量装置的合理配置与装表技术，电能表与互感器的室内检定，电能计量装置的竣工验收与运行维护，电能计量资产的全寿命周期管理等。

本书紧密结合电能计量相关人员的工作职能，以实际工作任务为引导，帮助学生明确电能计量工作的内容和任务。

图书在版编目(CIP)数据

电能计量基础及计量装置的运行和管理/李斌勤,李刚主编.—
重庆:重庆大学出版社,2015.6(2024.1重印)
高职高专电气系列教材
ISBN 978-7-5624-9079-1

Ⅰ.①电…　Ⅱ.①李…②李…　Ⅲ.①电能计量—高等职业教
育—教材②电能计量—装置—高等职业教育—教材　Ⅳ.
①TM933.4

中国版本图书馆 CIP 数据核字(2015)第 101508 号

电能计量基础及计量装置的运行和管理

主　编　李斌勤　李　刚
策划编辑:周　立

责任编辑:文　鹏　　　版式设计:周　立
责任校对:关德强　　　责任印制:张　策

*

重庆大学出版社出版发行
出版人:陈晓阳
社址:重庆市沙坪坝区大学城西路 21 号
邮编:401331
电话:(023)88617190　88617185(中小学)
传真:(023)88617186　88617166
网址:http://www.cqup.com.cn
邮箱:fxk@ cqup.com.cn(营销中心)
全国新华书店经销
重庆新荟雅科技有限公司印刷

*

开本:787mm×1092mm　1/16　印张:14.75　字数:341 千
2016 年 3 月第 1 版　　2024 年 1 月第 3 次印刷
印数:1 501—2 500
ISBN 978-7-5624-9079-1　定价:42.00 元

前 言

　　本书是重庆电力高等专科学校国家骨干重点建设专业项目——供用电技术专业建设的成果,既是校企合作的产物,也是优质核心课程建设的配套教材。

　　本书由我校专业建设委员会领头,专兼结合组成本书编写小组。编写思路与"建立工作过程化课程体系"的职业教育课程改革方向相一致,主要遵循职业教育规律,满足企业岗位需求,符合学生就业要求。

　　本书由重庆电力高等专科学校李斌勤副教授和国网重庆市电力公司电力科学研究院高级工程师李刚合作主编,其中项目1、2、4、5由李斌勤编写,项目3和6由李刚编写。全书以教学项目或工作任务为编写单位,以知识、技能和职业技能鉴定为主要教学内容,同时将职业素质教育贯穿其中,以期达到满足理论与实践完美统一的教学模式的需要。

　　本书在编排上力求目标明确、操作性强、文字简练、图文并茂、通俗易懂。

　　由于本书采用新的体例,缺点和不足在所难免。在具体教学实践中,我们会不断完善和修改,并期待领导、专家及同行提出批评,更希望本校教师创造性地使用,使本书更加充实和完善,更加体现我校的特色。

编　者

2016 年 1 月

目录

项目 **1**
电能表的基本知识

知识要点

➢ 理解测量交流电能的原理依据。

➢ 熟悉感应式电能表的基本构造,掌握其工作原理表达式。

➢ 清楚感应式电能表的误差特性。

➢ 理解全电子式电能表工作原理的实现方法。

➢ 熟悉电子式电能表的主要构成单元及作用。

➢ 清楚电子式电能表的误差特性及调整方法。

➢ 理解电能测量四象限的概念和作用。

➢ 了解复费率电能表、多功能电能表、智能电能表的特点和功能。

技能目标

➢ 熟悉常用电能表的类别、型号命名规则及铭牌标志含义。

➢ 能熟练绘制各类电能表的接线图和相量图。

➢ 能熟练进行单相电能表的正确接线。

➢ 能通过单相电能表校验台测量电能表的误差,并绘制电能表的负荷特性曲线。

➢ 能根据多功能电能表的显示对其运行状态进行初步分析和判断。

任务 1.1　电能表概述

　　交流电能的测量包括单相、三相三线、三相四线电路中有功电能及无功电能的测量。电能是功率对时间的累积,所以电能计量的过程就是对功率连续测量并随时间累积的过程,由此下面均以电功率的形式写出数学表达式来描述交流电能的测量原理。

1.1.1 测量交流电能的原理依据

(1)单相电路有功电能的测量

以图 1-1 所示正弦交流电路中的一个二端网络为对象,分析交流电路中功率的一般情况。

令图示二端网络的端口电流、端口电压分别为:

$$i(t) = \sqrt{2}I \sin \omega t$$

$$u(t) = \sqrt{2}U \sin(\omega t + \varphi) \tag{1-1}$$

则在图示关联参考方向下该网络接受(或吸收)的瞬时功率为:

$$p(t) = u(t)i(t) = \sqrt{2}U \sin(\omega t + \varphi)\sqrt{2}I \sin \omega t$$

$$= UI \cos \varphi - UI \cos(2\omega t + \varphi) \tag{1-2}$$

由电路理论可知:网络的有功功率 P 反映该网络从外部吸收并消耗电能的平均速率,所以有功功率 P 是瞬时功率 p 在一个周期内的平均值。由此可得其数学表达式为:

$$P = \frac{1}{T}\int_0^T p(t)\mathrm{d}t = \frac{1}{T}\int_0^T u(t)i(t)\mathrm{d}t = UI \cos \varphi \tag{1-3}$$

测量单相电路有功电能的原理接线图如图 1-2 所示,计量元件的电流回路与电源的相线串联,电压回路则跨接在电源端的相线和零线之间。据此采样所得的被测电压和电流即可实现对该网络有功电能的测量,其具体实现方法在后述任务中的电能表结构原理分析部分再详细说明。图中"·"为同名端标志(也可记为"*")。

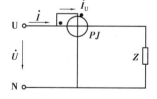

图 1-1　交流电路中的二端网络　　　　图 1-2　测量单相电路有功电能的原理接线图

(2)三相四线电路有功电能的测量

三相四线电路可以看成是由三个单相电路构成的,故其有功功率等于各相有功功率的总和,即:

$$P = P_U + P_V + P_W = \frac{1}{T}\int_0^T u_U(t)i_U(t)\mathrm{d}t + \frac{1}{T}\int_0^T u_V(t)i_V(t)\mathrm{d}t + \frac{1}{T}\int_0^T u_W(t)i_W(t)\mathrm{d}t$$

$$= U_U I_U \cos \varphi_U + U_V I_V \cos \varphi_V + U_W I_W \cos \varphi_W \tag{1-4}$$

由此可画出测量三相四线电路有功电能的原理接线图如图 1-3 所示,实际测量中可由三只单相有功表或一只三相四线有功表实现。

(3)三相三线电路有功电能的测量

因为三相三线电路中各相电流之和为零,即:

$$i_U + i_V + i_W = 0 \quad 或 \quad i_V = -(i_U + i_W) \tag{1-5}$$

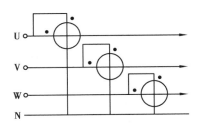 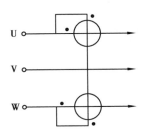

图1-3 测量三相四线电路有功电能的原理接线图　图1-4 测量三相三线电路有功电能的原理接线图

可得三相三线电路的瞬时功率表达式为:

$$p = u_U i_U + u_V i_V + u_W i_W = (u_U - u_V) i_U + (u_W - u_V) i_W$$
$$= u_{UV} i_U + u_{WV} i_W \tag{1-6}$$

其有功功率为:

$$P = \frac{1}{T} \int_0^T u_{UV}(t) i_U(t) \, dt + \frac{1}{T} \int_0^T u_{WV}(t) i_W(t) \, dt$$
$$= U_{UV} I_U \cos(\dot{U}_{UV}, \dot{I}_U) + U_{WV} I_W \cos(\dot{U}_{WV}, \dot{I}_W) \tag{1-7}$$

可见,只需采样两对电压电流即可实现对三相三线电路有功电能的测量。所以可画出测量三相三线电路有功电能的原理接线图如图1-4所示,实际测量中可由两只单相有功电能表或一只三相三线有功表实现。注意:加在计量元件上的是线电压和线电流。

(4)交流无功电能的测量原理

电力系统中不仅需要正确测量有功电能,还需要正确测量无功电能,以此计算用户的平均功率因数:

$$\overline{\cos \varphi} = \frac{W_P}{\sqrt{W_P^2 + W_Q^2}} = \frac{1}{\sqrt{1 + \left(\dfrac{W_Q}{W_P}\right)^2}} \tag{1-8}$$

由于提高功率因数对电力系统和国民经济的发展有着积极的现实意义,国家对电力用户采取了依据功率因数调整电费的办法促使其合理补偿无功电能;并且无功功率的平衡是维持整个电网电压质量的关键,所以正确测量无功电能既可考核电力系统无功功率平衡的状况,又可以考核用户无功补偿的合理性。

无功电能即为无功功率在一段时间内的累积量。电路理论中将网络与外部交换能量的最大速率定义为网络接受的无功功率,用 Q 表示。

对于图1-1所示的二端网络,将式(1-2)的第二项展开整理可得:

$$p = u(t) i(t) = UI \cos \varphi [1 - \cos(2\omega t)] + UI \sin \varphi \sin(2\omega t) \tag{1-9}$$

其中,第一个分量 $UI \cos \varphi [1 - \cos(2\omega t)]$ 始终 ≥ 0,代表二端网络消耗能量的速率,其平均值即为有功功率 $UI \cos \varphi$;第二个分量 $UI \sin \varphi \sin(2\omega t)$ 是一个正负半周面积相等的交变分量,因而表征能量交换规模的无功功率按定义等于其最大值,可得 Q 的数学定义式为

$$Q = UI \sin \varphi \tag{1-10}$$

式(1-10)即为测量无功的原理依据。

3

式(1-10)中，$U\sin\varphi$ 等于电压 $\dot{U}$ 与 $\dot{I}$ 正交的无功分量 $\dot{U}_r$ 的大小，因而工程上也将具有 $\pi/2$ 相位差的电压与电流的有效值的乘积称为无功功率。

由无功功率的数学定义式可知，不含独立源的感性网络接受的无功功率为正值，而容性网络接受的无功功率为负值，所以习惯上称网络接受的正的无功功率为感性无功功率，负的无功功率为容性无功功率，正、负号表示感性无功和容性无功之间相互补偿的性质。

目前主要采用两大类方法来实现无功的测量原理：跨相法和90°移相法。

跨相法测量无功的实质是在有功电能表的基础上，通过改变电压、电流回路的接线方式，改变计量元件采样的电压或电流让表计由反映有功功率 P 的大小转换为反映无功功率 Q 的大小，从而实现测量无功的目的。

跨相法只适用于三相电路无功功率和电能的测量。常用的有跨相90°型和内相角60°型两种，主要在感应式电能表和早期传统的电子式电能表中采用，当三相电路不对称时将产生较大的原理性误差。

而90°移相法直接从无功的数学定义式出发，对电压进行90°移相后测量无功，根据实现90°移相的方法不同可分为模拟移相90°乘法、数字移相90°乘法等。90°移相法不仅适用于三相电路也适用于单相电路，并且不存在因三相不对称而引起的原理性误差。

1.1.2 常用电能表的分类

电能的计量贯穿于电力生产、输送和销售的全过程，所以电能表应用于发电、供电和用电的各个环节，是使用量最大、涉及面最广的电能计量器具，其品种、规格繁多。

按计量元件测量原理实现方式的不同，电能表可划分为感应式电能表和电子式（静止式）电能表；

按照用途不同可划分为有功电能表、无功电能表、复费率（分时）电能表、最大需量表、损耗电能表、预付费电能表、标准电能表、多功能电能表、智能电能表；

按照准确度等级可划分为普通安装式电能表（0.2、0.2 s、0.5、0.5 s、1.0、2.0、3.0 级）和携带式精密级电能表（0.01、0.02、0.05、0.1、0.2 级）；

按照安装接线方式可分为直接接入式和经互感器接入式（间接接入式）；

按其相线又可分为单相电能表、三相三线电能表和三相四线电能表等。

1.1.3 电能表的型号命名规则

电能表型号是用英文字母和阿拉伯数字的排列来表示的，我国对安装式电能表型号的编制方法规定如下：

感应式电能表型号的一般内容为产品类别代号＋组别代号＋设计序号＋改进（派生）代号＋连接符和规格代号组成，型号含义见表1-1。

例如，DDY862-4 表示单相预付费电能表，设计序号为862，电能表的最大电流为标定电流的 4 倍。

电子式电能表的型号内容一般为产品类别代号＋第一组别代号＋第二组别代号＋功能代号＋注册号＋连接符和通信方式代号组成，型号含义见表1-2。

例如 DTZY862-G 表示三相四线电子式智能电能表,具有费控功能,注册号为 862,电能表的通信方式为 GPRS。

表 1-1　感应式电能表型号含义

类别代号	D—电能表
组别代号	表示相线:D—单相;S—三相三线有功;T—三相四线有功; 表示用途:B—标准表;F—复费率;L—长寿命;M—脉冲;X—无功; Y—预付费;Z—最大需量
设计序号	以阿拉伯数字表示(可指代是某个生产厂家的产品)
改进(派生)代号	T—湿热、干热两用;TH—湿热带用;TA—干热带用;G—高原用; H—船用;F—化工防腐用
规格代号	"X"表示最大电流为标定电流的 X 倍

表 1-2　电子式电能表型号含义

类别代号	D—电能表
第一组别代号	D—单相;S—三相三线;T—三相四线;X—无功
第二组别代号	H—谐波;L—长寿命;S—静止(电子);Z—智能
功能代号	D—多功能;F—多费率(分时);H—多用户;J—防窃;Y—费控、预付费
注册号	以阿拉伯数字表示,是每个厂家向国家电工仪器仪表委员会申请到的产品型号号码
通信方式代号	C—CDMA;G—GPRS;Q—光纤;Z—电力线载波

*:功能代号"Y"只有在第二组别代号"Z"(智能)后时,其含义才为"费控";在其他代号后时,其含义均为"预付费"。

1.1.4　电能表的铭牌标志及其含义

电能表铭牌是位于电能表内部或外部的易于读取的标牌,如图 1-5 所示。一般铭牌上标注用于辨别和安装仪表以及解读测量结果的必要信息,具体如下:

(1)名称、型号和表号

名称说明电能表的用途,型号则表明电能表的类别、结构和功能等,名称和型号通常位于铭牌中间最显眼的地方;表号则用数位阿拉伯数字表示,作为区别不同表计的标志,并辅以条形码供机器识别以适应现代化管理。

图 1-5　电能表铭牌

（2）额定参数

额定参数包括频率、电流、电压的额定值。

额定频率是指确定电能表相关计量特性的频率值，以 Hz（赫兹）作为单位。

额定电流包括基本电流 I_b 和额定最大电流 I_{max}，I_b 和 I_{max} 均是表征电能表相关计量特性的电流值。其中，基本电流也叫标定电流或参比电流，是确定电能表有关计量特性的电流值，通常作为计算电能表负载的基数电流值；额定最大电流是仪表能满足其制造标准规定的准确度的最大电流值，在该电流下电能表能长期正常工作且误差与温升完全满足技术条件的规定。在铭牌上，通常基本电流写在前面，额定最大电流写在后面括号内。例如：1.5（6）A 和 3×5（20）A 等。

额定电压也叫参比电压，是指确定电能表有关计量特性的电压值，以 U_N 表示。例如：对于单相、三相三线及三相四线低压电能表分别用 220 V、3×380 V 和 3×220/380 V 表示，高压三相表则表示为 3×100 V 或 3×100/$\sqrt{3}$ V。

（3）电能表常数

电能表常数用 C（或 A）表示，它是表示电能表记录的电能值和相应的转数或脉冲数之间关系的常数，如 $C = 2\,400\ r/(kW\cdot h)$、$C = 3\,600\ imp/(kW\cdot h)$、$C = 7\,200\ imp/(k\,var\cdot h)$ 等，其物理意义是用户每消耗（吸收）单位电量所对应的电表转盘的转数或发出的脉冲数。

（4）准确度等级

电能表的准确度等级是依据其基本误差来划分的，它以记入圆圈中的数字表示，如①、②表示。没有标志时，电能表的准确度等级视为 2.0 级。

（5）生产许可证标志和编号

许可证标志一般位于铭牌的右上角或右下角，符号是 CMC。许可证标志由技术监督部门审批后签发，并配以国家唯一的编号（标注于铭牌上）。

（6）依据的标准

标注生产电能表所依据的国家标准号。

（7）接线图和接线盒编号

电能表接线盒盖内侧一般印有电能表接线图，接线图上的编号应与接线盒编号相一致，以供正确安装电能表。

（8）互感器额定变比（适用于经互感器接入式的电能表）

当电能表与互感器配合计量时可在电能表留有位置记录互感器的变比。

（9）Ⅱ类防护绝缘封闭电能表的符号"回"和户外用电能表的符号"C"

电能表的生产制造必须具有适用国家强制标准的这两种符号。

（10）制造厂或商标及生产日期

电能表的生产厂家及商标也必须标注于电能表铭牌上，生产日期则以阿拉伯数字并辅以中文年月日标注。

思考与讨论

1. 正确测量无功电能的主要目的是什么? 实现无功测量原理主要有哪两大类方法?

2. 电能表铭牌上一般应标注哪些信息? 请说出电能表型号 DTSD188-Z 和 DSSY331-Q 的含义。

任务1.2　感应式电能表

1.2.1　基本结构

交流感应式电能表一般由测量机构、辅助部件和误差调整装置几部分组成,测量机构是电能表实现电能测量的核心部分。

(1) 测量机构

单相交流感应式电能表的测量机构如图1-6所示,由驱动元件、转动元件、制动元件、轴承和计度器五大部分构成。

1) 驱动元件

驱动元件包括电压元件和电流元件,电压元件由电压铁芯、电压线圈和回磁极组成,电流元件由电流铁芯和电流线圈组成。驱动元件的作用是接受被测电路的电压和电流并产生与之成比例的电压工作磁通 $\dot{\Phi}_U$ 和电流工作磁通 $\dot{\Phi}_I$。交变的工作磁通穿过转盘并在转盘内产生感应电流,工作磁通和感应电流相互作用产生驱动力矩推动转盘转动,故驱动元件又称电磁元件。

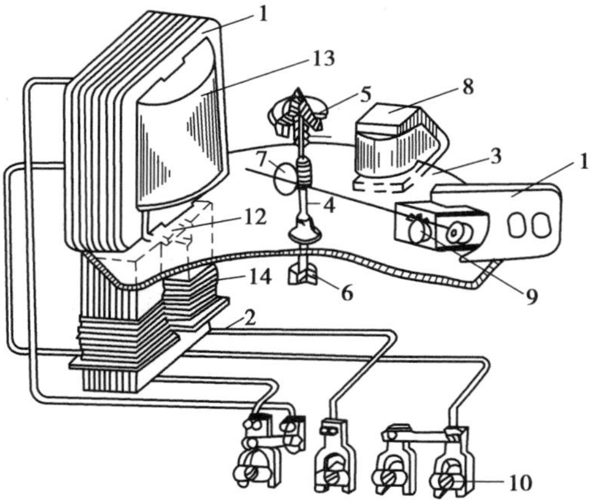

2) 转动元件

转动元件包括转盘和转轴。其作用是在驱动元件产生的驱动力矩推动下转动,并将转动的转数适时传递给计度器。

3) 制动元件

图1-6　单相交流感应式电能表测量机构
1—电压铁芯;2—电流铁芯;3—转盘;4—转轴;
5—上轴承;6—下轴承;7—涡轮;8—制动元件;
9—计度器;10—接线端子;11—铭牌;12—回磁极;
13—电压线圈;14—电流线圈

制动元件包括永久磁钢及其调整装置。其作用是产生与驱动力矩方向相反的制动力矩,使转盘的转动速度与被测电路的功率成正比。

4) 轴承

轴承由上下轴承组成,上轴承起定位和导向作用,下轴承用以支撑转动元件。轴承是感应式电能表的重要元件,其质量的优劣对电能表的误差特性和使用寿命有着重要影响,主要有钢珠宝石结构轴承和磁力结构轴承两种。

5) 计度器

计度器是电能表的指示部分,其作用是积累电能表转盘的转数并转化为被测电量显示出来。

(2) 误差调整装置

感应式电能表由于设计、制造过程中各种因素的影响会造成电能表的计量误差。误差调整装置的作用是改善电能表的使用特性并将电能表的误差调整到规定的范围内,一般由满载调整装置、轻载调整装置、相位角调整装置、防潜装置组成。有些电能表还有过载补偿装置及温度补偿装置,三相电能表还应装有平衡调整装置。

满载调整装置又称为制动力矩调整装置,主要通过改变电能表永久磁钢的制动力矩来改变转盘的转速,用于调整 20% ~100% 基本电流范围内电能表的误差。

轻载调整装置又称为补偿力矩调整装置,主要用来补偿电能表在 5% ~20% 基本电流范围内运行时的摩擦误差和电流铁芯工作磁通的非线性误差以及由于装配的不对称而产生的附加力矩。

相位角调整装置又称为力率调整装置,主要用于调整电能表电压工作磁通与电流工作磁通之间的相位角,使它们之间的相角差满足 $\psi = 90° - \varphi$ (φ 为 $\dot{\Phi}_U$ 与 $\dot{\Phi}_I$ 之间的相位角)的要求,以保证电能表在不同功率因数的负载下都能正确计量。

防潜装置的主要作用是制止电能表无负载时的空转现象。

(3) 辅助部分

电能表的辅助部分包括底座、表盖、基架、端钮盒和铭牌。下面主要介绍端钮盒和铭牌。

1) 端钮盒

端钮盒一般由酚醛塑料压制而成,接线端子由铜材制作。其作用是将测量机构的电流、电压线圈与被测电路相连,所以除了具备足够的机械强度外还应具有良好的电气绝缘性能。端钮盒盖上有电能表接线图。

2) 铭牌

铭牌一般固定在表壳上,有螺钉固定和压卡式两种结构。铭牌上规定要标注的内容有:制造厂家、电能表名称及型号、额定频率、额定电压、基本电流和额定最大电流;电能表常数;准确度等级;生产许可证标志和编号;制造标准;转盘转动方向和识别转动的色标;计量单位、计度器小数位数或示值倍数;制造厂或商标;生产日期等。单相感应式电能表铭牌如图1-7所示。

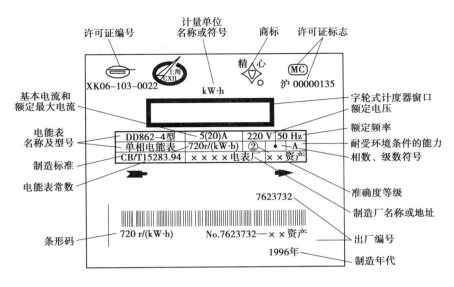

图1-7 单相感应式电能表铭牌

（4）三相电能表结构

三相电能表由单相电能表发展形成,同样由驱动元件、转动元件、制动元件、轴承、计度器、辅助部件和误差调整装置组成。三相电能表和单相电能表的主要区别在于:每只三相电能表都有两组或三组电磁驱动元件,它们产生的电磁驱动力矩共同作用在一个转动元件上,并由一个计度器指示三相电路消耗的总电能量。

三相电能表按其结构可分为三相三元件和三相两元件两类,其转盘可能是三转盘、双转盘或单转盘,常用的有三元件双转盘式和两元件双转盘式三相电能表,其结构如图1-8所示。前者主要用于三相四线电能表,后者多用于三相三线电能表中。

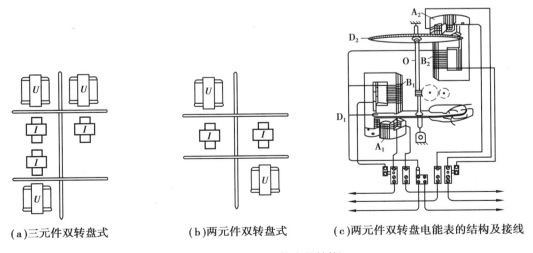

（a）三元件双转盘式　　　　（b）两元件双转盘式　　　　（c）两元件双转盘电能表的结构及接线

图1-8 三相电能表的结构

1.2.2 感应式有功电能表工作原理的实现

(1)单相有功电能表

将单相有功电能表按图1-9所示接线方式和被测电路相连后,回路电压 $\dot{U}$ 和负载电流 $\dot{I}$ 分别施加在电能表电压线圈和电流线圈上,于是线圈中通过的交变电流分别在电压铁芯和电流铁芯上产生交变磁通,其中穿过转盘的磁通分别称作电压工作磁通 $\dot{\Phi}_U$ 和电流工作磁通 $\dot{\Phi}_I$。

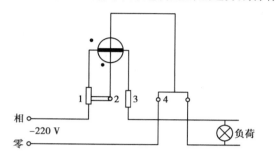

图1-9 单相有功电能表的接线图

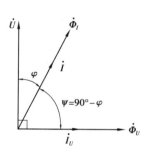

图1-10 理想相量图

1)电能表的理想相量图

假定电能表所接负载为感性负载,负载阻抗角为 φ,同时忽略铁芯损耗,那么外加电压 $\dot{U}$、电压线圈中的电流 $\dot{I}_U$、负载电流 $\dot{I}$、电压工作磁通 $\dot{\Phi}_U$ 和电流工作磁通 $\dot{\Phi}_I$ 之间的相位关系如图1-10所示。其中,$\dot{\Phi}_U$ 和 $\dot{\Phi}_I$ 之间的相位差角 ψ 习惯上称为电能表的内相角,它与负载功率因数角 φ 之间的关系为

$$\psi = 90° - \varphi \tag{1-11}$$

2)驱动力矩的产生及其和负载功率的关系

交变的 $\dot{\Phi}_U$ 和 $\dot{\Phi}_I$ 穿过转盘,分别在转盘上产生了感应电流。由于 $\dot{\Phi}_U$ 和 $\dot{\Phi}_I$ 在空间上处于不同的位置,在时间上存在相位差,所以由电路理论分析可知磁通和感应电流相互作用将在转盘上产生驱动力矩,推动转盘转动。

由于转盘的转动惯量较大,所以转盘的转动由所有驱动力矩在一个周期内的平均值 M_Q 决定。

根据电磁学理论推导可得:驱动力矩 M_Q 的方向总是由相位超前磁通所在的空间位置指向相位滞后磁通所在的空间位置,M_Q 的大小则与穿过转盘的两个工作磁通及其间相位差的正弦值乘积成正比,即

$$M_Q = K\Phi_I\Phi_U \sin\psi \tag{1-12}$$

式中 K——驱动力矩系数,与铁芯、转盘尺寸及相对位置有关。

若忽略电压、电流铁芯的损耗及其非线性影响,则 $\dot{\Phi}_U$ 与产生它的电压 $\dot{U}$ 成正比,$\dot{\Phi}_I$ 与

产生它的电流 i 成正比,即

$$\Phi_U = K_U U, \Phi_I = K_I I \tag{1-13}$$

式中　K_U、K_I——电压、电流比例系数。

将式(1-11)、式(1-13)代入式(1-12)中,可得:

$$M_Q = K(K_I I)(K_U U)\sin(90° - \varphi) = K_W UI\cos\varphi = K_W P \tag{1-14}$$

式中　K_W——比例系数;

　　　P——负载的有功功率。

式(1-14)表明该单相电能表计量的有功功率等于被测电路的电压、电流以及二者间相位差余弦值的乘积,即驱动力矩与负载的有功功率成正比。

3)制动力矩

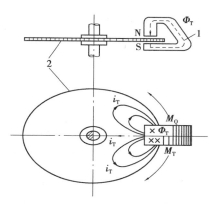

如图1-11所示,转盘在 M_Q 作用下转动时切割永久磁铁产生的制动磁通 Φ_T,在转盘中产生感应电流 i_T,Φ_T 和 i_T 相互作用产生电磁力 F_T。据电磁学理论分析可知,F_T 的方向始终和转盘的转动方向即驱动力矩 M_Q 方向相反,因此把这种电磁力 F_T 称为制动力,它和作用力臂的乘积称为制动力矩,用 M_T 表示。推导可得

$$M_T = K_T \Phi_T^2 n \tag{1-15}$$

式中　K_T——制动力矩系数;

　　　n——转盘的转速。

图 1-11　制动力矩的产生
1—永久磁铁;2—转盘

式(1-15)表明制动力矩 M_T 总是和转盘转速 n 成正比。

当负载用电时,产生一驱动力矩作用在转盘上,转盘就加速转动,制动力矩随之增加,当 $M_Q = M_T$ 时,转盘不再加速而稳速转动。若负载功率 P 增加或减小时,驱动力矩 M_Q 随之增减,于是转盘转速加快或减慢,M_T 也随之变化。当两力矩达到新的平衡状态时,转盘转速不再改变,而是在新的转速下稳速转动。

转盘稳速转动时有 $M_Q = M_T$,即

$$K_W P = K_T \Phi_T^2 n \tag{1-16}$$

于是得到转盘转速 n 与负载 P 的关系式为

$$n = \frac{K_W}{K_T \Phi_T^2} P = CP \tag{1-17}$$

设在某段时间 T 内负载 P 不变,令 T 时间内转盘转过的转数为 N,则 $N = nT$,那么由式(1-17)可得

$$N = nT = CPT = CW \tag{1-18}$$

式中　W——负载在 T 时间内消耗的电能,(kW·h);

　　　C——电能表常数,(r/kW·h)。

式(1-18)表明:在一定时间内,接入电表的负载所消耗的电能与电能表累计的转数成正比。

（2）三相四线（三相三元件）有功电能表

三相四线电能表应用于接入非中性点绝缘系统，其接线图和相量图如图 1-12 所示，实际上可理解为三只单相表组合而成。

在图示接线方式下，三组驱动元件反映的总有功功率为

$$P = P_U + P_V + P_W = U_U I_U \cos \varphi_U + U_V I_V \cos \varphi_V + U_W I_W \cos \varphi_W \tag{1-19}$$

因而转盘上总的驱动力矩和三相电路总的有功功率成正比，故电能表指示三相电路消耗的总电能值。

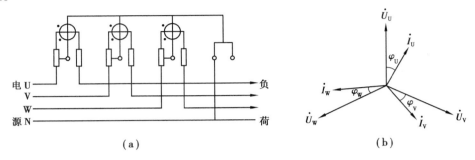

（a）　　　　　　　　　**（b）**

图 1-12　三相四线有功电能表的接线图和相量图

（3）三相三线（三相两元件）有功电能表

三相三线电能表应用于接入中性点绝缘系统，其接线图和相量图如图 1-13 所示，实际上可理解为两只单相电能表组合而成。注意：施加在计量元件上的是线电压和线电流。

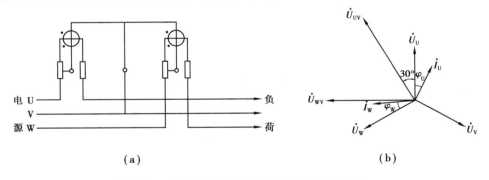

（a）　　　　　　　　　**（b）**

图 1-13　三相三线有功电能表的接线图和相量图

在图示接线方式下，两组驱动元件反映的总有功功率为

$$P = P_1 + P_2 = U_{UV} I_U \cos(30° + \varphi_U) + U_{WV} I_W \cos(30° - \varphi_W) \tag{1-20}$$

设三相电路电压对称，负载平衡，即 $U_{UV} = U_{WV} = U_L$，$I_U = I_W = I_L$，$\varphi_U = \varphi_W = \varphi$，则

$$P = U_L I_L [\cos(30° + \varphi) + \cos(30° - \varphi)] = \sqrt{3} U_L I_L \cos \varphi \tag{1-21}$$

那么

$$M_Q = K_W P = K_W \sqrt{3} U_L I_L \cos \varphi \tag{1-22}$$

即转盘上两组驱动元件产生的总驱动力矩正比于三相三线电路总的有功功率，故电能表指示三相三线电路消耗的总电能值。

1.2.3　感应式无功电能表工作原理的实现

如前所述,常用的感应式无功电能表有跨相90°型和内相角60°型两种,下面具体分析其工作原理的实现。

(1)跨相90°型无功电能表

这种类型的无功电能表通常用于测量三相四线电路中的无功电能,其整体结构与三相四线有功电能表完全相同,主要区别在于电表测量机构内部电压线圈的接线方式不同。图1-14是跨相90°型无功电能表的原理接线图和相量图。

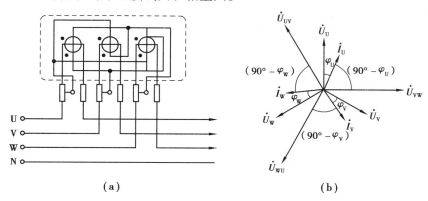

图1-14　跨相90°型三相四线无功电能表的接线图和相量图

由图可见,其接线方法是将每组驱动元件的电压线圈分别跨接在滞后相应电流线圈所在相之相电压90°的线电压上,所以称之为跨相90°型无功电能表。各元件反映的功率变化为:

第一元件功率为

$$Q_1 = U_{VW}I_U \cos(90° - \varphi_U) = U_{VW}I_U \sin\varphi_U$$

第二元件功率为

$$Q_2 = U_{WU}I_V \cos(90° - \varphi_V) = U_{WU}I_V \sin\varphi_V$$

第三元件功率为

$$Q_3 = U_{UV}I_W \cos(90° - \varphi_W) = U_{UV}I_W \sin\varphi_W$$

总功率表达式为

$$Q = Q_1 + Q_2 + Q_3 = U_{VW}I_U \sin\varphi_U + U_{WU}I_V \sin\varphi_V + U_{UV}I_W \sin\varphi_W \qquad (1\text{-}23)$$

设此三相电路电压对称且负载平衡,即 $U_{VW} = U_{WU} = U_{UV} = U_L$, $I_U = I_V = I_W = I$, $\varphi_U = \varphi_V = \varphi_W = \varphi$, $U_L = \sqrt{3}\,U$,此时,三组元件反映的总功率表达式为

$$Q = U_{VW}I_U \sin\varphi_U + U_{WU}I_V \sin\varphi_V + U_{UV}I_W \sin\varphi_W = 3U_LI \sin\varphi = \sqrt{3}\,(3UI \sin\varphi)$$

$$(1\text{-}24)$$

上式表明,按跨相90°接线的电能表所反映的总功率为三相电路无功功率的 $\sqrt{3}$ 倍。所以,通常在无功电能表制造时就考虑这个因素,将各组电磁元件的电流线圈(或电压线圈)的匝数缩小 $\sqrt{3}$ 倍,即可正确测量三相电路的无功电能。

跨相90°型三相(三元件)无功电能表只在完全对称或简单不对称的三相电路中才能实

现正确计量,否则要产生原理性线路附加误差。同时,当负载为容性时,总的无功功率 Q 为负值,电能表将反转。

（2）60°型无功电能表

60°无功电能表的结构特点是在每个电压线圈中串接一个适当的附加电阻 R_u,使电压工作磁通滞后相应电压线圈端电压的相位角由90°减小为60°。

内相角60°型三相三线无功电能表的原理接线图和相量图如图1-15所示。

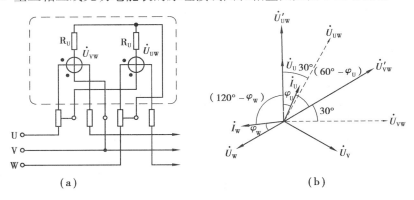

（a）　　　　　　　　　　　（b）

图1-15　内相角60°型三相三线无功电能表的接线图和相量图

在画内相角60°型三相三线无功电能表的相量图时,可相对地将无功电能表电压线圈的电压相量在原来正确位置逆时针旋转30°,即将 $\dot{U}_{VW}$ 和 $\dot{U}_{UW}$ 分别逆时针旋转30°到相应位置,得到 $\dot{U}'_{VW}$ 和 $\dot{U}'_{UW}$。则各组元件反映的功率变化为

第一组元件反映的功率

$$Q_1 = U'_{VW}I_U \cos(60° - \varphi_U) = U_{VW}I_U \cos(60° - \varphi_U)$$

第二组元件反映的功率

$$Q_2 = U'_{UW}I_W \cos(120° - \varphi_W) = U_{UW}I_W \cos(120° - \varphi_W)$$

总功率表达式为

$$Q = Q_1 + Q_2 = U_{VW}I_U \cos(60° - \varphi_U) + U_{UW}I_W \cos(120° - \varphi_W) \tag{1-25}$$

设三相电路电压对称且负载平衡,即:$U_{VW} = U_{UW} = U_L$;$I_U = I_W = I_L$;$\varphi_U = \varphi_W = \varphi$。此时两组元件反映的总功率为

$$Q = U_L I_L \cos(60° - \varphi) + U_L I_L \cos(120° - \varphi) = \sqrt{3} U_L I_L \sin\varphi \tag{1-26}$$

即正好是三相电路总的无功功率,所以60°型无功电能表可准确测量三相对称或简单不对称电路的无功电能。同样,当负载为容性或负载为感性但三相电源为逆相序时,电能表将反转,读者可自行分析。

1.2.4　感应式电能表的误差特性

电能表由于受本身结构、制造工艺和各种外界因素的影响,所测得的电量与负载实际消耗的电能量是有差别的,即为误差。电能表的误差按其产生的原因可分为基本误差和附加误差。

14

（1）电能表的基本误差及其负载特性曲线

电能表在规定的参比条件下，即在额定电压、额定频率、规定温度及规定的功率因数等条件下测得的相对误差称为基本误差。电能表的准确度等级就是根据其基本误差确定的。例如：2.0 级的电能表，其基本误差应不超过 ±2.0%，0.5 级的电能表基本误差应不超过 ±0.5%。

电能表的基本误差主要是由其内部结构原理决定的，基本误差与负载电流和负载功率因数有关，通常把表征基本误差与负载关系的曲线称为电能表的负载特性曲线。测试可得感应式电能表的负载特性曲线如图 1-16 所示。（注：$\lambda = 1$ 时为实线，$\lambda = 0.5$ 时为虚线；（a）为单相，（b）为三相。）

由图可见，感应式电能表的负载特性曲线不是一条水平直线，误差随负载在一个区间内起伏变化，主要是由于摩擦力矩及电流铁芯磁化曲线的非线性等造成的。

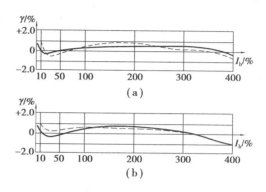

图 1-16　感应式电能表的负载特性曲线

现代电能表的发展，要求电能表能在较宽负载范围内使用，所以希望电能表的负载特性曲线较为平直。

（2）附加误差

电能表实际运行时所处的外界环境与规定的检定条件之间有很大的差异，例如电源电压、电网频率、波形畸变、环境温度变化、外磁场干扰等因素都会导致电能表的误差发生改变。我们将由于外界条件发生变化而引起的电能表误差的改变量叫做电能表的附加误差，附加误差也用相对误差的形式来表示。

1.2.5　识绘电能表原理接线图的方法

电能表的原理接线图是介绍一种计量器具工作原理的重要组成部分，其绘制应遵循一定的原则和惯例，以便使看图人员一目了然，从而快速准确地对电能表的计量原理有一个正确的认识。现以图 1-12（a）所示的三相四线有功电能表原理接线图为例进行介绍。

由图 1-12（a）可见，被测线路为三相四线制，三相是指三相电源，四线是指三根相线加上一根中性线。一般将电源画在原理接线图的左侧，负荷则画在图的右侧，并以文字标示，同时在三根相线的左侧即电源侧标注代表相线 U、V、W（或 A、B、C）相和中性线（N 线）的英文字母，还在三根相线的末端即负荷侧处加以箭头，表示电压的方向由左至右。中性线（N 线）不加箭头。

由图 1-12（a）可以直观地看出三相四线有功电能表由三个计量单元组成。以左侧的第一个（U 相）计量单元为例，图中的圆代表计量元件（或计量回路），我们知道电能表反映的有功功率是与其采样的电压、电流及其两者之间的相位差有关，以通过圆圈的水平线代表电流回路，通过圆圈的垂直线则代表电压回路。同时电压、电流还有正、反向之分，即电压或电流的正方向从电能表的同极性端（标有符号"·"或"＊"的端子）加入，则认为电能表所加的是正向电压或电流;反之,如果电压或电流的正方向从电能表的反极性端(即没有符号"·"或"＊"的端子)加入,则认为电能表所加的是反向电压或电流。同极性端符号"·"的标注方法一般是:电压标注在圆圈垂直线下方的左侧,电流标注在圆圈水平线左侧的上方。由此,图中第一单元(U 相)所加的电压、电流分别为 $\dot{U}_U$ 和 $\dot{I}_U$(可能的话,可将各单元所加电压、电流直接标注在图上则更为直观)。

电能表端钮盒内的接线端子分为电压端子和电流端子,一般电流端子用矩形框表示,电压端子用小圆圈表示,以示区分。安装接线时电能表端钮盒的接线端子应以"一孔一线""孔线对应"为原则,禁止在电能表端钮盒的端子孔内同时连接两根导线。

对于直接接入式电能表,电压进线(小圆圈)在电能表的端钮盒内用挂钩(连接片)与相线(矩形框)相连,获得相线电位,称为电压、电流线共用。必须注意:电源相线进左边的电流接线孔,且电压挂钩连在左边的电流进线孔上,即电压、电流线圈的首端同时接向电源端,称为电压线圈前接。

而间接接入式电能表的电压线和电流线则分别接进电能表的端钮盒内,区分电压线和电流线的方法是:电流接线用粗线表示,电压接线用细线表示。条件允许,也为了更加直观起见,可将相线(U、V、W 相)和中性线(N 线)分别用黄、绿、红、黑四种实线表示,接地线用黄、绿相间的实线表示。

读者可参照上述方法自行识绘各类电能表的原理接线图。

思考与讨论

1. 请作出感应式有功电能表的理想相量图,并分析电能表正确计量的条件。
2. 电能表的准确度等级由什么决定? 感应式电能表的负载特性曲线有何特点?

任务 1.3　电子式电能表

随着社会经济的高速发展,用电量急剧增长,对电能表的准确度、多功能性等要求日益增强,希望电能表不仅能计量电能,而且也能应用于现代化的电能计量管理。感应式电能表由于设计方法、制造工艺和功能拓展等诸多方面的制约,已远不能适应当前形势需求。而近代微电子技术、单片机技术和通信技术的发展和普及为交流电能的计量提供了新途径——全电子式电能表因其高准确度和多功能性等特点已全面取感应式电能表而代之。

用电子器件组成测量电路的交流电能表称为电子式交流电能表。电子电能表是以电子元器件及芯片为主体,利用模数转换技术计量电能,并采用 LED 数码管或 LCD 液晶显示器来显示累计的电能量的专用仪表。因其内部无机械旋转部件,故又被称作静止式电能表。

1.3.1　电子式电能表工作原理的实现

电子式单相电能表的原理框图如图 1-17 所示,其工作原理按乘法器类别的不同又可分为模拟乘法器型和数字乘法器型。

模拟乘法器型电子式电能表将被测电压、电流经电压和电流采样转换成弱电信号后,送至模拟乘法器,模拟乘法器不断完成电压和电流瞬时值相乘,输出一个与一段时间内平均功率成正比的直流电压信号,然后通过 U/f 转换器(电压—频率转换器)将模拟直流电压信号转换成相应频率的功率脉冲信号,再送至单片机计数处理等,显示相应的电能。

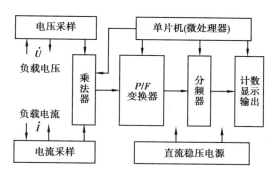

图 1-17　电子式电能表工作原理框图

模拟乘法器又分为热电转换型、霍尔效应型和时分割乘法器型,早期安装式电子电能表以时分割乘法器型为主,目前则以数字乘法器型为主。

数字乘法器型电子式电能表则直接将被测电压、电流经电压和电流采样后转换成数字信号,再送至数字乘法器相乘,或经微处理器完成对转换后的电压和电流数字信号的乘法运算,输出一个与一段时间内平均功率成正比的数字量,经 D/f 转换器转换成相应频率的功率脉冲信号,再经单片机处理计数,显示在某段时间内测得的电能值。其中,以微处理器为核心的高速度 A/D 采样计算型乘法器是数字乘法器的典型代表。由于有高性能的微处理器支持,所以这类电能表还可以同时实现复杂的计量、管理功能。

对于三相电子式电能表,各相电压、电流采样电路及其乘法器均与单相电子式电能表相同,但在 P/F 变换器前需加求和电路,将各乘法器输出信号相加后,再送至后续单元电路处理。

下面具体分析电子式电能表测量原理的实现。

(1)测量有功电能

对图 1-1 所示二端网络,令交流电压、电流的瞬时值分别为 $u(t) = \sqrt{2}\,U \sin \omega t$, $i(t) = \sqrt{2}\,I \sin(\omega t - \varphi)$,由电工基础知识可知一个周期内的平均功率即有功功率为

$$P = \frac{1}{T} \int_0^T u(t) i(t) \, \mathrm{d}t \tag{1-27}$$

将交变信号的周期 T 等分为 N 份,用高速 A/D 器件对电压、电流同时进行采样,可得到 N 个电压、电流采样离散值,根据积分的数值计算方法可得

$$P = \frac{1}{N} \sum_{k=1}^{N} u(t_k) i(t_k) \tag{1-28}$$

式中　$u(t_k)$——t_k 时刻的电压采样值;

　　　$i(t_k)$——t_k 时刻的电流采样值;

　　　N——该时段内采样的次数。

令采样时间间隔 $\Delta t = t_k - t_{k-1}$,则该时段内电路消耗的有功电能为

$$W_P = \sum_{k=1}^{N} \left[u(t_k) i(t_k) \cdot \Delta t \right] \tag{1-29}$$

故电子式电能表利用高精度的 A/D 器件,对被测电压、电流信号进行高速同步采样并转换成相应的数字量,然后将同一时刻采得的电压、电流数字量送入微处理器相乘,再将乘积相

加并取平均值,就可计算得到有功功率 P。边采集运算处理边累加,就可得到一段时间内用户消耗的有功电能。

(2)测量无功电能

采用 A/D 采样数值计算法计量有功电能的电子式多功能表,可以同时计量无功电能。

由电工基础知识易知

$$Q = \frac{1}{T} \int_0^T U_m \sin\left(wt - \frac{\pi}{2}\right) I_m \sin(wt - \varphi)\,\mathrm{d}t$$

$$= \frac{1}{T} \int_0^T UI\left[\cos\left(\frac{\pi}{2} - \varphi\right) - \cos\left(2wt - \varphi - \frac{\pi}{2}\right)\right]\mathrm{d}t$$

$$= \frac{1}{T} \int_0^T UI\left[\sin\varphi - \cos\left(2wt - \varphi - \frac{\pi}{2}\right)\right]\mathrm{d}t = UI\sin\varphi \tag{1-30}$$

为计量无功,可采用 90°移相法。通常采用的办法是将电压采样值移相 $\frac{\pi}{2}$,相当于将电流采样值与提前 5 ms(工频时)的电压采样值进行数字相乘,可得

$$Q = UI\sin\varphi = \frac{1}{T} \int_0^T U_m \sin\left(wt - \frac{\pi}{2}\right) I_m \sin(wt - \varphi)\,\mathrm{d}t$$

$$= \frac{1}{N} \sum_{k=1}^N u(t_k - 5)i(t_k) \tag{1-31}$$

然后在一段时间内累加,即得该时间段内的无功电能

$$W_Q = \sum_{k=1}^N \left[u(t_k - 5)i(t_k) \cdot \Delta t\right] \tag{1-32}$$

1.3.2　电子式电能表的主要构成单元

电子式电能表主要由电源单元、采样(输入变换)单元、电能测量单元(计量芯片)、中央处理单元(单片机)、显示单元、通信单元、输出单元及时钟单元等部分组成,其结构框图如图1-18 所示。

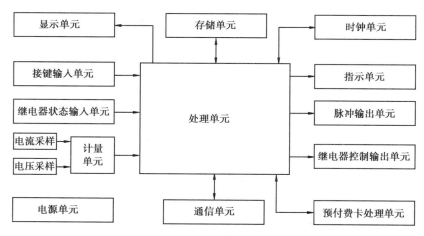

图 1-18　电子式电能表的结构框图

（1）电源单元

电子式电能表的电源单元必须具备将电网 220 V 交流高电压变换成直流低电压、实现电表与外界电网的电气隔离、提供后备电池保证数据完整以及将电网掉电信号适时提供给单片机等功能。

1）工频电源

工频电源是最常见的交流供电方式。它采用小型变压器降压，其优点是结构简单、电气隔离好、传导可靠，缺点是体积大、不易解决掉相故障。

2）阻容电源

阻容电源适合于以液晶显示等要求工作电流很小的场合。电阻降压方式优点是结构简单、输入电压范围宽，缺点是无电气隔离、电源效率低。电容降压方式优点是转换效率较高，但电容击穿后果严重。工频电源和阻容电源都属于线性电源。

3）开关电源

开关电源是利用现代电力电子技术，控制开关晶体管导通和关断的时间比率，维持稳定输出电压的一种电源。无论哪种开关电源，都是利用半导体器件的开和关来工作的并以开和关的时间来控制输出电压的高低。它通常在 20 kHz 的开关频率下工作。开关电源具有效率高、体积小和输入电压范围宽等优点，但同时也存在故障点多和可靠性较低等缺点。在价格较高的电子式电能表中，开关电源应用比较普遍。

4）后备电源

电池在电能表中通常被用作停电时的备用电源。为了停电时仍能维持表内的日历时钟正常工作、保存重要数据或进行停电抄表，需要使用电池。电子式电能表通常都采用不可充电锂电池作为后备电源，在不需要较长时间提供备用电源情况下也可采用储能电容替代电池。

（2）采样单元

电子器件是弱电器件，要测量大至几十安培的电流或几百伏的电压，必须将其按比例转换成等效的小信号的交流电压（或电流）。采样单元就实现此功能。

1）普通单相电能表的电流、电压采样方法

电流采样的相线通道一般使用锰铜分流器采样，电流流过一定阻值的锰铜电阻（取锰铜电阻中间一段的阻值，其值一般为几十微欧到几百微欧）形成电压信号输入到计量芯片；零线直接用铜片短接。电压采样需要一路电阻网络，电阻网络串在相线和零线之间，获取满足计量芯片要求的电压值输入到计量芯片。

2）三相电能表常用电流采样方法

①电流互感器采样。电流流过电流互感器一次侧，电流互感器二次侧的负载电阻上形成电压信号输入到计量芯片。

②锰铜分流器采样。电流流过一定阻值的锰铜电阻形成电压信号输入到计量芯片。

3）三相电能表常用电压采样方法

①电阻网络分压。电阻网络串在相线和零线之间,获取满足计量芯片要求的电压值输入到计量芯片。

②电压互感器降压。输入电压加在互感器一次侧,互感器二次侧形成电压信号输入到计量芯片。

（3）电能测量单元（计量芯片或测量模块）

电能测量单元的作用是将输入电压与电流变换成与功率成正比的频率脉冲信号,送至分频和计数。它是电子式电能表的关键部件,其测量精度直接决定电能表的精度和准确度。

乘法器是电能测量单元的核心组成部分,此外还包括 U/f 转换器（D/f 转换器）、分频器。U/f 转换器应用于模拟乘法器单元中,作用是产生正比于有功功率的电能脉冲。U/f 转换器输出的脉冲信号频率比较高,为了兼容常规感应式电能表的转盘常数和正常的校表习惯,利用分频器将其转变为低频信号。D/f 转换器应用于数字乘法器单元中,作用是将数字乘法器输出的数字量变换成代表有功功率信号的频率脉冲信号供单片机计数和分频输出检定用。

电能测量单元是电子式电能表的核心,随着微电子技术的发展和制造工艺水平的提高,将分散的电子元器件集成为一个总体器件、单一的功能集成为多功能,这样就出现了计量芯片,从而使电子式电能表的成本变低、体积变小、功能越来越强、应用越来越广泛。常用计量芯片有：ADE7755、ATT7026、ATT7022 等。ADE7755 芯片适合制作单相表,是我国用量最大的计量芯片；ATT7026 是高准确度三相电能专用计量芯片,适用于三相三线和三相四线应用,应用示意图如图 1-19、图 1-20 所示；ATT7022 为多功能三相计量芯片,其内部框图如图 1-21 所示,应用示意图如图 1-22 所示。

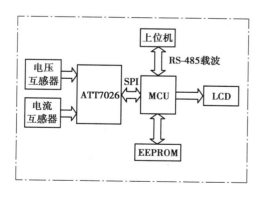

图 1-19　电压互感器接入示意图

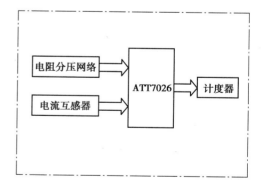

图 1-20　电压直接接入示意图

（4）中央处理单元（单片机）

电子式电能表的发展方向是多功能、智能化,其计量、时段切换、费率控制、通信等都是由内部的中央处理单元来完成的。中央处理单元实质上就是通常所指的单片机,它由包含控制总线、数据总线、地址总线在内的 CPU、ROM、RAM、I/O 接口和定时器/计数器等组成。

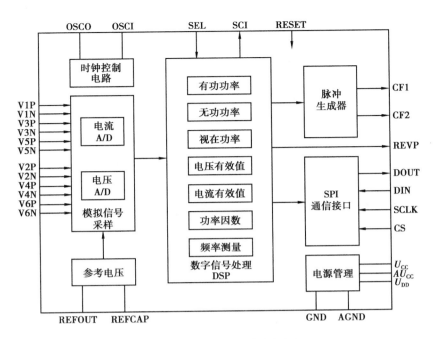

图 1-21　ATT7022 的内部框图

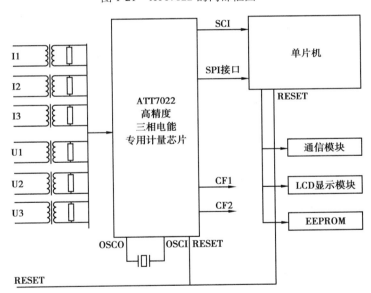

图 1-22　ATT7022 应用示意图

单片机的主要功能有：

①算术运算和逻辑运算。

②模拟信号处理接口,即模/数(A/D)转换器、数/模(D/A)转换器。

③数字信号的输入输出,包括 I/O,串行通信接口(SCI)、并行外围接口(SPI)。

④频率(或时间间隔)测量采用输入捕捉技术。频率信号输出通过定时器单元和软件来实现。

⑤实时时钟发生器,通过定时单元和软件来实现。

⑥脉冲调宽(PWM),通过定时器单元和软件来实现。

在高端电能表中,有时为了提高信号处理速度、运算精度而使用16位或32位的数字信号处理器(DSP)。DSP专门设计的运算指令可以同时完成乘法和加法,极大地方便了多相电路的功率计算。这不仅提高了信号处理的实时性,而且使其具备了更为强大的处理能力。

(5)显示单元

电子式电能表主要利用LED数码管或LCD液晶显示器来显示电能表累计的电能量。LED数码管主要在价格较低的单相电子式电能表和单相复费率表中使用。LCD由于其独特的汉字显示、功耗低等优点,而在三相电子式电能表和多功能电子式电能表中使用。

在电子式电能表中常用的液晶显示器有两种结构:

①点阵式液晶显示器,又分为点阵字符式和点阵图形式两类。点阵图形式液晶显示器可显示任意字符,某些进口的多功能电能表使用点阵字符液晶显示器,大部分掌上电脑抄表机使用点阵图形式液晶显示器。

②笔画式或称字段式液晶显示器,这种液晶显示器结构简单、成本低,目前几乎所有液晶显示的电能表都采用这种方式。

(6)输出单元

输出单元有校表脉冲输出单元、秒脉冲输出单元(秒脉冲输出单元无脉冲指示灯,其他和校表脉冲相同)、继电器控制输出单元等。

电能表脉冲输出可供校表或远方检测用。它有两种输出形式:一种是有源输出,与电能计数器有电气公共节点,适合实验室校表;另一种是无源输出的开关信号,与外界没有电气连接,是通过光电输出耦合隔离的,适合远距离传送。

(7)通信单元

电子式电能表相对机械式电能表的最大特点就是具有通信功能,从而使用电管理工作效率大大提高。用电管理部门迫切需要的现代化管理手段是建立在完善的自动抄表系统基础之上的,而自动抄表系统的先决条件则是电能表的通信能力。所以电能表的通信部分在整个电子式电能表的设计中占有非常重要的地位。

电子式电能表中主要采用的通信方式是:RS-485、红外传输、低压电力线载波方式、无线接口、GPRS接口等。

(8)时钟单元

时钟单元在电能表中主要提供时间基准,目前常用的不带温度补偿的硬件时钟有8025、BL5372等;带温度补偿的硬件时钟有8025T、DS3231等。通过增加温度补偿电路,在 −25 ~ +70 ℃的温度范围内可达到1 s/天,也可通过单片机内置时钟来实现该功能。

1.3.3 电子式电能表的误差特性及调整

(1)电子式电能表的基本误差特性

在参比条件下,电子式电能表的误差随负载电流和负载功率因数变化的关系曲线称为电子式电能表的基本误差特性曲线。与感应式电能表相比,电子式电能表的基本误差曲线比较平直,如图 1-23 所示。

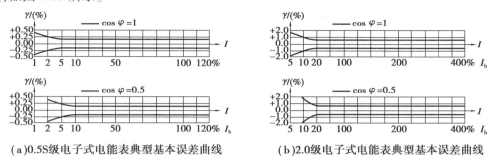

（a）0.5S级电子式电能表典型基本误差曲线　　（b）2.0级电子式电能表典型基本误差曲线

图 1-23　电子式电能表的基本误差特性曲线

电子式电能表的误差特性主要受下列因素影响:

1）电压、电流变换器准确度

当采用金属膜电阻分压、锰铜电阻分流实现电压、电流变换时,其变换的线性度较好,可以满足 1 级、2 级安装式电能表的准确度要求,无需对分压器、分流器的分布电容、残余电感作特殊的补偿考虑。当采用仪用电压互感器、电流互感器变换输入电压、电流时,互感器的比差和角差,以及互感器特性曲线的非线性对电能表在轻载和满载时的误差特性的影响比较大。所以设计时,对电能表电压、电流变换单元的误差分配不宜超过电能表等级指数的 1/10。

2）乘法器准确度

实现乘法运算功能的方案很多,不同的技术方案都有其适用范围,都不同程度地存在着原理性的方法误差。设计时,应力求把乘法器引入的方法误差、不确定性控制在电能表等级指数的 1/5 ~ 1/10 范围内。

3）P/f 变换器准确度

P/f 变换过程会产生脉冲的量化误差影响,负载电流越小,量化误差的相对影响就越大。另外,脉冲频率低、脉冲均匀性不够都会造成测量重复性变差。所以设计时应考虑当负载电流为转折电流（从轻载到正常负载的转折点）时,量化误差应不大于电能表等级指数的 1/10。

4）动态响应时间

负载功率总是变化的,特别是冲击类负载,其功率变化速度很快,要求电能表应有足够快速的响应能力,把短暂（$t \leqslant 0.1$ s）的功率变化测定、记录下来。

（2）影响量引入的附加误差

电子式电能表在额定工作条件下,某一影响量偏离参比条件时,比照基本误差曲线,电能表会有附加误差产生。

在电子式电能表中,由于电压变换电路基本采用的是电阻分压或互感器变换原理,所以当输入电压偏离参比电压 ±20%,或电网频率在 49 ~ 51 Hz 范围变化时,国产电能表的统计数据表明,电压附加误差、频率附加误差都不会超过电能表等级指数的 10%。对于 2 级单相电能表,环境温度每变化 10 ℃引起的附加误差,可以控制在等级指数的 5%;而对于三相电能表,一般可以控制在等级指数的 10% ~ 50%。

波形畸变对静止式电能表计量误差的影响比较复杂。当谐波功率潮流方向与基波功率潮流方向一致时,会引入正误差;当方向相反时,将引入负误差;误差的大小与谐波功率的大小相关。根据统计,当按照 GB/T 17215.322 进行波形畸变试验时,如果电流回路存在奇次或偶次谐波,那么畸变的电流波形对计量误差的影响可以忽略不计。当电流回路存在直流分量及偶次谐波时,对于直接接入式电能表将会产生一定的附加误差。附加误差的大小通常可控制在仪表等级指数的 0 ~ 60%,具体与电能表采用的技术方案有关。

冲击负荷会引入静止式电能表计量附加误差,其影响程度除与负荷大小以及负荷脉冲的持续时间、频度有关外,还与电能表所采用的技术方案的动态响应特性有关。

(3)电子式电能表的误差调整

电子式电能表的误差调整可以分为硬件调整和软件调整。目前,单相电子式电能表以硬件调整为主,而电子式三相电能表以软件调整为主,特别是多功能电能表的误差更是以软件调整为主。

1)硬件调整

由于其电压、电流采样主要采用分压器、分流器,因此其误差主要是幅值误差,硬件调整主要以调整采样电阻的手段来实现。

2)软件调整

三相电子式电能表由于采用了互感器,其误差包括相位误差和幅值误差,因此其误差一般采用软件调整。所谓软件调整,就是寻找一个函数,使得按采样电能计算公式算出的值,乘以这个函数近似等于实际电能的过程,一般用单片机来实现。

1.3.4 常用电子表简介

(1)复费率电能表

复费率(分时计量)电能表,是指有多个计数器分别在规定的不同费率时段内记录交流有功或无功电能的电能表。

全电子式复费率电能表利用电子技术整合的工作原理,电能计量单元由电流和电压作用于固态(电子)器件而产生与电能成正比例的输出量,其费率功能也由电子电路实现,现以图1-24 所示的单相复费率电子式电能表为例进行分析。

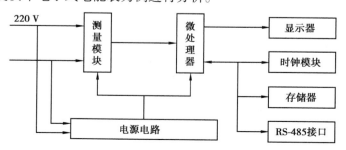

图 1-24 单相复费率电子式电能表原理框图

测量模块测量有功电能并发出功率脉冲。微处理器接收功率脉冲并进行电能累计,将电能累计值存入存储器中,同时读取时钟信号,按照预先设定好的时段分时计量电能,将数据输出到相应的显示器中显示,并且随时接收串行通信口的通信信号进行数据传输。显示器采用液晶(LCD)或数码管(LED)。串行通信接口一般有远红外及RS-485接口。时钟模块提供标准时间,为保证0.5 s/天的精度,要求其晶振误差很小(在5 ppm之内),时钟一般有自动闰年识别及百年日历等功能。

比如黑白表实际上就是单相复费率电能表的一种特例,它只有白天和黑夜两个时段和费率,主要在居民用户中使用。江苏省地方时段规定为:黑夜时段为21:00—8:00,白天时段为8:00—21:00。

(2)预付费电能表

预付费电能表除了能正确计量电能之外,还能控制用户先付费后用电,在剩余电量不多或将要用尽前,电能表会自动发出警告信号,且必要时电量用尽即刻能自动跳闸断电。

与普通低端电子表相比,预付费电能表增加了微处理器,增加了IC卡接口及表内跳闸继电器等。下面以图1-25所示的全电子式单相预付费电能表为例进行分析。

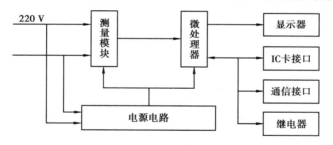

图1-25　全电子式单相预付费电能表的原理框图

表计以测量模块为核心,它输出功率脉冲到微处理器。微处理器接收功率脉冲并进行电能累计,将累计电能值存入存储器中,同时剩余电能递减,在欠费时给出报警信号并控制跳闸。同时,微处理器还随时监测IC卡接口,判断插入卡的有效性以及购电数据的合法性,并将购电数据读入、处理。此外,它还将数据输出到相应的显示器中显示。显示采用液晶(LCD)显示或数码管(LED)显示。继电器一般为磁保持继电器,可以通断较大的电流。表计中可扩展RS-485接口,进行数据抄读。

由于IC卡的安全性设计以及卡口的防攻击能力强,预付费电能表一般采用IC卡进行机表交互的介质。它具有接口电路简单、保密性好、不易损坏、存储容量大、寿命长的特点。IC卡中的芯片有不挥发的存储器(也称存储卡)、保护逻辑电路(也称加密卡)、微处理单元(也称CPU卡)三种方式。接口往往采用串行方式的接触式卡。

(3)多功能电能表

根据DL/T 614—1997《多功能电能表》定义:凡是由测量单元和数据处理单元等组成,除计量有功(无功)电能外还具有分时计量、测量需量等两种以上的功能,并能显示、存储和输出数据的电能表,均可称为多功能电能表。

多功能电能表性能稳定,准确度高,操作方便,功能强大,主要为大工业客户、关口计量所设计。

电子式多功能电能表主要由表内电压和电流互感器、计量芯片、微处理器、实时时钟、数据接口设备和人机接口设备组成。

A/D采样计算型是电子式多功能电能表最常见的一种类型。它的基本工作原理是:电能表工作时,计量芯片直接测量来自电压、电流互感器的交流电压、电流,对变化的正弦波按一定的时间间隔逐点检测其电压、电流的大小和极性,并将模拟信号转换为数字信号,送入DSP存储器中。DSP根据存储器中每个时刻存储的数字量进行判断及数字积分运算,就可获得有功功率、无功功率、双向有功电能、双向四象限无功电能等多种计量数据,并将数据传递给单片机;单片机依据相应的费率和需量等要求对数据进行处理。单片机实现分时计量和需量计量等功能时,先通过串行接口将电能数据读出,并根据预先设定的时段完成分时有功电能计量和最大需量计量功能,再根据需要显示各项数据、通过红外或RS-485接口进行通信传输,并完成运行参数的监测,记录存储各种数据。

电子式多功能电能表的主要功能包括电能计量功能、测量及事件记录功能、输出、显示及通信功能。

1)电能计量功能

多功能电能表能同时计量双向四个象限的有功电量、无功电量,并以多种格式存储其数据及显示。还可以根据不同应用目的和需要给出多种功率计量功能,如最大需量、当前功率计量等。此外还具有以内部时钟为基础的分时计量功能、电量冻结功能和记录代表日整点平均功率的功能。

①电能测量四象限的定义和作用。根据电力行业标准DL/T 645—1997,多功能电能表通信规约对电能测量四象限的定义如图1-26所示。

首先把测量平面用竖轴和横轴划分为四个象限,右上角为Ⅰ象限,右下角为Ⅱ象限,依次按顺时针方向为Ⅲ、Ⅳ象限。竖轴向上表示输入有功($+P$),竖轴向下表示输出有功($-P$),横轴向右表示输入无功($+Q$),横轴向左表示输出无功($-Q$)。

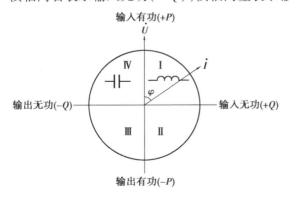

图1-26　电能测量四象限示意图

电压相量用$\dot{U}$表示,固定在竖轴上。电流相量用$\dot{I}$表示,其位置表示当前电能的输送方向。在图1-26中,$\dot{I}$位于第Ⅰ象限,滞后$\dot{U}$一个相位角φ,表示输入有功($+P$)和输入无功($+Q$)。所谓"输入""输出",是相对于电网的用户边而言。

对于有功,其概念是:输入有功功率是电网向用户送电,输出有功功率是用户向电网送电,指用户发电。

无功的概念相对复杂。对于用电用户来讲,用户是负载,分为感性负载和容性负载两种。当负载为"感性负荷"时,无功功率为正,"容性负荷"时无功为负,如图1-26的上半图所示。

而对于发电用户,图 1-26 的下半图则表示了用户发电时的情况:当 $\dot{I}$ 位于第 Ⅱ 象限时,用户输出有功功率($-P$),输入无功功率($+Q$),用户负荷相当于一台欠励磁的发电机;当 $\dot{I}$ 位于第 Ⅲ 象限时,用户输出有功功率($-P$)、输出无功功率($-Q$),用户负荷相当于一台过励磁的发电机。

测量四象限电能的主要目的是把双方向用户的用电功率因数和发电功率因数分开。因为对于用电用户,供电公司要考核其功率因数并与收费挂钩。对于发电用户,供电公司也要考核其功率因数指标,也与计费挂钩。但作为用电用户,一般要求其功率因数高些,而作为发电用户则相反,供电公司要求其功率因数低些。所以利用双方向四象限电子式多功能表测量既能把用户用电有功数据和发电有功数据分开,同时也能把该用户用电时的无功和发电时的无功分开记录,实现合理考核功率因数的目的。用户功率因数按下式计算

$$\cos \varphi_{用电} = \frac{P^+}{\sqrt{(Q_{\mathrm{I}} + |Q_{\mathrm{IV}}|)^2 + (P^+)^2}} \tag{1-33}$$

$$\cos \varphi_{发电} = \frac{P^-}{\sqrt{(Q_{\mathrm{II}} + |Q_{\mathrm{III}}|)^2 + (P^-)^2}} \tag{1-34}$$

②最大需量计量。

通常把测量平均功率的连续相等的时间间隔称为需量周期,每个需量周期内的平均功率叫做需量,最大需量即为某段积算时间内各需量中的最大值,而依次递推来测量最大需量的小于需量周期的时间称作滑差时间。

多功能电能表可记录用户的最大需量及其发生时间,而需量周期和滑差时间可选择。

通常选择需量周期为 15 min,可选用区间法和滑差法测量最大需量。其具体计算方法是:首先将每分钟内与功率成正比的脉冲数存于存储器中,见表 1-3。若计算区间式需量,则将每 1～15 min 内的脉冲数累加后乘以脉冲的电能当量(指每个脉冲所代表的电能量),再除以 15 min,即得需量值 P_1,保存于最大需量的存储单元中;然后进行第 16～30 min 需量区间的计算,将第二次计算值 P_2 与 P_1 比较,若 $P_2 > P_1$,则将 P_2 取代 P_1 存于最大需量的存储单元中。依此类推,最大需量单元中始终保持 15 min 平均功率的最大值。只有通过需量复位,才能将最大需量存储单元中的数值复零。

表 1-3　需量脉冲存储表

分钟数	脉冲计数N
1	N1
2	N2
3	N3
4	N4
5	N5
...	...
14	N14
15	N15
16	N16
17	N17

如果计算滑差式需量,则第二次计算需量值时,是在第 $(1+t)$～$(15+t)$ min 内计算平均功率,其中 t 为滑差递推的时间。依此类推,第 n 次计算时,从第 $(1+nt)$～$(15+nt)$ min 内计算平均功率。每次将计算值进行比较,始终将 15 min 平均功率的最大值保存于最大需量的存储单元中。

每分钟功率脉冲数的计算有两种方法:

第一种是按时间计算功率,即严格按整分钟累计的脉冲数计算。当脉冲速率很低时,采

用此方法误差会很大。如图 1-27（a）所示，从 T_0 开始到 T_1 结束，累计得到的脉冲数为 4 个，而下一分钟累积到的脉冲数为 5 个，显然这两次计算的功率值不同，因此会产生较大的误差。

第二种是用脉冲启动计时，如图 1-27（b）所示，当第一个脉冲到来时，t_0 开始计时，超过 1 min 后，再来 1 个脉冲就立即停止计时和脉冲计数。如果超过 60 s 且已到 90 s 还未收到脉冲，也停止计时和计数，这样计算得到的是脉冲周期数，相应的准确度要高一些。

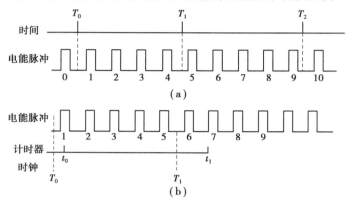

图 1-27　1 分钟功率脉冲数的计算

③分时计量。

多功能表一般可设置年时区数、日时段数、费率数、日时段表及公众假日等多种数据，其外置时钟芯片具有日历、计时和闰年自动切换功能，同时具备温度补偿功能。一般能存储上 1 个月到上 13 个月的历史数据（包含正反向有功、组合无功 1 和组合无功 2、四象限无功的总电量以及分时电量，正反向有功、输入输出无功的最大需量及其出现时间，各元件有功、无功电量），精确记录客户在每一时刻的用电情况。通常有尖费率、峰费率、平费率、谷费率四种费率。

2）测量及事件记录功能

①实时测量总的及 U、V、W 各相的电压、电流、视在功率、有功功率、无功功率、功率因数及电网频率，并且显示功率的方向。

②可记录失压、失流、断相、停电、来电、编程、需量清零、广播校时等事件及其发生时间。

③负荷曲线记录功能。多功能电能表采用大容量内卡保存负荷曲线，可记录多条负荷曲线记录，如果以 1 h 为时间间隔，共可记录 330 天的负荷曲线数据，但最多只能记录 1 年的负荷曲线数据。

电能表可通过 RS-485 或红外通信接口进行"负荷曲线记录模式字"及"负荷曲线记录起始时间""负荷曲线记录时间间隔"等参数设置，以便客户绘制负荷曲线。

④编程记录。一般可记录总的编程次数及最近 1～10 次编程的发生时间，也记录密码修改的次数和时间。

⑤广播校时记录。校时分广播校时和普通校时。当电能表处于编程允许状态时，通过改变掌上电脑的时钟来设置电能表时钟的方法称为普通校时。以广播的形式（无需表号）对电能表进行无密码校时为广播校时，广播校时只能对时间误差在 5 min 之内的电能表时钟进行

校正,并将校正前的时间记录到"最近一次广播校时时间",广播校时次数加 1。

3)输出功能

①电能量脉冲输出。电能表应具有与其电量成正比的脉冲和 LED 脉冲测试端口(有功、无功),脉冲测试端口能用适当的测试设备检测,脉冲宽度为(80±20)ms。电脉冲应经光电隔离后输出;LED 脉冲采用超亮、长寿命 LED 作电量脉冲指示,测试端口能从正面触及。

②多功能测试接口。电能表应具有日计时误差检测信号、时段投切信号以及需量周期信号输出。三个输出信号可以使用同一输出接口(多功能测试接口),并可通过编辑设置进行切换。电能表断电后再次上电,多功能测试接口输出信号默认为日计时误差检查信号。

③报警输出接口。接点的额定参数:交流电压 220 V、电流 5 A;直流电压 100 V、电流 0.1 A。

4)数据显示功能

①显示方式。电能表采用 LCD 显示信息,一般要求液晶屏可视尺寸为 85 mm(长)×50 mm(宽);主区域数字不小于 7 mm(宽)×12 mm(高);副区域数字不小于 3 mm(宽)×6 mm(高);汉字不小于 3 mm(宽)×3 mm(宽);符号不小于 4 mm(宽)×4 mm(宽)。

常温型 LCD 的性能应不低于 FSTN 类型的材质,其工作温度为 25～+80 ℃;低温型 LCD 的性能应不低于 HTN 类型的材质,其工作温度为 -40～+70 ℃。

LCD 应具有背光功能,背光颜色为白色;LCD 应具有较高对比度;LCD 应具有宽视角,即视线垂直于液晶屏正面,上下视角应不小于 ±60°。LCD 的偏振片应具有防紫外线功能。具备自动循环显示、按键循环显示、自检显示,循环显示内容分为数值、代码和符号三种,并可设置。测量值显示位数不少于 8 位,显示小数位可根据需要设置 0 至 4 位;显示应采用国家法定计量单位,如 kW、kvar、kWh、kvarh、V、A 等;只显示有效位。至少显示各费率累计电能量示值和总累计电能量示值、最大需量、有功电能方向、日期、时间、时段、当月和上月月度累计用电量、费控电能表必要信息、表地址。

②指示灯。电能表使用高亮、长寿命 LED 作为指示灯。各指示灯的布置位置参照电能表外观简图,要求如下:

a. 有功电能脉冲指示灯:红色,平时灭,计量有功电能时闪烁。

b. 无功电能脉冲指示灯:红色,平时灭,计量无功电能时闪烁。

c. 报警指示灯:红色,正常时灭,报警时常亮。

d. 跳闸指示灯:黄色,平时灭,负荷开关分断时亮。

③停电显示。停电后,液晶显示自动关闭;液晶显示关闭后,可用按键或其他非接触方式唤醒液晶显示;唤醒后如无操作,自动循环显示一遍后关闭显示;按键显示操作结束 30 s 后关闭显示。

5)通信功能

多功能表一般具有 RS-485 接口、GPRS/GSM 接口、网络接口、红外与远红外接口,可选择多种通信方式。

6）多功能电能表运行状态的初步判断

多功能电能表由于其优越的稳定性、计量的准确性和功能的多样性在电能计量工作中起着不可或缺的作用。在现场的实际工作中，我们可以根据多功能电能表的显示装置作为参照，对电能计量装置的运行状态进行初步分析和判断，从中发现问题，为错误接线的判断改正、计量故障的解决提供依据，进而做到对电能计量装置的运行有一个整体的把握。

下面以长沙威胜电子有限公司生产的电子式多功能电能表 DSSY331/DTSY341（MB3）型为例展开说明。其电能表显示屏采用 STN 液晶显示，并有丰富的汉字提示，显示直观、视角宽，如图 1-28 所示（电表显示屏仍以 ABC 表示三相）。

①峰谷分时时段判断。

电能表显示屏第 4 行"尖峰平谷"显示代表当前适时运行的时段号，如现在时间为上午10：30，显示屏就应该显示峰字样。具体可结合本地分时电价的时段表对应检查当前运行时段是否准确。

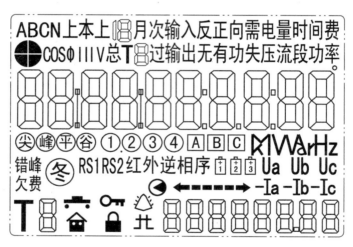

图 1-28　多功能电能表显示屏示意图

②逆相序判断。

电能表显示屏第 5 行中间有汉字"逆相序"指示，当电压逆相序时，"逆相序"三字闪烁。故障原因有两种可能：一是安装后没有带电检查相序；二是因供电线路的调整造成逆相序。因电能表逆相序不符合规程要求且会造成电能计量附加误差的产生，所以应尽快通知相关部门进行现场处理。

③四象限表示判断。

多功能电能表用 ⊕ 符号采用缺口方式指示四象限，能够采用两种方式决定 Ⅰ、Ⅱ、Ⅲ、Ⅳ象限的位置。为了便于理解和统一，我们以图 1-26 的方式表示象限，即旋转方向为顺时针。如显示 时，表示电能表工作在第 Ⅰ 象限；显示 ，表示电能表工作在第 Ⅳ 象限。当用电客户没有发电设备时，那么其象限显示只应该出现两种可能：显示屏显示 和 状态，分别对应用户工作在第 Ⅰ 象限和第Ⅳ象限，在第 Ⅰ 象限用户为感性负荷，即在输入有功功率 P

的情况下,输入无功功率 Q ;而在第Ⅳ象限用户为容性负荷,即在输入有功功率 P 的情况下,输出无功功率 Q 。如果显示屏显示电表工作在第Ⅱ象限和第Ⅲ象限,则可以初步判定电能表接线错误,需要查找原因。

④电压、电流参数判断。

电能表能够显示 U(A)、V(B)、W(C)各相的电压、电流。电压、电流为有效值,刷新时间为 1 s。电压测量范围为 $70\% \sim 130\% U_N$,最小分辨率为 0.000 1 V,准确度为 0.5 级;电流测量范围为 $1\% oI_b \sim I_{max}$,最小分辨率为 0.000 1 A,准确度为 0.5 级。

工作人员可以根据电能表的接线方式(三相三线或三相四线)判断电压值正常与否。如低压三相四线接线时,各相相电压应为 220 V 左右;高压三相三线接线时,各线电压应为 100 V 左右。如数值相差过大,就应查找原因。

此外,电能表显示屏第5、第6行右侧还可显示各相电压、电流的实际运行状态,具体指示如下。

失压指示:正常情况下"Ua Ub Uc"常显在液晶上;当某相发生失压、断相时,对应相别从液晶上消失;过压时则对应相别闪烁。

失压记录的条件是:电能表回路电流大于 $5\% I_b$ 时,当电压回路其中一相低于 $75\% U_N \pm$ 2 V,记录为失压。

全失压记录条件为:电能表掉电后,某相电流大于 $5\% I_b$ 时,三相四线电压小于 $60\% U_N$,三相三线电压小于 $55\% U_N$ 。过压条件是:当时电压值超过 $125\% U_N$ 。

断相条件要求为:电能表回路电流大于 $1\% I_b$ 时,对于三相四线方式,当电压回路小于 $10\% U_N$,记录为断相;对于三相三线方式,当电压回路小于 $10\% U_N$,记录为断相。

失流指示:正常情况下"Ia Ib Ic"常显在液晶上;当某相发生失流时,对应相别从液晶上消失;全失流时,"Ia Ib Ic"一起消失。失流记录条件为电流小于 $2\% I_b$ 。

反向指示:当某相发生反向时,"Ia Ib Ic"对应相别闪烁且前面常显" − "。反向指示只有在本相电流大于 $1\% oI_b$ 时才会显示。当用电客户没有发电设备时,不应产生反向电流。也可以通过查看反向有功电量的数值是否变化来加以判断。

如上所述,至于具体发生了哪种情况,在现场工作的计量、抄表和用电检查人员可以根据多功能电能表的显示装置发现和查找故障信息,并针对情况采取相应的措施。

(4)智能电能表(Smart Meter)

具有电能计量、信息存储和处理、网络通信、实时监测、自动控制以及信息交互等功能的电能表称为智能电能表。智能电能表是智能电网高级计量体系(AMI)中的重要设备。

图 1-29 是华北电网有限公司的智能计量系统架构图。由图可见,AMI 体系的主站主要由两部分构成:其一是采集系统主站,负责对信息的采集、分析、处理;其二是售电系统主站,负责对费控电能表的安全、购售电、数据和信息交换进行管理。主站系统由用户信息数据库、电价组成数据库、购售电交易数据库、专家数据库等支撑。其中,用户用电信息方面的数据信息库可以采用集中式的管理方式,与主站计算机系统配置在一起;而与增值服务紧密关联的用户信息,如用户用电设备、产品种类、生产工艺等有关的数据信息,可以采用分布式数据库技术进行管理。

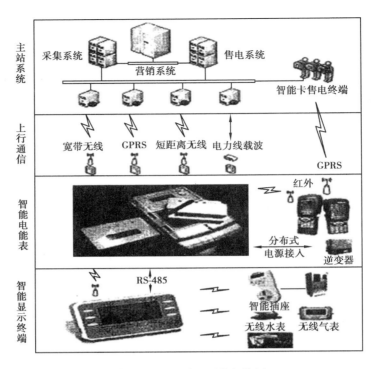

图 1-29　智能计量系统架构图

底层设备包括智能电能表、智能显示终端、智能插座、用户网关、手持终端、分布式能源接入设备(如逆变器)等。这些设备在系统中担负着计量、数据采集、上传信息、执行本地/远程的负荷管理要求、提供用户交互平台等作用。

1)智能电能表及其网络的特点

与电子式电能表或应用于自动抄表系统的表计相比,智能电能表与其网络具有下述特点:

①集计量、数字信号处理、通信、计算机、微电子技术为一体。

智能电能表最基本的功能仍然是电能计量功能。而且不断发展的微电子技术正进一步提高计量芯片、MCU、SOC 等关键器件的集成度,在提高可靠性、降低成本、表计小型化、轻型化、节约资源等方面发挥不可替代的作用。与功能强大的 MCU 相配合,先进的数字信号处理技术将在包括离散傅里叶变换(DFT)和数字滤波等信号实时处理领域发挥积极的作用。

同时现代通信技术已经融入电能表。包括本地以及网络通信技术在内的各种通信方式以及通信协议将会在用电信息采集系统中得到应用。智能电能表的优势最终将通过电能表 + 计算机网络的形式得到体现,计算机主站系统将汇集遍布千家万户的智能电能表、集中器、采集终端、多功能用户服务终端、售电终端、智能插座等设备的信息,对信息进行深度加工、科学管理,为各类用户提供全方位的优质服务。

②强化为用户服务的理念,提供广阔的服务空间。

图 1-30 所示为高级计量系统发展进程。电能计量经历了人工抄表、自动抄表阶段,随着对智能电网研究工作的深入,现正在迈入高级计量体系新阶段。人工抄表是一家一户式的独立计量,电力公司采用人工作业方式,采集电能表记录的用户用电数据,为用户提供用电结算

信息,同时利用人工录入或手持终端导入数据的形式,为电力公司自身的生产、管理提供必要的数据信息。这种数据采集方式在我国目前仍然占据着主导地位。另一种是局域性的电能表组网,采用自动抄表技术进行数据采集。在自动抄表系统中,被管理表计用通信网络连接在一起,这些表计的信息上传到上级主站。其中,为用户提供的服务内容主要还是结算信息。电力公司利用自动抄表系统:一方面提高了人员工作效率;另一方面深化了管理。电力公司是自动抄表系统的主要受益者。跨入智能电网时代,高级计量体系将服务范围作了深度扩展,除去贸易结算信息外,电力公司还将提供可视化、互动化的手段,为用户提供形式多样的免费或增值服务。这些服务包含:指导用户合理用电、安全用电、降低电力消耗、节能减排;允许用户便利地接入光伏、风力等分布式能源;允许用户定制电力;运用电力市场的机制,自由购买电力;提供用电专业培训、科普教育等。同时,利用强大的网络功能,为用户链接其他关联信息与服务。

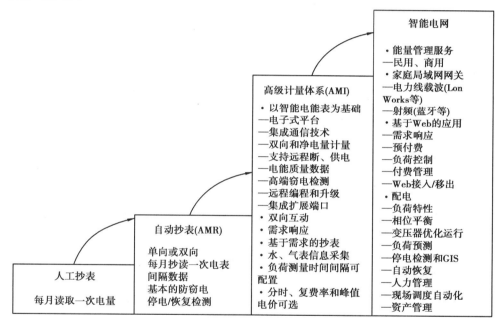

图 1-30　高级计量系统发展进程

③高度标准化。

进入高级计量体系阶段,为减少系统集成工作量,使系统能够稳定、高效地工作,电能表网络中使用的各种设备、通信方式、通信协议、接口技术及其各层次的应用软件都高度依赖标准化工作。标准化成为一项首当其冲的系统工程。

④强有力的通信保障能力。

为了将强大的网络功能付诸实现,网络通信是智能电能表的基本功能之一,通信接口也成为智能电能表的基本配置。

鉴于用户的多样性,智能电能表的种类、规格、功能也呈现多样性,既有适用于关口和大型企业的具备双向通信功能的高端表计,也有适用于欠发达地区普通居民用户的功能较简单的表计。用户类型的不同,直接导致其对信息需求以及服务内容存在差异。为满足不同的需求,适应各种复杂的环境,智能电能表的组网方式将呈现多样性,通信方式也将因地制宜、综合布局,从而获得可靠、有效、及时的通信保障,为高级计量系统主站传输完整、及时的数据信息。

2)智能电能表的种类和功能

国家电网公司的企业标准按照等级、通信方式等内容对智能电能表进行了划分。

①按等级划分,包含了 0.2S、0.5S、1 级和 2 级。

②按照负荷开关划分,有内置和外置负荷开关之分。

③按照通信方式划分,有载波、GPRS 无线、RS-485 总线之分。

④按照费控方式划分,有本地费控与远程费控之分。

此外,还可按照电流量程范围、电压范围进行划分。表 1-4 是按照安装环境使用电能表的选型方案。

表 1-4 不同安装环境下电能表的适用类型

安装环境	电能表适用类型
关口	0.2S 级三相智能电能表、0.5S 级三相智能电能表、1 级三相智能电能表
100 kVA 及以上专用变压器用户	
100 kVA 以下专用变压器用户	0.5S 级三相费控智能电能表(无线)、1 级三相费控智能电能表、1 级三相费控智能电能表(无线)
公用变压器下三相用户	1 级三相数控智能电能表、1 级三相费控智能电能表(载波)、1 级三相费控智能电能表(无线)
公用变压器下单相用户	2 级单相本地费控智能电能表、2 级单相本地费控智能电能表(载波)、2 级单相远程费控智能电能表、2 级单相远程费控智能电能表(载波)

按照电能表的分类,智能电能表属于多功能电能表的范畴。国家电网公司智能电能表企业标准设计了 20 类功能,大部分功能与多功能电能表相一致或吻合,其不同之处是功能拓展,主要有以下几个方面:

①清零功能:包括电量和需量相关记录清零,清零操作应有防止非授权人操作的安全措施。

②通信功能:电能表应遵循 DL/T 645—2007《多功能电能表通信协议》及其备案文件。通信信道物理层必须独立,任意一条通信信道的损坏都不得影响其他信道正常工作,当有重要事件发生时宜支持主动上报。

③安全保护功能:电能表应具备编程开关和编程密码双重防护措施,以防止非授权人进行编程操作。

④费控功能:分为本地和远程两种方式。本地方式通过 CPU 卡、射频卡等固态介质实现;远程方式通过公共网络、载波等虚拟介质和远程售电系统实现。当电能表在欠费断电续交电

费后,可通过远程方式使电能表处于允许合闸状态,由人工本地恢复供电。

⑤阶梯电价功能:具有两套阶梯电价,并可在设置时间点启用另一套阶梯电价计费。

⑥安全认证功能:通过固态介质或虚拟介质对电能表进行参数设置、预存电费、信息返写和下发远程控制命令操作时,需通过严格的密码验证或 ESAM 模块等安全认证,以确保数据传输安全可靠。

总之,智能电能表作为智能电网高级计量体系中的重要设备,担负着电能计量、数据采集、上传信息、执行本地和远程的负荷管理要求,提供用户交互平台等无可替代的作用。

思考与讨论

1. 电子式电能表的主要构成单元有哪些?请简单阐述各部分作用。

2. 什么是多功能表?测量四象限无功电能的主要目的是什么?

技能实训一 电能表认识实训

一、实训目的

1. 熟悉电能表铭牌标志及其含义。

2. 清楚电能表的内部结构及各部分作用,并比较单相表和三相表、感应式电能表和全电子式电能表结构的异同。

3. 熟练进行单相电能表的正确接线。

二、实训设备与工具

1. 感应式单相电能表、感应式三相电能表、普通安装式电子电能表、多功能电能表各一只。

2. 电能表接线屏一台。

3. 交流电压表(或万用表)一只、交流电流表一只。

4. 平口螺丝刀、十字螺丝刀各一把。

5. 秒表一块。

6. 100 W、200 W 灯泡各一只,开关和导线若干。

三、实训内容及操作步骤

1. 识别电能表的铭牌标志。识读并比较各类型电能表铭牌上的标志信息,然后记录在自己设计的表格中。

2. 打开表盖,认识电能表内部各结构部件,识别端钮盒上各接线孔的进出线与内部各计量元件的关系。

3. 将单相电能表按图 1-31 接线,负载为一只100 W 的灯泡。待电能表运行稳定后,用秒表测试电能表转 10 转(或发出 10 个脉冲)所用的时间 t 并记录在自己设计的表格中。

4. 计算被测电能表的基本误差并判断是否合格。

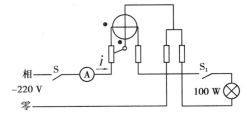

图 1-31　单相电能表运行接线图

$$\gamma = \frac{T - t}{t} \times 100\% \qquad (1\text{-}35)$$

其中,t 为测得时间,T 为算定时间,可按下式计算

$$T = \frac{3\,600 \times 1\,000 \times 10}{C \times 100}(s) \qquad (1\text{-}36)$$

5. 断开电源,用 200 W 的灯泡替换图 1-31 中 100 W 的灯泡,再重复步骤 3、4。

四、实训注意事项

1. 严格遵守实训室安全操作规程。

2. 拆装电能表过程中注意轻拿轻放,观察完毕还原,不得损坏、遗漏。

3. 电能表应垂直安装。

4. 切忌使用万用表的欧姆挡测电压。

5. 线路通电后预热几分钟才能进行误差测试。

思考与讨论

1. 讨论比较感应式电能表和全电子式电能表结构的异同。

2. 除上述通过测试比较时间的方法来判断电能表基本误差是否合格外,还可采取什么方法?

技能实训二　单相电能表负荷特性曲线的绘制

一、实训目的

1. 理解电能表负荷特性曲线的概念,熟悉电能表的误差特性。

2. 通过单相电能表校验台测量电能表的误差,并绘制电能表的负荷特性曲线。

3. 比较感应式电能表和全电子式电能表误差特性曲线的特点,了解误差产生的原因及改善电能表误差特性的措施。

二、实训设备与工具

1. 感应式单相电能表、普通安装式电子电能表各一只。

2. 单相电能表校验台一台。

3. 接线工具若干。

三、实训内容及步骤

1. 将实训用单相感应式电能表垂直挂于单相电能表校验台上,打开电能表的电压小钩,完成电流回路、电压回路的接线,检查接点是否牢固。

2. 将校验台的电压挡置于 220 V,电流挡置于 10 A,功率因数角置于 0°,并将电流、电压调节旋钮调到最小,经老师检查无误后,接通电源。

3. 将电压升至 220 V,电流加大,使单相电能表开始转动。设定校验台误差校验设备的参数,放下光电头,调整光电头的位置,使校验台能够检出电能表的误差。

4. 待校验台工作稳定后,将电流由零开始增加,按表 1-5 的要求测出电能表各点的误差值并填入表中。

表 1-5　测试点误差数据

表型：　　　　　表号：　　　　　$I_b =$ 　　A　　　　　等级：

不同电流值下电能表的误差	功率因数	
	$\cos \varphi = 1.0$	$\cos \varphi = 0.5$
$10\% I_b$		
$20\% I_b$		
$30\% I_b$		
$40\% I_b$		
$50\% I_b$		
$60\% I_b$		
$80\% I_b$		
$100\% I_b$		
$110\% I_b$		
$130\% I_b$		
$150\% I_b$		

5. 再将功率因数角调至 60°,重复步骤 4,按要求测出各点误差填入表中。

6. 根据表中数据,绘制电能表的负载特性曲线图。

7. 用全电子式电能表替换感应式电能表,重复步骤 1 到 6。

8. 比较两种表负荷特性曲线的特点并分析其原因。

四、实训注意事项

1. 严格遵守实训室安全操作规程,接线完毕经老师检查无误后方可接通电源。

2. 电能表应垂直安装。

3. 在实验过程中,要注意检查接点是否牢固,测试点选取要合理,记录测试点的误差要准确无误。

思考与讨论

1. 什么是电能表的负载特性曲线?
2. 讨论比较测试绘制出的电能表负载特性曲线有何特点。

项目 2
测量用互感器

知识要点

➢ 理解测量用互感器与电力变压器的区别和联系。

➢ 熟悉电磁式电压互感器、电流互感器的基本构造,理解掌握其变换电压电流的工作原理。

➢ 理解比差和角差的基本概念,熟悉电磁式电压互感器、电流互感器的误差特性,了解误差补偿方法。

➢ 掌握电压互感器、电流互感器的接线方式、选择使用的注意事项。

➢ 熟悉电容式电压互感器的基本工作原理、构造和性能特点。

➢ 了解电子式互感器的类型、特点和结构。

技能目标

➢ 熟悉测量用互感器类别、型号命名规则及铭牌标志,能说出其主要技术参数及含义。

➢ 能正确绘制互感器的几种常用方式的接线图,并按图熟练接线。

➢ 能熟练使用绝缘电阻表测量电流互感器的绝缘电阻,并能初步判断测量结果。

➢ 能利用直流法和比较法检查互感器的极性。

任务 2.1　电磁式电压互感器

电压互感器按用途分为计量专用和计量、测量、保护与自动装置共用;按使用场合分为户内式和户外式;按主绝缘介质分为油绝缘、树脂浇注绝缘和 SF_6 气体绝缘;按工作原理可分为电磁式、电容式和电子式。

而电磁式电压互感器在计量准确性和稳定性等方面均具有突出优势,所以在 220 kV 及以下电压等级中得到广泛应用。

利用电磁感应原理工作的电压互感器称作电磁式电压互感器。电压互感器一次绕组并联在高电压电网上,二次绕组外部并接测量仪表和继电保护装置等负荷,其工作原理和电力变压器相似,相当于一台降压变压器。

两者的区别主要是:①电压互感器对电压变换的比例以及变换前后的相位有严格的要求,而降压变压器对这些要求不高;②电压互感器主要传输被测量的信息即电压的大小和相位,而变压器主要用于传输电能或阻抗变换。此外,电压互感器的容量通常很小,体积也较小,且电压互感器二次所接仪表和继电器的阻抗很大,负荷电流很小,相当于空载运行的变压器。

几种常用的电磁式电压互感器如图 2-1 所示。

2.1.1 电磁式电压互感器的工作原理与比差、角差

(1)工作原理

电磁式电压互感器的一次绕组并联在被测的高压线路上,二次绕组连接测量仪表或继电保护装置等负荷,一次绕组匝数 N_1 远多于二次绕组匝数 N_2。单相电压互感器的结构图和在线路中的符号如图 2-2 所示,其工作原理和电力变压器相似。

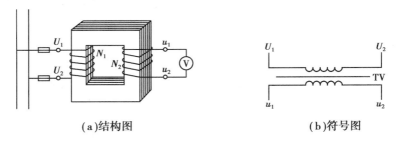

| (a)结构图 | (b)符号图 |

图 2-2 单相电压互感器

为便于分析和讨论,将电压互感器二次绕组折算到一次侧后可得到图 2-3 所示的 T 型等值电路图。图中,R_1 为一次绕组电阻,X_1 为一次绕组的漏磁电抗,R_m 为铁芯的励磁电阻,X_m 为励磁电抗,$\dot{I}_o$ 为励磁电流,$\dot{E}_2'(\dot{U}_2')$、$\dot{I}_2'$、Z_2'、Z_b' 分别为折算到一次侧的二次电动势(电压)、电流、二次绕组阻抗及连接于二次回路中的仪表阻抗。折算关系为:

$$\dot{E}_2' = K_{UN}\dot{E}_2 = \frac{N_1}{N_2}\dot{E}_2 \tag{2-1}$$

$$\dot{I}_2' = \frac{1}{K_{UN}}\dot{I}_2 = \frac{N_2}{N_1}\dot{I}_2 \tag{2-2}$$

$$\dot{Z}_2' = K_{UN}^2 Z_2 = \left(\frac{N_1}{N_2}\right)^2 Z_2 \tag{2-3}$$

$$\dot{U}_2' = K_{UN}\dot{U}_2 = \frac{N_1}{N_2}\dot{U}_2 \tag{2-4}$$

$$\dot{Z}_b' = K_{UN}^2 Z_b = \left(\frac{N_1}{N_2}\right)^2 Z_b \tag{2-5}$$

式中，$K_{UN} = \dfrac{N_1}{N_2}$ 为电压互感器的额定变比。

当 $\dot{U}_1$ 施加于一次绕组 N_1 时，在互感器一次回路中产生电流 $\dot{I}_1$，在铁芯中产生交变的主磁通 $\dot{\Phi}$。主磁通 $\dot{\Phi}$ 分别在一、二次绕组 N_1、N_2 上产生感应电动势 $\dot{E}_1$、$\dot{E}_2$，$\dot{E}_2$ 形成互感器二次输出电压 $\dot{U}_2$。当二次绕组接有负荷时，二次回路产生负载电流 $\dot{I}_2$。

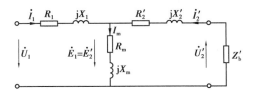

图 2-3　电磁式电压互感器 T 型等值电路图

由图 2-3 据电路理论可列出电压互感器的基本方程式：

$$\dot{U}_1 = \dot{I}_1(R_1 + jX_1) - \dot{E}_1 = \dot{I}_1 Z_1 - \dot{E}_1 \tag{2-6}$$

$$\dot{E}_1 = \dot{E}_2' \tag{2-7}$$

$$\dot{I}_1 = \dot{I}_m - \dot{I}_2' \tag{2-8}$$

$$\dot{U}_2' = \dot{E}_2' - \dot{I}_2'(R_2' + jX_2') = \dot{E}_2' - \dot{I}_2' Z_2' \tag{2-9}$$

将式（2-7）～（2-9）代入式（2-6），可得

$$\dot{U}_1 = (\dot{I}_m - \dot{I}_2')Z_1 - \dot{E}_2' = \dot{I}_m Z_1 - \dot{I}_2' Z_1 - (\dot{U}_2' + \dot{I}_2' Z_2')$$

$$= \dot{I}_m Z_1 - \dot{I}_2'(Z_1 + Z_2') - \dot{U}_2' \tag{2-10}$$

在理想情况下，即忽略励磁电流和负载电流在互感器一、二次绕组内阻抗上产生的压降可得

$$\left.\begin{array}{l} \dot{U}_1 \approx - \dot{E}_1 \\[4pt] \dot{U}_2' \approx \dot{E}_2' \\[4pt] \dot{U}_1 \approx - \dot{U}_2' \end{array}\right\} \tag{2-11}$$

可见电压互感器折算到一次侧的二次电压大小 U_2' 等于一次侧电压大小 U_1，且 $\dot{U}_1$ 和 $\dot{U}_2$ 反相。也就是理想电压互感器的一、二次电压之比等于一、二次绕组的匝数比，是一个常数。

$$K_U = \frac{U_1}{U_2} = \frac{N_1}{N_2} = K_{UN} \tag{2-12}$$

（2）比差和角差

如上所述，在忽略励磁电流和负载电流在互感器一、二次绕组内阻抗上产生的压降的理想情况下，电压互感器的二次电压 U_2 与一次电压 U_1 成正比，即 $\dfrac{U_1}{U_2} = \dfrac{N_1}{N_2} = K_{UN}$，且在相位上反相。但实际运行中的电压互感器必定有铜损和铁损，因为必然有励磁电流会在一次绕组内阻抗上产生电压降，负荷电流也必会在一、二次绕组内阻抗上产生电压降。我们可根据公式

(2-10)作出电磁式电压互感器的相量图2-4来进行分析。

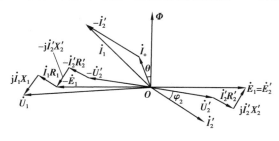

图2-4 电磁式电压互感器的相量图

当电压互感器带负荷运行时,二次电压 $\dot{U}_2'$ 在二次回路中产生二次电流 $\dot{I}_2'$,因为互感器二次负荷通常是呈感性的,所以二次电流 $\dot{I}_2'$ 滞后电压 $\dot{U}_2'$ 一个角度 φ_2,$\dot{I}_2'$ 在二次绕组的内阻抗上产生电压降 $\dot{I}_2'(R_2' + jX_2')$,它们和 $\dot{U}_2'$ 相加可得感应电动势 $\dot{E}_2'$(式2-9),而 $\dot{E}_1 = \dot{E}_2'$。$\dot{E}_1$ 和 $\dot{E}_2'$ 是主磁通 $\dot{\Phi}$ 在一、二次绕组中产生的感应电动势,所以 $\dot{\Phi}$ 超前于 $\dot{E}_2'$ 90°。又由于主磁通 $\dot{\Phi}$ 穿过铁芯时在铁芯内引起铁损(磁滞损耗和涡流损耗),使得 $\dot{\Phi}$ 滞后于励磁电流 $\dot{I}_0$ 一个铁损角 θ。励磁电流 $\dot{I}_0$ 与 $-\dot{I}_2'$ 的相量和确定了一次电流 $\dot{I}_1$ 的大小和方向(式2-8)。一次电流在一次绕组内阻抗上产生压降 $\dot{I}_1R_1$ 和 $j\dot{I}_1X_1$,它们与 $-\dot{E}_1$ 相加得到 $\dot{U}_1$(式2-6)。

由此可见,按互感器额定变比 $K_{UN} = N_1/N_2$ 折算到一次侧的二次电压 $\dot{U}_2'$ 反相后与实际一次电压 $\dot{U}_1$ 大小不等且有相位差,即实际运行中的电压互感器存在测量误差,而励磁电流和绕组的内阻抗是电压互感器产生误差的根源。

因为电压互感器的误差是互感器输出电压的折算量 $\dot{U}_2'$ 与输入电压 $\dot{U}_1$ 的相量之差,所以分别用比差 f_U(变比误差)和角差 δ_U(相位误差)来表示。

比差 f_U 是按额定变比折算到一次侧的二次电压大小与实际一次电压大小之差,并用一次电压的百分数即相对误差的形式来表示:

$$f_U = \frac{K_{UN}U_2 - U_1}{U_1} \times 100\% = \frac{K_{UN} - \dfrac{U_1}{U_2}}{\dfrac{U_1}{U_2}} \times 100\% = \frac{K_{UN} - K_U}{K_U} \times 100\% \qquad (2\text{-}13)$$

式中　U_1——实际一次电压有效值;

　　　U_2——实际二次电压有效值;

　　　K_{UN}——电压互感器的额定变比;

　　　K_U——电压互感器的实际变比$\left(= \dfrac{U_1}{U_2}\right)$。

角差 δ_U 是指一次电压相量 $\dot{U}_1$ 与反相后的二次电压相量 $-\dot{U}_2'$ 之间的相位差,单位为分"′"。当 $-\dot{U}_2'$ 超前 $\dot{U}_1$ 时,角差为正值;$-\dot{U}_2'$ 滞后于 $\dot{U}_1$ 时,角差为负值。

通常未进行补偿时,电压互感器的角差为正,比差为负。设计时常采用适当减少一次绕组匝数的方法以补偿负的比差。

2.1.2　电压互感器的铭牌及主要技术参数

GB 1207—2006《电磁式电压互感器》规定,电压互感器铭牌应有型号、标准代号、设备最高电压、额定电压比、额定输出(VA)和相应的准确度等级等参数。

(1)型号

我国规定用3～4个拼音字母及数字组成电压互感器型号,分别表示结构、类型、绝缘方式及用途等。

电压互感器的型号表示如下:

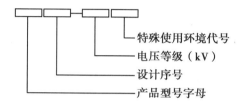

特殊使用环境代号
电压等级（kV）
设计序号
产品型号字母

电压互感器型号中字母的含义见表2-1。

表 2-1　电压互感器型号的字母含义

分　类	代号含义
用　　途	J—电压互感器;HJ—仪用电压互感器
相　　数	D—单相;S—三相;C—串级结构
绕组外绝缘介质	J—油浸式;G—干式;Z—浇注绝缘;Q—气体
结构特征及用途	F—有测量和保护分开的二次绕组;J—接地保护;W—三相五柱;B—三柱带补偿绕组;C—串级式带剩余绕组;X—带剩余绕组

另外还有一些代表特殊使用环境的代号。

①高原地区代表符号:GY。

②污秽地区代表符号:W_1、W_2、W_3,表示不同污秽等级。

③腐蚀地区代表符号:户外型为 W、WF_1、WF_2,户内型为 F_1、F_2,表示不同腐蚀强弱程度。

④干热、湿热带地区用代表符号分别为 TA、TH,干湿热带通用代表符号为 T。特殊使用环境代号占两项时,如高原、污秽地区用,两项字母中间空格。

(2)端子标志

GB 1207—2006 对电压互感器的端子标志作了规定:其标志适用于单相电压互感器、由单相互感器组成为一台整体的三相接线的互感器或有一公共铁芯的三相电压互感器。

其端子标志应按图 2-5 所示,大写字母 U、V、W 和 N 表示一次绕组,对应的小写字母则表示二次绕组,多抽头二次绕组用 u1、v1、w1、u2、v2、w2 等区分。字母 U、V、W 表示全绝缘端子;N 表示接地端,其绝缘低于上述各端子。复合字母 du 和 dn 表示剩余电压绕组的端子。标有同一字母大写和小写的端子,在同一瞬间具有同一极性。

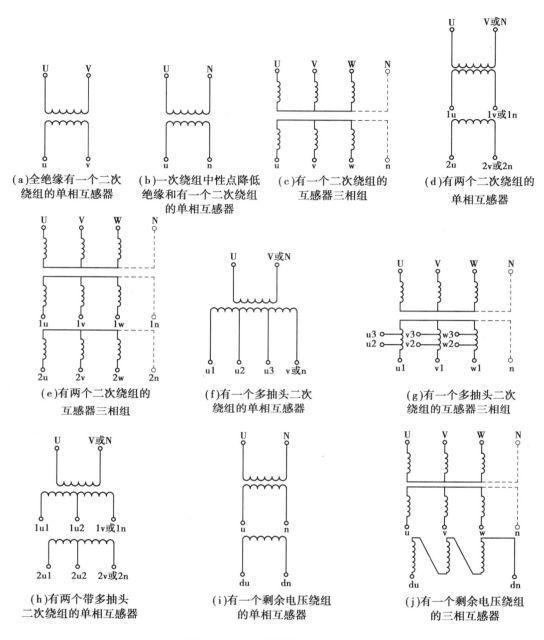

(a)全绝缘有一个二次绕组的单相互感器

(b)一次绕组中性点降低绝缘和有一个二次绕组的单相互感器

(c)有一个二次绕组的互感器三相组

(d)有两个二次绕组的单相互感器

(e)有两个二次绕组的互感器三相组

(f)有一个多抽头二次绕组的单相互感器

(g)有一个多抽头二次绕组的互感器三相组

(h)有两个带多抽头二次绕组的单相互感器

(i)有一个剩余电压绕组的单相互感器

(j)有一个剩余电压绕组的三相互感器

图2-5 电压互感器绕组端子标志图

（3）参数及铭牌标志

GB 1207—2006《电磁式电压互感器》对互感器的铭牌参数作了要求,指出电压互感器的铭牌至少应标示出下列内容:

1)额定电压

额定电压指的是在这个电压下,绕组可以长期工作而不损坏绝缘,并以此电压为基准确定其各项性能。为制造和使用方便,电压互感器的一次电压和二次电压都规定有额定值,即

额定一次电压 U_{1N} 和额定二次电压 U_{2N}。额定一次电压与额定二次电压之比等于一、二次绕组的匝数比 N_1/N_2,叫做额定电压比(额定变比)K_{UN}。

互感器的额定变比要用不约分的分数形式来表示,例如额定电压比为 10 000/100,说明电压互感器一次绕组允许长期施加的电压为 10 000 V,二次绕组允许长期输出的电压为 100 V,而不能写成 100/1。这是因为电压比为 100/1 说明电压互感器的额定一次电压为 100 V,额定二次电压为 1 V,与 10 000/100 比值虽同而实际意义不同。

额定一次电压应符合国家标准所规定的某一系列标准电压值。我国电力系统常用互感器的额定一次电压为 6、6/$\sqrt{3}$、10、10/$\sqrt{3}$、35、35/$\sqrt{3}$、110/$\sqrt{3}$、220/$\sqrt{3}$、500/$\sqrt{3}$ kV 等,其中 "1/$\sqrt{3}$" 的额定电压值用于三相四线制中性点接地系统的单相互感器。

额定二次电压是按互感器使用场合的实际情况来选择的。供三相系统线间连接的单相互感器,其额定二次电压标准值为 100 V;供三相系统中相与地之间用的单相互感器,其额定二次电压应为 100/$\sqrt{3}$ V。

2)额定二次负荷和容量

电压互感器的二次负荷是指电压互感器二次侧所接电气仪表和继电器等全部外接负荷的总导纳。由于电压互感器二次接线是随着线路的要求而改变的,所以实际二次负荷不尽相同。为便于制造和使用,对电压互感器规定了二次负荷的额定值,即额定二次负荷 Y_{2N}。

电压互感器的额定输出容量是指电压互感器在额定电压和额定负荷下运行时二次所输出的容量 S_{2N}(视在功率),用伏安数表示。额定输出容量 S_{2N} 和额定负荷导纳 Y_{2N} 之间的关系可表示为

$$S_{2N} = U_{2N}^2 Y_{2N} = 100^2 Y_{2N} \tag{2-14}$$

根据国家标准 GB 1207—2006,在功率因数为 0.8(滞后)时,额定输出容量的标准值为 <u>10</u>、15、<u>25</u>、30、<u>50</u>、75、<u>100</u>、150、<u>200</u>、250、300、400、<u>500</u> VA,其中有下划线的为优选值。对三相电压互感器而言,其额定输出是指每相的额定输出。

3)准确级

电压互感器存在着一定的误差(包括比差和角差),其在规定使用条件下的准确级以额定电压及该准确级所规定的额定负荷下的最大允许误差来标称。国产电压互感器的准确度等级分为 0.01、0.02、0.05、0.1、0.2、0.5、1.0、3.0、5.0。每一准确级的互感器对比差和角差都有明确要求如表 2-2 所示。

表 2-2　电压互感器准确级和误差限值

准确级	f_U(± %)	δ_U(± ′)	一次电压	频率、功率因数及二次负荷
0.2	0.2	10		$f = f_N$
0.5	0.5	20	$(0.8 \sim 1.2)U_{1N}$	$\cos \varphi_2 = 0.8$
1	1.0	40		$(0.25 \sim 1)S_{2N}$

0.1 级以上的电压互感器,主要用于试验室进行精密测量,或者作为标准用来检验低等级

的互感器,所以也叫作标准电压互感器。用户电能计量装置通常采用 0.2 级和 0.5 级电压互感器。

因为电压互感器的误差与二次负荷的大小有关,所以制造厂在铭牌上标明准确级时,必须同时标明确定该准确级的额定二次输出容量,如 0.5 级、50 VA。

4)额定功率因数

互感器二次回路所带负载的额定功率因数应从 0.3、0.5、0.8(滞后)数值中选取。如不作规定,则负荷功率因数为标准值 0.8(滞后)。

5)国标 $GB\ 1207—2006$ 规定电压互感器的铭牌还应标出的其他内容

①制造单位名及其所在地的地名,以及其他容易识别制造单位的标志、生产序号和日期;

②互感器型号及名称、采用标准的代号、计量许可标志及计量许可批号;

③最高电压 U_m;

④额定绝缘水平;

⑤额定电压因数和相应的额定时间;

⑥绝缘耐热等级(A 级绝缘不必标出);

⑦当互感器有多个二次绕组时,应标明每个绕组的性能参数及其相应的端子;

⑧设备种类:户内或户外;

⑨互感器的总质量;

⑩额定频率:额定频率为 50 Hz。

所有需标明的内容应牢固地标志在电压互感器本体上,或标志在可靠固定于互感器上的铭牌上。

2.1.3 误差特性

由电压互感器的相量图(图 2-4)和比差、角差的定义,据电路基本理论和近似计算原理可推导出比差 f_U 和角差 δ_U 的计算公式:

$$f_U = -\left(\frac{I_oR_1\sin\theta + I_oX_1\cos\theta}{U_1} + \frac{I'_2R_k\cos\varphi_2 + I'_2X_k\sin\varphi_2}{U_1}\right) \times 100\% \qquad (2\text{-}15)$$

$$\delta_U = \left(\frac{I_oR_1\cos\theta - I_oX_1\sin\theta}{U_1} + \frac{I'_2R_k\sin\varphi_2 - I'_2X_k\cos\varphi_2}{U_1}\right) \times 3\ 438' \qquad (2\text{-}16)$$

式中　$R_k = R_1 + R'_2, X_k = X_1 + X'_2$——电压互感器的短路电阻和短路电抗;

θ——电压互感器铁芯的损耗角。

可见,电压互感器的误差可以看作励磁电流 I_o 造成的空载误差和负载电流产生的负载误差之和。同时,式(2-15)、(2-16)表明,励磁电流和绕组阻抗是造成电压互感器误差的根源。此外,互感器运行时的一次电压、二次负荷大小以及功率因数等都会对电压互感器的误差产生影响。

(1)电压互感器的电压特性

电压特性就是互感器的比差和角差与一次电压的关系,电压互感器的电压特性曲线如图 2-6 所示。

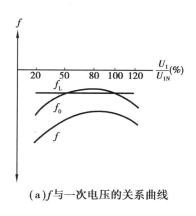
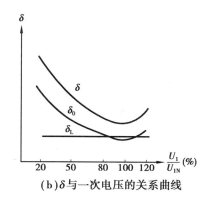

（a）f 与一次电压的关系曲线　　　　（b）δ 与一次电压的关系曲线

图 2-6　f 和 δ 与一次电压的关系曲线

f_L—负载比差；f_0—空载比差；δ_L—负载角差；δ_0—空载角差

　　由于负载电流 I_2' 与 U_1 基本上成比例，所以负载误差基本上不随一次电压变化，故图 2-6 中电压互感器负载误差与一次电压的关系曲线 f_L、δ_L 均为水平直线。而空载误差由励磁电流产生，由于互感器铁芯磁化特性的非线性，铁芯的磁导率 μ 和损耗角 θ 都不是常数。当一次电压较低时，磁导率 μ 较低，所需励磁电流 I_0 较大，故互感器的空载比差 f_0 和角差 δ_0 都较大。在电压互感器正常运行范围内，随着一次电压的增加，磁导率增加，I_0/U_1 减小，空载比差 f_0 和角差 δ_0 开始减小并逐渐趋于平稳。当一次电压 U_1 继续加大时，铁芯饱和，磁导率 μ 又降低，损耗角 θ 增大，故空载比差 f_0 和角差 δ_0 又随一次电压 U_1 的增加而加大，所以应使电压互感器一次侧工作于额定电压下。

（2）电压互感器的负载特性

　　由式（2-15）、（2-16）可见，二次负载的大小和性质，对电压互感器的比差和角差都有影响。当一次电压 U_1 不变时，如果二次负载的功率因数为定值，则负载误差与二次负荷电流 I_2 的大小成正比，比差 f_U 和角差 δ_U 随二次负荷电流 I_2 的变化曲线如图 2-7 所示。

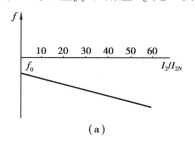
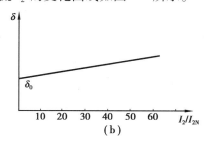

（a）　　　　　　　　　　　　（b）

图 2-7　f 和 δ 与二次负载的关系曲线

　　图中空载时比差 f_0 为负，角差 δ_0 为正。随着二次负荷电流 I_2 的增加，f_U 要在空载的基础上继续向负的方向增加，δ_U 则在空载的基础上继续向正的方向增加。但二次负载功率因数对误差的影响关系则比较复杂，当功率因数从 $0 \sim 1$ 变化时，开始变比误差 f_U 逐渐增加，随后又会逐渐减小；而角差 δ_U 却是一直减小，变成负值后，向负方向继续增加。

　　此外，电压互感器的二次负荷电流通过二次连接导线时会产生电压降，使加在电能表电压端子上的电压小于电压互感器二次绕组出线端的端电压，从而产生负误差，少计电量。

DL/T 448—2000《电能计量装置技术管理规程》规定"Ⅰ、Ⅱ类用于贸易结算的电能计量装置中的电压互感器二次回路电压降应不大于其二次额定电压的 0.2%;其他电能计量装置中电压互感器二次回路电压降应不大于其二次额定电压的 0.5%"。所以对运行中的电压互感器二次回路压降需进行周期测试。

2.1.4 电压互感器的接线方式

电压互感器的接线方式主要有以下几种:

（1）Vv 接法

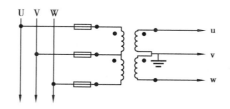

图 2-8　电压互感器的 V/v 接线

Vv 接法广泛应用于中性点绝缘（不接地）系统,特别是 10 kV 三相系统。两台相互绝缘的单相电压互感器按图 2-8 所示连接,两台互感器之间没有磁的联系。因为它的接线方式来源于三角形接线,只是"口"没有闭合,所以称为 Vv 接法。这种接法既可节省一台电压互感器,又可满足三相三线有功、无功电能计量所需的线电压,接线时注意同极性端是首尾相连的。仪表的电压接线端子连接于互感器二次侧的 u、v 间和 w、v 间。

这种接法的缺点是:不能测量相电压;不能接入监视系统绝缘状况的电压表。

（2）Yyn 接法

电压互感器 Yyn 接线如图 2-9 所示。

这种接法是用三台单相电压互感器构成一台三相电压互感器组,也可以用一台三铁芯柱式三相电压互感器,将其高低压绕组分别接成星形。这种接法多用于中性点绝缘系统,一般是将二次侧中性线引出并接地,接成 Yyn 接法。从过电压保护观点出发,常要求高压端不接地。

这种接法的缺点是:当二次三相负载不平衡时,可能引起较大的误差;为了防止高压侧单相接地故障,高压侧中性点不允许接地,故不能测量对地电压。

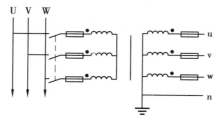

图 2-9　电压互感器的 Yyn 接线

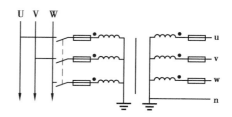

图 2-10　电压互感器的 YNyn 接线

（3）YNyn 接法

电压互感器的 YNyn 接线如图 2-10 所示。

YNyn 接法多用于大电流接地系统（如 110 kV 及以上的中性点直接接地系统）,常采用三台单相电压互感器构成三相电压互感器组,一、二次侧均有中性线引出。这种接法的优点是:由于高压侧中性点接地,可降低绝缘水平,使成本下降;电压互感器绕组是按相电压设计的,既可测量线电压又可测量相电压。

电压互感器一次侧应装设隔离开关,供检修之用,还应装设熔断器,以免二次侧发生短路事故后扩大事故,造成停电。35 kV 以上贸易结算用电能计量装置中的电压互感器二次回路,应不装设隔离开关辅助接点,但可装设熔断器;35 kV 及以下贸易结算用电能计量装置中电压互感器的二次回路,应不装设隔离开关辅助接点和熔断器。

2.1.5　选择使用电压互感器的注意事项

①电压互感器应选用符合国家标准(或行业标准),并经有关部门鉴定为质量优良,准许进入电力系统的产品,使用前应经室内检定(或现场检验)合格。

②要正确选择电压互感器的额定电压,选择时该额定电压 U_{1N} 应大于接入的被测电压 U_{1X} 的0.9倍,小于1.1倍,即

$$0.9U_{1X} < U_{1N} < 1.1U_{1X} \tag{2-17}$$

③安装时应保证场地、环境、设备符合规程规定,安装后应进行检查,包括接线、相序、极性等。

④为防止电压互感器绝缘损坏时高电压窜入低压侧对设备和人员造成损害,互感器外壳和二次侧必须可靠接地。

⑤电压互感器二次侧严禁短路。因为当二次侧短路时,阻抗接近于零,则二次电流增大,这个电流产生与一次电流磁通相反的磁通导致一次绕组电流增加,影响互感器误差,严重时造成绝缘损坏,破坏电力系统安全运行。

⑥正确选择电压互感器的二次额定容量,选择原则是

$$0.25S_{2N} \leqslant S \leqslant S_{2N} \tag{2-18}$$

S_{2N} 的大小在铭牌中给出,而实际二次视在功率 $S = 10\ 000Y$,Y 为二次实际负荷。

⑦对于电压互感器,也要像其他计量设备一样,进行周期检定和现场检验。规程规定:高压互感器每10年现场检验一次,时间可选择在大用户配电设备每年一次的预防性试验时一起进行。当现场检验互感器误差超差时,应查明原因,制订更换或改造计划,尽快解决,时间不得超过下一次主设备检修完成日期。

⑧运行中的电压互感器二次回路电压降应定期进行检验。对35 kV 及以上电压等级的电压互感器二次回路电压降,至少每两年检验一次。当二次回路负荷超过互感器二次额定负荷或二次回路电压降超差时,应及时查明原因,并在一个月内处理。

思考与讨论

1. 说出 JDJJ—35 型电压互感器各字母及数字的含义。

2. 电压互感器二次回路压降允许值在技术管理规程中是如何规定的?可采取哪些措施减小二次回路压降?

3. 电压互感器在运行中有哪几种接线方式?试画出其接线图。

4. 简析造成电压互感器误差的根源。

任务2.2 电流互感器

电流互感器是一种专门用来变换电流的特种变压器,相当于电流变换器。其一次绕组串联在被测量的电力线路中,绕组中的一次电流就是线路上流过的被测电流。二次绕组串接计量仪表、自动装置等。由于所接仪表和装置的阻抗很小,电流互感器正常运行时相当于变压器的短路运行状态,二次电流在正常运行条件下与一次电流成正比,二次负荷对一次电流不会造成影响。

其与电流变换器的区别主要是:

①互感器对电流变换的比例以及变换前后的相位有严格的要求,而电流变换器对这些要求不高。

②电流互感器主要传输被测量的信息即电流的大小和相位给测量仪表,而电流变换器主要用于改变电路的输出阻抗,为负载提供大小合适的电流。

目前,我国电力系统中使用的电流互感器一般为电磁式电流互感器,其外形结构多种多样,几种计量常用电流互感器的实物外形如图2-11所示。

(a)低压母线式电流互感器 　　(b)10 kV浇注绝缘式电流互感器 　　(c)110 kV干式电流互感器

图2-11　常用的电流互感器的实物外形

2.2.1　电磁式电流互感器的工作原理与比差、角差

(1)工作原理

电磁式电流互感器的一次绕组串联在被测线路中,二次绕组与各种测量仪表或继电器相串联。因为电力系统中经常需将大电流变换为小电流进行测量,所以二次绕组匝数 N_2 多于一次绕组匝数 N_1。电流互感器的结构图和在线路中的接线符号分别如图2-12(a)、(b)所示,图2-12(b)中一次侧的 L_1 和二次侧的 K_1 是一对同名端,一次电流 $\dot{i}_1$ 从 L_1 端流入时,二次电流 $\dot{i}_2$ 应从 K_1 端流出,即从绕组的同名端观察,电流 $\dot{i}_1$、$\dot{i}_2$ 的瞬时方向是相反的,这样的极性关系称为减极性。

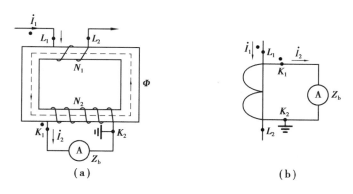

图 2-12 电流互感器的结构和符号

电流互感器的工作原理与普通变压器基本相同:当一次绕组中有电流 $\dot{I}_1$ 通过时,一次绕组的磁动势 $\dot{I}_1 N_1$ 产生的磁通绝大部分通过铁芯而闭合,从而在二次绕组中感应出电动势 $\dot{E}_2$。如果二次绕组接有负载,那么二次绕组中就有电流 $\dot{I}_2$ 通过,有电流就有磁动势,二次绕组的磁动势 $\dot{I}_2 N_2$ 也产生磁通,这个磁通绝大部分也是经过铁芯而闭合。因此,铁芯中的磁通是由一、二次绕组的磁动势共同产生的合成磁通 $\dot{\Phi}$,称为主磁通。一次磁动势与二次磁动势的相量和即为励磁磁动势,可得磁动势平衡方程

$$\dot{I}_1 N_1 + \dot{I}_2 N_2 = \dot{I}_0 N_1 \tag{2-19}$$

电流互感器磁路中的磁力线密度设计得很低,一般在 $0.08 \sim 0.1$ T 范围内,磁损耗较小。在这种情况下,用来在铁芯中建立磁场传递能量的激磁安匝数(励磁磁动势)$\dot{I}_0 N_1$ 很小,$\dot{I}_0 N_1$ 在一次安匝数 $\dot{I}_1 N_1$ 中所占比例也很小,大约为 $0.3\% \sim 1\%$。所以在理想情况下,忽略铁芯中各种损耗,可认为电流互感器的励磁磁动势 $\dot{I}_0 N_1 \approx 0$,则有

$$\dot{I}_1 N_1 + \dot{I}_2 N_2 = 0 \quad 或 \quad \dot{I}_1 N_1 = -\dot{I}_2 N_2 \tag{2-20}$$

这是理想电流互感器的一个很重要的关系式,即一次磁动势安匝数的大小 $I_1 N_1$ 等于二次磁动势安匝数的大小 $I_2 N_2$,且相位相反。进一步化简式(2-20),可得

$$K_{IN} = \frac{I_{1N}}{I_{2N}} = \frac{N_2}{N_1} \tag{2-21}$$

即理想电流互感器两侧的额定电流大小和它们的绕组匝数成反比,称为电流互感器的额定变比,是一个常数,用 K_{IN} 表示,标注在互感器的铭牌上。

(2)比差和角差

实际上,电流互感器铁芯的磁化需要励磁电流,励磁安匝 $\dot{I}_0 N_1$ 不为零,电流互感器的一次磁动势安匝数不等于二次磁动势安匝数,在铁芯和绕组中存在损耗,所以实际电流互感器存在着误差。参照电压互感器的方法可作出电流互感器的简化相量图,如图 2-13(a)所示。

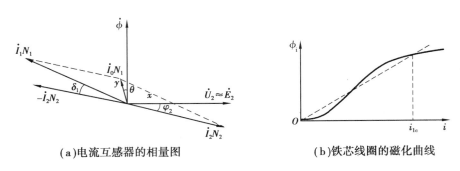

（a）电流互感器的相量图　　　　　（b）铁芯线圈的磁化曲线

图 2-13　电流互感器的误差来源

由图可见，二次磁动势安匝数 $\dot{I}_2 N_2$ 反相后（即 $-\dot{I}_2 N_2$）与一次磁动势安匝数 $\dot{I}_1 N_1$ 大小不等且有相位差，即实际运行中的电流互感器存在测量误差，而励磁电流 $\dot{I}_0$ 是电流互感器产生误差的根源。

因为电流互感器的误差是互感器的一次励磁安匝数 $\dot{I}_1 N_1$ 与二次励磁安匝数 $\dot{I}_2 N_2$ 两个相量之差，所以分别用比差 f_1（变比误差）和角差 δ_1（相位误差）来表示。

比差 f_1 是按额定变比折算到一次侧的二次电流大小与实际一次电流大小之差，并用一次电流的百分数即相对误差的形式来表示：

$$f_1 = \frac{K_{\mathrm{IN}} I_2 - I_1}{I_1} \times 100\% \ = \ \frac{K_{\mathrm{IN}} - \dfrac{I_1}{I_2}}{\dfrac{I_1}{I_2}} \times 100\% \ = \ \frac{K_{\mathrm{IN}} - K_1}{K_1} \times 100\% \tag{2-22}$$

式中　I_1——实际一次电流有效值；

　　　I_2——实际二次电流有效值；

　　　K_{IN}——电流互感器的额定变比；

　　　K_1——电流互感器的实际变比$\left(=\dfrac{I_1}{I_2}\right)$。

角差 δ_1 是指一次电流相量 $\dot{I}_1$ 与反相后的二次电流相量 $-\dot{I}_2$ 之间的相位差，单位为分"′"。当 $-\dot{I}_2$ 超前 $\dot{I}_1$ 时，角差为正值；$-\dot{I}_2$ 滞后于 $\dot{I}_1$ 时，角差为负值。

角差 δ_1 一般为正，比差 f_1 一般为负。为保证电流互感器的准确度，其二次匝数 N_2 要比理论值适当减少 0.5 ~ 2 匝，以补偿实际电流互感器由于存在很小的励磁安匝 $I_0 N_1$ 而引起的负的比差。

2.2.2　电流互感器的铭牌及主要技术参数

GB 1208—2006《电流互感器》规定，电流互感器的铭牌应有型号、标准代号、设备最高电压、额定电流比、额定输出（VA）和相应的准确度等级、额定动热稳定电流等参数。

（1）型号

我国规定用字母符号及数字组成电流互感器型号，按字母顺序分别表示安装形式、结构类型、绝缘方式及用途等。

电流互感器的型号表示如下：

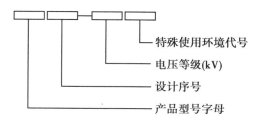

产品型号中各字母含义如下所示。

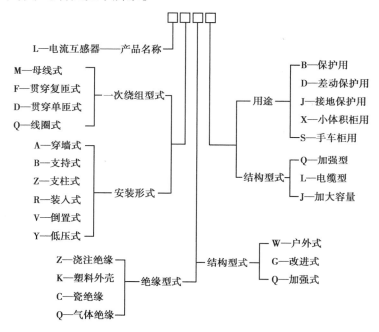

另外还有一些代表特殊使用环境的代号：

①高原地区代表符号：GY。

②污秽地区代表符号：W_1、W_2、W_3，表示不同污秽等级。

③腐蚀地区代表符号：户外型为 W、WF_1、WF_2，户内型为 F_1、F_2，表示不同腐蚀强弱程度。

④干热、湿热带地区用代表符号分别为 TA、TH，干湿热带通用代表符号为 T。特殊使用环境代号占两项时，如高原、污秽地区用，两项字母中间空格。

（2）端子标志

接线端子需有标志，标志应位于接线端子表面或近旁且应清晰牢固。标志由字母或数字组成，字母均为大写印刷体，如图 2-14 所示。

对单电流比互感器，一次绕组首、末端用 L1 和 L2 表示，二次绕组首、末端用 K1 和 K2 表示，如图 2-14（a）所示。

当一台电流互感器二次绕组带有多抽头时，一次绕组首端依然为 L1、L2，二次绕组首端为 K1，其后依次为 K2、K3、K4 等，如图 2-14（b）所示。

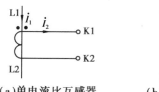  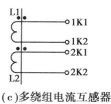

（a）单电流比互感器　　（b）多抽头电流互感器　　（c）多绕组电流互感器

图 2-14　电流互感器绕组接线图

当一台电流互感器二次带有多个绕组时,二个绕组分别绕在各自的铁芯上,应分别在各个二次绕组的出线端标志"K",且前面加注数字,如 1K1、1K2 和 2K1、2K2 等,如图 2-14（c）所示。

（3）参数及铭牌标志

GB 1208—2006《电流互感器》规定电流互感器的铭牌至少应标示出下列内容:

1）额定电流和额定变比

额定电流指的是在这个电流下,互感器可以长期运行而不会因发热损坏,并以此电流为基准确定其各项性能。当负载超过额定电流时叫做过载。如果互感器长期过载运行,会把它的绕组烧坏或缩短绝缘材料的寿命。

为便于制作和使用,电流互感器的一次和二次电流都规定有额定值,即额定一次电流 I_{1N} 和额定二次电流 I_{2N}。额定一次电流与额定二次电流之比与一、二次绕组匝数成反比,叫做额定电流变比（额定变比）K_{IN}。互感器的额定电流变比一般用不约分的分数形式来表示,例如电流互感器的铭牌上标明电流比 $K_{IN}=100/5$,不仅说明电流互感器二次电流乘以 20 倍就等于一次电流,而且其一次绕组允许长期通过的电流为 100 A,二次绕组允许长期通过的电流为 5 A。因此电流比 100/5 不能写成 20/1,这是因为 20/1 说明互感器的额定一次电流为 20 A,额定二次电流为 1 A,与 100/5 比值虽同但实际意义不同。

当一次绕组为分段式,通过串、并联得到几种电流比时,表示为一次绕组段数×一次绕组每段的额定电流/额定二次电流（A）,如 2×600/5 A。当二次绕组具有抽头,以得到几种电流比时,应分别标出每一对二次出线端子及其对应的电流比,如 K1-K2,300/5 A;K1-K3,600/5 A等。

根据国家标准 GB 1208—2006,额定一次电流的标准值为10、12.5、15、20、25、30、40、50、60、75 A 以及它们的十进倍数或小数,有下划线的为优选值。

电流互感器额定二次电流的标准值一般为 5 A,用于 330 kV 及以上电网时为 1 A。

2）额定二次负荷和容量

电流互感器的二次负荷就是指电流互感器二次侧所接仪表、继电器和连接导线的总阻抗,包括这些仪表或继电器的阻抗,以及连接导线的阻抗和连接点的接触电阻等所有二次外接负荷的全部阻抗。

电流互感器二次接线是随着线路的要求而改变的,所以每台电流互感器的实际二次负荷都不相同。为了制造和使用的方便,对于各种电流互感器,也都规定了负荷的标准值,叫做额定负荷。电流互感器的额定二次负荷是指在保证电流互感器准确度等级的条件下,允许电流互感器二次侧所接仪表、导线等的总阻抗值。

电流互感器的额定容量是指电流互感器在额定电流和额定负荷下运行时二次所输出的容量(视在功率),用伏安数表示。额定输出容量 S_{2N} 和额定二次负荷阻抗 Z_{2N} 之间的关系可表示为

$$S_{2N} = I_{2N}^2 Z_{2N} = 25 Z_{2N} (V \cdot A) \tag{2-23}$$

根据国家标准 GB 1208—2006,额定输出容量的标准值为 2.5、5、10、15、20、25、30、40、50、60、80、100 V·A。

3)准确级

电流互感器存在着一定的误差(包括比差和角差),其在规定使用条件下的准确级以在额定电流下该准确级所规定的额定负荷下的最大允许误差来标称。电流互感器的准确度等级包括 0.01、0.02、0.05、0.1、0.2、0.5、1.0、3.0、10.0 级。每一准确级的互感器对比差和角差都有明确要求如表 2-3 所示。

表 2-3　电流互感器的准确级和误差限值

准确级	一次电流	比差 $f_1(\pm\%)$	角差 $\delta_1(\pm')$	二次负荷
0.2	5%I_{1N}	0.75	30	
	20%I_{1N}	0.35	15	
	(100~120)%I_{1N}	0.2	10	
0.5	5%I_{1N}	1.5	90	$(0.25~1)S_{2N}$
	20%I_{1N}	0.75	45	
	(100~120)%I_{1N}	0.5	30	
1	5%I_{1N}	3.0	180	
	20%I_{1N}	1.5	90	
	(100~120)%I_{1N}	1.0	60	

0.1 级及以上的电流互感器,主要用于试验室进行精密测量,或者作为标准用来检验低等级的互感器,所以也叫作标准电流互感器。计量用电流互感器应在 0.2 S、0.2、0.5 S、0.5 准确级中选取。1.0 级及以下用于监测电流、功率、功率因数和继电保护装置中。

制造厂在铭牌上标明准确级时,必须同时标明确定该准确级的额定二次输出容量,如 0.5 级、10 V·A。

4)额定电压

电流互感器的额定电压是电流互感器一次绕组对二次绕组和对地的绝缘电压,即一次绕组长期对二次绕组和地能够承受的最大电压(有效值),说明了电流互感器一次绕组的绝缘强度。注意电流互感器的额定容量只与额定负荷有关,与电流互感器的额定电压无关。

5)国标 GB 1208—2006 规定电流互感器的铭牌还应标出的其他内容

①制造单位名及其所在地的地名,以及其他容易识别制造单位的标志、生产序号和日期;

②互感器型号及名称、采用标准的代号、计量许可证标志及计量许可批号；

③设备最高电压 U_m；

④额定绝缘水平；

⑤二次绕组的排列示意图（对一次绕组为"U"形电容型结构的电流互感器）；

⑥绝缘耐热等级（A级绝缘不必标出）；

⑦当互感器有多个二次绕组时，应标明每个绕组的性能参数及其相应的端子；

⑧设备种类：户内或户外；

⑨互感器的总质量及油浸式互感器的油质量；

⑩额定频率：50 Hz。

所有需标明的内容应牢固地标志在电流互感器本体上，或标志在可靠固定于互感器上的铭牌上。

2.2.3 误差特性及补偿

由图2-13和比差、角差的定义，据电路基本理论和近似计算原理可推导出比差 f_1 和角差 δ_1 的计算公式：

$$f_1 = -\frac{I_0}{I_1} \times \sin(\theta + \varphi_2) \times 100\% \tag{2-24}$$

$$\delta_1 = \frac{I_0}{I_1} \times \cos(\theta + \varphi_2) \times 3\,438\,(') \tag{2-25}$$

式中 I_0——励磁电流；

θ——电流互感器铁芯的损耗角；

φ_2——互感器二次负载的阻抗角。

可见励磁电流是造成电流互感器误差的根源，此外，互感器运行时的一次电流、铁芯的损耗角 θ、二次负荷大小以及功率因数等都会对电流互感器的误差产生影响。

（1）电流互感器的电流特性

电流特性就是互感器的比差和角差与一次电流的关系，电流互感器的电流特性曲线如图2-15（a）所示。

当电流互感器工作在小电流时，由于铁芯硅钢片磁化曲线的非线性影响，其初始的磁通密度较低，因而磁导率较小，需励磁电流 I_0 较大，I_0/I_1 较大，所以误差较大。如一次电流升高，铁芯磁密将增大，磁导率和损耗角也增大，励磁电流 I_0 变小，导致比值 I_0/I_1 随一次电流的增大而减小，互感器的误差也减小。所以在选择电流互感器变比时不能选得过大，以避免互感器在小电流下运行。

（2）二次负载特性

二次负载阻抗 Z_b 增加（如多接几只仪表）时，二次电流 I_2（即 I_2N_2）减小，而一次电流 I_1（即 I_1N_1）不变，则据式（2-19）的磁动势平衡方程 $\dot{I}_1N_1 + \dot{I}_2N_2 = \dot{I}_0N_1$ 可知励磁磁动势 $\dot{I}_0N_1$ 增大，因而比差向负的方向增大，角差则向正的方向增大。

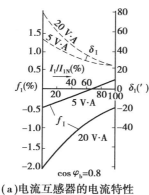

（a）电流互感器的电流特性

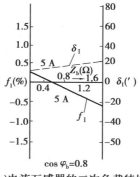

（b）电流互感器的二次负载特性

图 2-15 电流互感器的误差特性

当二次负载功率因数角增加时，比差增大，而角差减小，反之亦然。但此部分比差和角差的变化很小，在实用中对准确度等级低的互感器而言可以忽略不计。

电流互感器误差与二次负载之间的关系曲线如图 2-15（b）所示。

2.2.4 电流互感器的接线方式

电流互感器的接线方式主要有以下几种：

（1）采用公共回线的电流互感器接线

以往三相三线、三相四线电能计量装置中电流互感器二次接线均采用公共回线，即 V 形接线和 Y 形接线。

V 形接线又叫做两相星形接线（或不完全星形接线），常用在三相三线电路中（中性点绝缘系统），如图 2-16（a）所示。它们由两只完全相同的电流互感器构成，其中一台接在 U 相，另一台接在 W 相，V 相没有接入电流互感器，在其二次侧的公共线上可获得 V 相电流。

Y 形接线又叫做三相星形接线（或完全星形接线），它由三只完全相同的电流互感器构成。这种接线方式常用于高电压大电流接地系统的三相四线电路中，如图 2-16（b）所示。

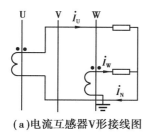

（a）电流互感器V形接线图

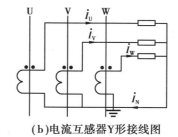

（b）电流互感器Y形接线图

图 2-16 采用公共回线的电流互感器接线图

上述接法的优点是接线简捷，用线节省；缺点是各相计量线路相互间不独立，公共回线一断，同时影响所有元件的计量正确性，还有可能将公共回线接入某个电流回路的进线孔，增加错误接线发生的几率和种类，且不易查找错误原因，因此目前不再采用此种接线方式。

（2）分相接线

根据 DL/T448—2000《电能计量装置技术管理规程》规定,对于三相三线（或三相四线）制的电能计量装置,其 2 台（或 3 台）电流互感器的二次绕组与电能表之间宜采用四线（或六线）连接,如图 2-17 所示。

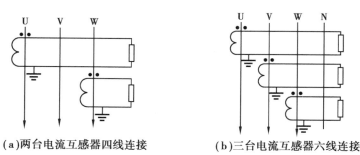

  （a）两台电流互感器四线连接   （b）三台电流互感器六线连接

图 2-17 电流互感器的分相接线图

采用分相连接方法,虽然会增加二次回路的电缆芯数,但可减少发生错误接线的几率,提高计量的可靠性和准确度,并给互感器的现场校验和查找错误接线带来方便,为计量装置的正常维护奠定良好的基础,所以被列为电流互感器的标准接线方式。

（3）电流互感器的特种连接

为了改善电流互感器的误差特性和改变电流变比,有时在现场还需要将两台电流互感器串联、并联或串级连接使用,如图 2-18 所示。

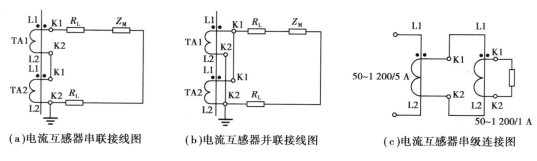

 （a）电流互感器串联接线图 （b）电流互感器并联接线图 （c）电流互感器串级连接图

图 2-18 电流互感器的特种连接

1）串联接线

将两只相同额定电流比的电流互感器（或一只电流互感器具有两个二次绕组）接在同一相电流线上,其一次、二次绕组分别顺向连接,称为电流互感器的串联接线,如图 2-18（a）所示。

两台电流互感器串联接线后,电流变比和单台电流互感器相同;每台电流互感器负担的二次负载阻抗比单台使用时减少了一半。这样就在负载不变的情况下,提高了测量准确度;在测量准确度不变的情况下,增加了二次的负载能力。

2）并联接线

将两只相同额定电流变比的电流互感器（或一只电流互感器具有两个二次绕组）接在同

一相电流线上,其一次绕组顺向连接,二次绕组并联,称为电流互感器的并联接线,如图 2-18(b)所示。

两台电流互感器并联接线后,总的电流变比为单台电流互感器的 1/2;每台电流互感器的二次负载阻抗比单台使用时增加了一倍,因此使用电流互感器的固有误差增大,所以一般情况下不采用并联接线。但在实际应用中,考虑用户负荷的变化或为了使电流互感器的误差向相反方向变化,有时也采用并联方式。

3)串级连接

为获得特定值的额定二次电流,常需使用两台不同电流变比的电流互感器将被测电流进行二次变换。通常将后一台互感器的一次绕组串接于前一台互感器的二次回路中,这种连接方式称为电流互感器的串级连接,如图 2-18(c)所示。

串级连接后的电流变比等于两台电流互感器变比之乘积,即 $K_I = K_{I1} K_{I2}$。采用这种连接方式,可以使用一台额定二次电流为 5 A 和一台额定二次电流为 1 A 的电流互感器,组成更多电流变比的额定二次电流为 5 A 或 1 A 的组合式电流互感器,扩大了电流互感器的量限。

2.2.5　选择使用电流互感器的注意事项

①电流互感器应选用符合国家标准(或行业标准),并经有关部门鉴定为质量优良、准许进入电力系统的产品,使用前应经室内检定(或现场检验)合格。

②要正确选择电流互感器的额定电压和海拔高度。额定电压应与其一次的工作电压相一致,即不低于其安装处的线路额定电压或电气设备的额定电压。海拔越高空气越稀薄,同电压等级的电流互感器绝缘要求越高,电流互感器的铭牌上标有适用的海拔高度。

③要正确选择电流互感器的额定变比。选择电流互感器的额定变比就是选择互感器的额定一次电流,应保证电流互感器正常运行中的实际负荷电流达到额定一次电流的 60% 左右,至少应不小于 30%。(对 S 级电流互感器为 20%)

④正确选择电流互感器的二次额定容量,选择原则是

$$0.25S_{2N} \leqslant S \leqslant S_{2N} \tag{2-26}$$

S_{2N} 的大小在铭牌中给出,而实际二次视在功率 $S_2 = 25Z_2$,Z_2 为二次实际负荷阻抗。

⑤安装时应保证场地、环境、设备符合规定,安装后应进行接线、相序、极性等检查。

⑥为防止电流互感器绝缘损坏时高电压窜入低压侧对设备和人员造成损害,互感器外壳和二次侧必须可靠接地,而且只允许有一个接地点,低压电流互感器也可不接地。

⑦电流互感器二次侧严禁开路。因为当二次侧开路时,一次电流全部用于励磁,会造成互感器铁芯过热,影响互感器误差,且其二次侧两端会感应出瞬时高电压,对一、二次绕组绝缘造成破坏,对设备和人身安全造成威胁,甚至对电力系统造成重大安全隐患。

⑧贸易结算用电流互感器应为专用,无法满足这一条件的,电流互感器应连接于最高准确级的专用二次绕组上,并不得与测量和保护回路共用。

⑨互感器应按规程规定进行周期检定和现场检验。当现场检验互感器误差超差时,应查明原因,制订更换或改造计划,尽快解决,时间不得超过下一次主设备检修完成日期。

思考与讨论

1. 说明 LQG-0.5 的字母与数字的含义。
2. 电流互感器产生误差的根源是什么？影响误差的因素有哪些？
3. 电流互感器的标准接线方式是什么？有何优点？

*任务2.3　其他几种主要的互感器

10 kV 和 35 kV 电网大量使用三相组合互感器进行电能计量；而电容式电压互感器广泛应用于 110 kV 及以上电压等级的电力系统中；此外，随着电力系统电压等级的不断提高和电力容量的不断增加，电磁式互感器逐渐暴露出一系列固有的缺点，于是，新型的电子式互感器应运而生。

2.3.1　组合互感器

组合互感器是由多台电流互感器和电压互感器组成一个整体装在计量箱内，分为油浸式和环氧树脂浇注式，其中油浸式的装在户外使用，环氧树脂浇注式的装在户内使用。其电压等级一般有 10 kV 和 35 kV 两种。组合互感器配上电能表就构成一个整体计量箱，油浸式高压电力计量箱如图 2-19 所示，新型干式分体防窃电高压计量箱则如图 2-20 所示。

(a)10 kV油浸式高压电力计量箱　　　　**(b)35 kV油浸式高压电力计量箱**

图 2-19　油浸式高压电力计量箱外形图

(a)新型10 kV干式分体防窃电高压计量箱　　**(b)新型35 kV户外干式分体防窃电高压计量箱**

图 2-20　新型干式分体防窃电高压计量箱外形图

组合互感器工作原理和普通电流、电压互感器一样，接线是将电压、电流互感器在箱内连接妥当，一次侧引出高压绝缘子出线端接高压回路，二次侧引出低压绝缘子出线端接入接线盒至电能表即可用于计量，其接线图如图2-21所示。

组合互感器的优点是接线、安装方便，整体性好、美观，和各自独立的分散互感器相比，体积更小，节省空间和安装费用。其缺点是电压、电流互感器互不独立，故障时可能互相影响，局部发生故障就会影响整个装置，故维护不周到时故障率会更高；此外，电压互感器二次绕组没有装设高压熔丝，短路时可能引起馈线跳闸，造成停电事故。

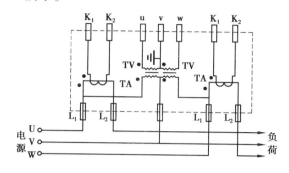

图2-21　组合互感器接线图

2.3.2　电容式电压互感器

电容式电压互感器简称为CVT，广泛应用于330 kV及以上电压等级的电力系统中。电容式电压互感器具有电磁式电压互感器的全部功能，同时可作为载波通信的耦合电容器，其耐雷电冲击性能理论上比电磁式电压互感器优越，可以降低雷电波的波头陡度，对变电所电气一次设备有保护作用，不存在电磁式电压互感器与断路器断口电容的串联铁磁谐振问题，价格比较便宜，且电压等级越高优势越明显，有取代电磁式电压互感器的趋势。但电容式电压互感器与电磁式电压互感器相比，也有其不足之处，如系统频率和环境温度改变会引入附加误差，稳定性受电容量变化影响，当系统发生短路等故障而使电压突变时，其暂态过程要比电磁式互感器长得多，如不采取有效措施将会导致继电保护不能正常工作等。电磁式与电容式电压互感器性能比较见表2-4。

表2-4　电磁式与电容式电压互感器性能比较

项　　目		电磁式	电容式
误差稳定性		较好	较差
频率改变对互感器误差影响		较小	较大
温度改变对互感器误差影响		较小	较大
邻近效应及外电场影响		较小	较大
造　价	220 kV以下	较低	较高
	220 kV及以上	较高	较低
暂态响应特性		较好	较差
绝缘结构及绝缘强度		220 kV以上，绝缘结构较复杂	较好
运行安全性		较差	较好

电容式电压互感器型号表示如下：

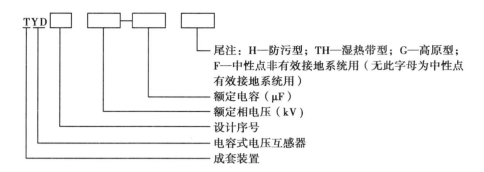

尾注：H—防污型；TH—湿热带型；G—高原型；
F—中性点非有效接地系统用（无此字母为中性点
有效接地系统用）

额定电容（μF）

额定相电压（kV）

设计序号

电容式电压互感器

成套装置

现代电容式电压互感器的典型电路如图 2-22 所示,主要由电容分压器、中压变压器、补偿电抗器、阻尼器等部分组成,后三部分总称为电磁单元。系统的高电压施加于由高压电容 C_1 和中压电容 C_2 串联组成的电容分压器,降为中间电压 $\dot{U}_{U'N}$,再经中间变压器 T 降为额定的 100 V（或 $100/\sqrt{3}$ V）输出。

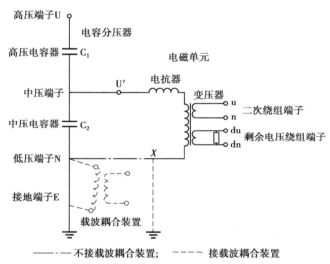

图 2-22　电容式电压互感器典型电路图

互感器的高压端子和低压端子分别用大写字母 U 和 N 表示,中压端用 U′ 表示;二次端子分别用小写字母 u 和 n 表示;剩余电压绕组的端子分别用复合字母 du 和 dn 表示。在实际运用中,具有多个二次绕组时,用 u1、n1 和 u2、n2 表示。

（1）电容式电压互感器的基本工作原理

电容式电压互感器的原理电路如图 2-23 所示。当系统的高电压施加于电容分压器上时,如中压电容器 C_2 未接电磁单元等并联阻抗（开路）,从中压端子 U′ 向系统看进去则为一个有源二端网络。根据戴维南定理,电磁单元之前的部分可以用一个等效电压源和一个等效阻抗来代替。

等效电压就是串联电容 C_2 上的分压 $\dot{U}_{U'OC} = \dot{U}_1 \dfrac{C_1}{C_1 + C_2} = K \dot{U}_1$,其中 $K = C_1/(C_1 + C_2)$ 称为电容分压器的分压比。

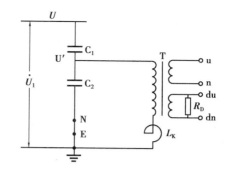

等效阻抗就是电容 C_1 和 C_2 的并联容抗,即等

效电容 $(C_1 + C_2)$ 的容抗 $X_C = \dfrac{1}{\omega(C_1 + C_2)}$。

故可作出电容式电压互感器的等效电路图,如图 2-24 所示。该图所示电路与电磁式互感器等效电路相似,不同的是一次电压变成等效电压

$\dot{U}_1 \dfrac{C_1}{C_1 + C_2}$,回路中增加了等效电容电抗 X_C 和补偿电抗 X_K。

当电容分压器不带电磁单元(即开路)时,中间

电压 $\dot{U}_{U'N}$ 就等于等效电压,即

图 2-23　电容式电压互感器原理电路图
C_1、C_2—高压和中压电容;L_K—补偿电抗器;T—中压变压器;R_D—阻尼器;u、n、du、dn—二次绕组端子及剩余电压绕组端子

$$\dot{U}_{U'N} = K\dot{U}_1 \qquad (2\text{-}27)$$

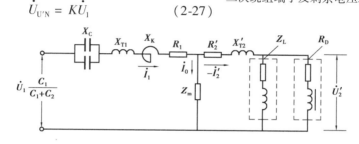

图 2-24　电容式电压互感器等效电路图

X_C—等效电容 $(C_1 + C_2)$ 的电抗;X_{T1}、X'_{T2}—中压变压器一、二次绕组的漏抗(折算到一次侧);R_1—中压变压器一次绕组和补偿电抗器绕组直流电阻及电容分压损耗等效电阻之和 $(R_1 = R_C + R_K + R_{T1})$;$R'_2$—中压变压器二次绕组的直流电阻(折算到一次侧);$Z_m$—中压变压器的励磁阻抗;$X_K$—补偿电抗器的电抗

如分压电容器带有电磁单元而不设补偿电抗 L_K 时,当接入二次负荷后,由于等效电容 $(C_1 + C_2)$ 而形成较大的内阻抗 X_C,使输出电压发生很大变化,此时中间电压变为

$$\dot{U}_{U'N} = K\dot{U}_1 + j\dot{I}_1 X_C \qquad (2\text{-}28)$$

这时电容式互感器二次侧将不能正确传递电网一次侧电压信息,因而无法准确计量。

为了抵偿 X_C 的影响,必须在分压器回路中串联一只补偿电抗器 L_K,并在额定频率下满足 $X_C \approx X_K + X_{T1} + X'_{T2}$。这样,等效电容的压降就被电抗器 L_K 及变压器漏抗降所补偿,$\dot{U}_2$ 将只受数值很小的电阻 R_1 和 R'_2 压降的影响,互感器的二次电压与一次电压之间将获得正确的相量关系。一般设计时,常使整个等效回路的感抗值略大于容抗值,称为过补偿,以减少电阻对角差的影响。

(2)**电容式电压互感器的误差特性**

电容式电压互感器的误差包含分压器误差、电磁单元误差及电源频率变化和温度变化引起的附加误差等。

63

1)电容分压器误差

电容分压器误差包括电压误差(分压比误差)和相位差(角差)。

①分压比误差。当高压电容容值 C_1 和中压电容容值 C_2 的实际值与其额定值 C_{1N} 和 C_{2N} 不相等时,就会产生分压比误差即电压误差,其值为

$$f_C = \frac{C_{1N}}{C_{1N} + C_{2N}} - \frac{C_1}{C_1 + C_2} \tag{2-29}$$

为了使分压器的分压比误差不超过其额定分压比的 $\pm 5\%$,各单元的电压分布误差不应超过其额定分压的 $\pm 5\%$,同时还在中压变压器一次绕组设有分接头,对分压比误差进行调整或消除。所以为保证电容式电压互感器的误差特性,在现场安装时,应按制造厂调配时的实测电容量予以组合,并对号入座。

②相位差。额定频率下可以利用电抗器的调节绕组对相位差进行调整,但当电容 C_1 和 C_2 的介损因数不相等时,还会增加相位差,其值为

$$\delta_C = \frac{C_2}{C_1 + C_2}(\tan\delta_2 - \tan\delta_1) \times 3\,440(') \tag{2-30}$$

2)电磁单元误差

连接在电容分压器后面的电磁单元,其等效电路及其电压平衡方程式与电磁式电压互感器完全相同,其相量图如图 2-25、图 2-26 所示。电磁单元的误差也包括空载误差和负荷误差:

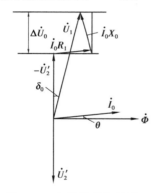

图 2-25　空载误差相量图

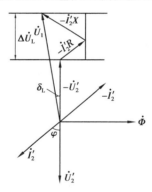

图 2-26　负荷误差相量图

①空载误差。

空载比差:

$$f_0 = \frac{\Delta U_0}{U_1} \times 100\% = -\frac{I_0 R_1 \sin\theta + I_0 X_0 \cos\theta}{U_1} \times 100\% \tag{2-31}$$

空载角差:

$$\delta_0 = \tan\delta_0 = \frac{I_0 R_1 \cos\theta - I_0 X_0 \sin\theta}{U_1} \times 3\,440(') \tag{2-32}$$

式中　$\dot{U}_1$——实际中间电压;

　　　$\dot{I}_0$——空载电流;

　　　θ——磁损耗角;

$X_0 = X_{T1} + X_K - X_C$——中压一次侧电抗之和；

$R_1 = R_C + R_K + R_{T1}$——中压一次侧电阻之和。

②负荷误差。

负荷比差：

$$f_L = \frac{\Delta U_L}{U_1} \times 100\% = -\frac{(RS_N\cos\varphi + XS_N\sin\varphi)}{U_1^2} \times 100\% \qquad (2\text{-}33)$$

负荷角差：

$$\delta_L \approx \tan\delta_L = \frac{(RS_N\sin\varphi - XS_N\cos\varphi)}{U_1^2} \times 3\,440\,(') \qquad (2\text{-}34)$$

式中　$X = X_{T1} + X'_{T2} + X_K - X_C = X_L - X_C$；

$R = R_1 + R'_2$；

S_N——额定输出容量；

φ——负荷功率因数角。

3）误差—频率特性

上面所讨论的都是额定频率条件下的误差情况。实际上，电网中电源频率经常会偏离额定频率，这样剩余电抗 $X = |X_L - X_C|$ 的值将发生变化，其相对于额定容抗之比为 $2\Delta f$，即剩余电抗的变化为频率变化量的 2 倍，且这一剩余电抗是无法消除的，所以引起固有的附加误差，即所谓的频率特性。由于频率对电容式电压互感器误差的影响最为直接和显著，为保证其测量的准确度，国家标准对运行的频率变动范围规定在额定频率的 ±1% 以内。

4）误差—温度特性

温度变化将引起 C_1 和 C_2 电容量的变化。一方面，由于容抗改变而产生剩余电抗造成误差；另一方面，产生分压比误差，均影响计量的准确度。

为了使互感器的误差温度特性满足要求，电容分压器设计时，除了要选用电容温度系数低的介质材料外，更重要的是 C_1 和 C_2 要具有同一结构，有相同的发热和散热条件，使温度差而引起的分压比误差大大下降。

5）总误差

电容式电压互感器的总误差应为以上各类误差综合的结果，并要求限制在准确度等级所规定的误差限值范围之内。为此，通常在中间变压器一次绕组和补偿电抗器设置一定数量的调节绕组抽头，以对应于实测的 $C_1 + C_2$ 来进行精确调整，将比差和角差减小到最低限度。

2.3.3 电子式互感器

随着电力传输容量的不断增加、电网电压等级的不断提高及保护要求的不断完善，传统电磁式互感器逐渐暴露出体积大、磁饱和、铁磁谐振等一系列固有弱点，难以满足电力系统自动化、电力数字网等发展需要，一类基于电子技术、光学传感技术和通信技术的新型电子式互感器应运而生。

电子式互感器是指利用光学传感技术或其他各种电子测试原理实现采样和变换的电压、

电流互感器,主要包含两大类:

①无源电子互感器,即基于光效应的互感器,直接利用光学传感技术(如波克尔斯电光效应和法拉第磁光效应)将被测电压、电流信号转换为光信号,光信号沿光通道(如光纤)传输,经光电转换再变换为电信号实现测量。此类互感器处于高压区的部分不需要电源,故称为无源电子互感器。

②有源电子式互感器,即基于半常规互感器的电子式互感器,如基于 Rogowski 空心线圈的电流互感器、电阻分压或阻容分压的电压互感器等。此类互感器通常利用半常规互感器(如 Rogowski 空心线圈)对被测一次信号进行采样和转换,利用光纤技术实现高压端到低压端的信号传输。其处于高电位部分的传感器需要电源,故称为有源电子式互感器。

(1)电子式互感器的一般结构

单相电子式互感器的通用结构框图如图 2-27 所示,主要由一次传感器及转换器、传输系统、二次转换器及电源等构成,图中所有单元并非必需,如光传感器即不需要一次电源。

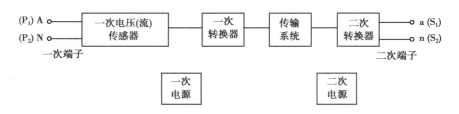

图 2-27　单相电子式互感器通用结构框图

被测电流(或电压)通过一次端子施加于一次传感器上。一次传感器是一种电气、电子、光学或其他装置,作用是产生与一次被测电流(或电压)相对应的信号。传感器输出的信号直接或经过一次转换器由传输系统传送给二次转换器。传输系统是一、二次部件之间传输信号的短距或长距耦合装置,常采用光纤光缆。二次转换器是一种转换装置,作用是将传输系统传来的信号转换为供给测量仪器、仪表、继保或控制装置的量。

对于模拟量输出型的电子式互感器,二次转换器输出的转换量直接供给测量仪器、仪表、继电保护或控制装置;而对于数字量输出型的电子式互感器,二次转换器通常接至合并单元后再接二次设备。

数字输出一般是经合并单元将多个互感器的采样测量值汇集并变换为数字量串行输出。一台合并单元可汇集多达 12 个二次转换器的数据通道,多个数据通道可通过一个实体接口从二次转换器传输到合并单元。电子式电流互感器和电子电压互感器组合构成的数字量输出结构框图如图 2-28 所示。

图 2-29 是电子式光学互感器在变电站运行的一般模式。传感头位于绝缘套管的高压区。光源发出的光经光缆传输至传感头,经高压导线电流或电压调制后,光信号又经光缆从高压区传至低压区的二次转换器,完成光电转换、信号调理,再进入合并单元。合并单元的同步高速数据采集模块对各路模拟量进行采集,并将所采集的数据以串行方式传输到间隔层的二次设备(计量、监控和保护)。

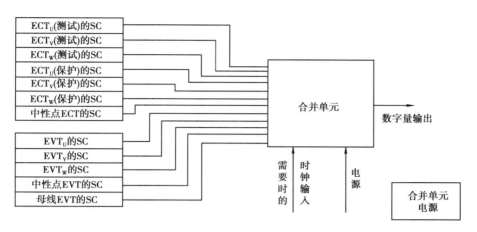

图 2-28　ECT 和 EVT 组合构成的数字量输出结构框图

SC—电子式互感器的二次转换器

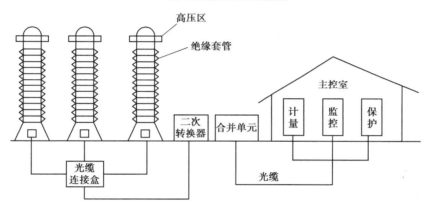

图 2-29　电子式光学互感器在变电站运行的一般模式

（2）电子式互感器的特点

与常规互感器相比,电子式互感器具有非常显著的优势,主要体现在:

①高低压完全隔离,安全性高,具有优良的绝缘性能和优越的性价比。电磁式互感器一、二次之间通过铁芯耦合,绝缘结构复杂,造价随电压等级呈指数关系上升。而电子式互感器没有铁芯,其高压侧信号通过绝缘性能良好的光纤传输到二次设备,实现了高、低压的彻底隔离,且不存在电压互感器二次回路短路或电流互感器二次开路给设备和人身造成的危害。此外,光信号有着电信号无法比拟的电磁兼容性、安全性和可靠性。

②电子式互感器一般不用铁芯作磁耦合,从原理上消除了磁饱和及铁磁谐振现象,从而使互感器运行暂态响应好、稳定性好,保证了系统运行的高可靠性。

③电磁式互感器需要提供较多绕组供不同的二次设备使用,而电子式互感器可提供数字信号输出,且有很宽的动态范围,所以一台电子式互感器可同时满足计量和继电保护的需要,二次计量和保护设备可以共享电压电流信号,避免多台互感器的重复投资,节省资源。

④没有因充油而潜在的易燃、易爆炸等危险。电子式互感器的绝缘结构相对简单,一般不采用油作为绝缘介质,不会引起火灾和爆炸等危险。

⑤体积小、质量轻。电子式互感器无铁芯,所以质量较相同电压等级的电磁式互感器小很多。特别是电子式互感器易于将电流、电压两种互感器组合在一起,给运输和安装带来极大方便。

总之电压等级越高,电子式互感器的优势越明显,新型的电子式互感器(ECVT)与常规互感器技术性能比较见表2-5。

表2-5　常规互感器与电子式互感器技术性能比较

项　目	常规互感器	电子式互感器
绝缘	复杂	简单
体积和质量	体积大、质量重	体积小、质量轻
TA 动态范围	范围小、有磁饱和	范围宽、无磁饱和
TV 谐振	易产生铁磁谐振	无谐振现象
TA 二次输出	不能开路	可以开路
输出形式	模拟量输出	数字量输出

思考与讨论

1. 组合互感器有何优缺点?
2. 电容式电压互感器的基本结构是怎样的? 为什么分压回路中需串联一个补偿电抗器?
3. 作出电子式互感器的通用结构框图,并说明各部分作用。

技能实训一　电流互感器绝缘电阻的测量

一、实训目的

1. 熟悉互感器铭牌标志及其含义。
2. 熟练掌握绝缘电阻表的选择和使用方法。
3. 能正确熟练地利用绝缘电阻表测量电流互感器的绝缘电阻,并根据测得的绝缘电阻值,初步估计设备的绝缘情况。

二、实训设备与工具

绝缘电阻表、被测试电流互感器、接线工具及导线等。

三、实训原理与说明

测量电气设备的绝缘电阻,是检查设备绝缘状态最简便和最基本的方法。用绝缘电阻表测量双绕组电流互感器二次绕组对一次及地绝缘电阻的接线如图2-30所示。图中,电流互感器的一次端子 L1、L2、电流互感器的接地螺栓 D 以及绝缘电阻表的接地端钮 E 相互连接并接地，电流互感器的二次端子 K1、K2 与绝缘电阻表线路端钮 L 连接。若测量一次绕组对二次及地绝缘电阻，则所有未被测量的二次绕组均应短路并与电流互感器接地螺栓 D 共同接地。若测量电流互感器一、二次绕组之间的绝缘电阻，则应将所有未被测量的一、二次绕组对地连线断开。绝缘电阻表发出直流电压 U（如 1 000 V）加在电流互感器二次绕组与接地之间，于是产生泄漏电流

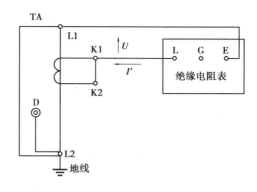

图 2-30　测量电流互感器绝缘电阻接线图

I'。被试品（即 TA 二次绕组）对地绝缘电阻 R 与 U 及 I' 的关系式为

$$R = \frac{U}{I'} \tag{2-35}$$

式中　U——加在被试品两端电压，V；

　　　I'——被试品加直流电压 U 时的泄漏电流，μA；

　　　R——被试品的绝缘电阻值，MΩ。

式（2-35）表明，R 与 I' 的大小成反比例。绝缘电阻表就是根据这种关系，将电阻值标注在刻度盘上，便可直接读出被试品的绝缘电阻值。

四、实训内容及操作步骤

1. 绝缘电阻表的检查

测量前应先检查兆欧表是否处于正常工作状态，主要检查其"0"和"∞"两点。即将绝缘电阻表水平放稳，当绝缘电阻表转速尚在低速旋转时，用导线瞬时短接 L 和 E 端子，其指针应指零。"L"和"E"两端子开路时，绝缘电阻表在额定转速下其指针应指向"∞"。

2. 电流互感器的直观检查

检查被试电流互感器的外壳、套管、接线端子等有无损伤，绝缘油是否缺少，有无漏油的现象。核对记录铭牌上必要的标志和技术参数等是否完整清楚。检查一、二次端子是否松动，极性标志是否正确。

3. 绝缘电阻的测量

（1）让绝缘电阻表停止转动，将其接地端 E 与被试 TA 的地线连接，高压端 L 接上屏蔽连接线，连接线的另一端悬空（不接试品），再次驱动绝缘电阻表或接通电源，绝缘电阻表的指示应无明显差异。然后让绝缘电阻表停止转动，将屏蔽连接线接到被试 TA 的二次端子 K1、K2 如图 2-30（如遇表面泄漏电流较大的被试品，还要接上屏蔽护环）。

（2）驱动绝缘电阻表至额定转速或接通绝缘电阻表电源，待指针稳定后（60 s），读取绝缘电阻值。

（3）读取测试结果后，先断开接到被试绕组上的高压引线，然后让绝缘电阻表停止转动或关闭高压开关电源。

（4）做好测试结果记录，将试品上的残余电荷充分泄放完后，拆下测试线，测试结束。

(5)改变接线方式,重复步骤(1)~(4)测试 TA 一次绕组对地绝缘电阻和一、二次绕组之间的绝缘电阻。

五、实训注意事项

1.适当选择兆欧表额定电压,试品温度一般应为 10~40 ℃,空气相对湿度不高于 80%。

2.测绝缘电阻时,在测试前应使试品两测试端间短路放电,以保证被测试品不带电,并确认试品可靠接地。

3.测量电流互感器的绝缘电阻时,若互感器与另一带电物体较近,则不能进行测量。

4.按下高压开关按钮后,高压已接通,严禁触及绝缘电阻表 L 端的金属部分,以防高压对人体的伤害。

5.测试完毕后,应先按下测试仪器高压开关按钮,断开高压电源,再将功能开关拨至关的位置,关断电源。

注:电压互感器的绝缘电阻测定与电流互感器的要求和项目均相同,可根据时间选做,此处略。

思考与讨论

1.如果在测量互感器绝缘时得到被试品的绝缘电阻值过低,初步判断是什么情况? 应如何处理?

2.用绝缘电阻表测量互感器绝缘电阻过程中,什么时候可以读取绝缘电阻值? 取得测量结果后还应该进行什么样的操作?

3.画出测量电压互感器绝缘电阻的接线图。

技能实训二 互感器绕组极性的检查

一、实训目的

1.理解互感器绕组极性的含义。

2.能熟练采用直流法、比较法检查互感器的极性。

3.进一步理解互感器的减极性标注。

二、实训设备与工具

被试电压(电流)互感器、干电池、直流电流(电压)表、标准电压(电流)互感器、极性指示器、开关、导线等。

三、实训原理与说明

1.直流法

直流法检查电流互感器和电压互感器的极性接线如图 2-31 所示。在电压(电流)互感器一次侧施加 1.5 ~ 12 V 的直流电压,二次侧接入一小量程的直流电压(电流)表(或万用表直流挡的适当量限)。当开关 S 接通电源的瞬间,若仪表指针向正方向偏转,则一、二次绕组接电源、电压表正极的端子为同级性端子,故互感器为减极性;当开关 S 接通电源的瞬间,若仪表指针向反方向偏转,则互感器为加极性。应当注意,瞬间断开时,电压表或电流表指向与开关瞬间接通时的情况刚好相反。

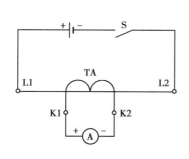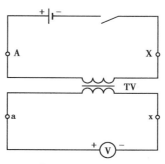

（a）检查电流互感器的极性　　　　（b）检查电压互感器的极性

图 2-31　直流法检查互感器的极性

2. 比较法

比较法是利用已知极性的标准互感器来确定被试互感器绕组的极性(通常与测量互感器的误差同时进行),比较法检查互感器极性的接线如图 2-32 所示。图中 TA_0 和 TV_0 为标准互感器,其极性为已知;TA_x 和 TV_x 为被测试的互感器;JZ 为极性指示器。由图 2-32(a)可见,当检查电流互感器极性时,若标准互感器和被测互感器极性一致,应有

$$\Delta \dot{i} = \dot{i}_{20} - \dot{i}_{2x} = 0 \tag{2-36}$$

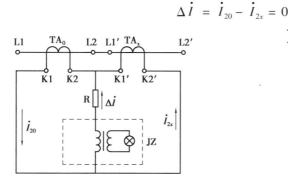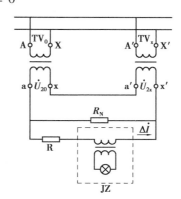

（a）检查电流互感器的极性　　　　（b）检查电压互感器的极性

图 2-32　比较法检查互感器的极性

此时,极性指示器不动作。若 TA_x 和 TA_0 极性相反,则 $\Delta \dot{i} = \dot{i}_{20} + \dot{i}_{2x} \neq 0$,指示器动作。而检查电压互感器极性时(图 2-32(b)),若 TV_0 和 TV_x 极性相同则有

$$\Delta \dot{U} = \dot{U}_{20} + \dot{U}_{2x} \neq 0 \tag{2-37}$$

故流过差流支路的电流 $\Delta \dot{i} > 0$,指示器动作;反之不动作。

3. 采用互感器校验仪

一般互感器校验仪带有极性指示器,标准器的极性是已知的。当按规定的标记接好线通电时,如发现校验仪的极性指示器动作,而又排除是由于变比接错所致,则可确认试品与标准互感器的极性相反。互感器校验仪的使用方法详见项目 4 所述。

四、实训内容及操作步骤

1. 电流互感器的极性检查。

首先按图 2-31(a)接线,合上开关,注意观察电流表指针偏转方向,记录下实验现象并判别 TA_x 极性。

按图 2-32(a)接线,注意观察极性指示器的动作,记录下实验现象并判别 TA_x 极性,然后比较直流法和比较法的检查结果。

2. 电压互感器的极性检查。

首先按图 2-31(b)接线,合上开关,注意观察电压表指针偏转方向,记录下实验现象并判别 TV_x 极性。

按图 2-31(b)接线,注意观察极性指示器的动作,记录下实验现象并判别 TV_x 极性,然后比较直流法和比较法的检查结果。

五、实训注意事项

1. 比较法检查互感器极性时,被试互感器和标准互感器变比必须相同。

2. 通过电流互感器绕组的电流要小些。若电池电压较高(如 3 V),则应在电池、开关回路串联一只相应的电阻,以减小通过绕组的电流。

3. 直流法试过极性的电流互感器,铁芯有剩磁会降低电流互感器的准确度,必须做退磁试验。

4. 对于二次多绕组的电流互感器,未试验的二次绕组均应短路。

5. 直流法检查电压互感器时,万用表的直流毫伏量程应自高向低选用,以免冲击损伤表针。

6. 对于多绕组的电压互感器,未试验二次绕组均应开路,不接负荷。

思考与讨论

1. 为什么需要检查互感器的极性? 测量互感器的极性有几种方法?

2. 互感器的极性是由什么决定的? 什么是电流互感器的减极性?

项目 **3**
电能计量装置的合理配置与装表技术

知识要点

➢ 清楚完整电能计量装置的构成和各设备作用。
➢ 熟悉电能计量点的类别和设置原则。
➢ 清楚电能计量装置接线方式与系统中性点运行方式的对应关系。
➢ 理解掌握电能表联合接线必须遵守的原则。
➢ 理解掌握电能计量装置的类别和基本配置原则。
➢ 清楚选用计量装置的技术要求。
➢ 清楚电能计量装置安装的基本要求。
➢ 清楚装表施工的作业要求。

技能目标

➢ 能说出电能计量点的类别和设置原则。
➢ 能按要求正确绘制三相三线电能表联合接线图,并按图熟练接线,掌握工艺规范。
➢ 能按要求正确绘制三相四线电能表联合接线图,并按图熟练接线,掌握工艺规范。
➢ 能根据实际情况基本合理、正确地配置用户的电能计量装置。
➢ 熟悉单相、三相负载计量箱的结构,计量箱中各种设备的相对位置,布线及扎线方法。
通过练习能熟练规范地安装单相、三相计量箱。

任务 3.1 电能计量装置的构成及其附属设备

3.1.1 电能计量装置的构成

电能计量装置是为确定电能量值所使用的计量器具及其辅助设备的总称,其主要设备包括:计量用电流互感器、电压互感器、电能表、连接互感器与电能表之间的二次回路。此外,完整的电能计量装置通常还包括下列辅助设备:电能计量箱(柜或屏)、试验接线盒、失压断流计时仪、电能信息采集终端、铅封等。

电能表用于电能量的采样、测量、计算、显示与存储,是电能计量装置的核心部件。

在计量大电流线路的电能时,要用到电流互感器,按电流互感器的变比来减小电流;在计量高电压线路的电能时,要用到电压互感器,按电压互感器的变比来降低电压,使连接到互感器二次侧的电能表能够安全、准确地计量电能。互感器还能降低对电能表的绝缘要求,保证在测量回路上工作的人员与高电压大电流隔离。

互感器与电能表之间的二次回路用于将经互感器变换后的二次信号传输给电能表,该二次回路的中间应装接试验接线盒。

试验接线盒为现场检验电能计量装置时接入标准电能表带来方便,利用它还可带电更换电能表。

失压断流计时仪用于在线监测负载的二次电压、二次电流是否真正施加于电能表之上,其电压端钮与被监测电能表并联,电流端钮与被监测电能表串联。一旦监测到电能表失压或断流,该失压断流计时仪会以一定方式向值班人员用声光报警,提醒出现了计量故障,同时记录故障时间及故障期间的电量。

电能信息采集终端是电能信息采集系统数据采集层的主体,负责各采集点电能信息的采集、数据管理、数据传输以及执行或转发主站下发的各种控制命令。在国家电网终端建设中,目前正大力推广电能信息采集终端(简称终端)的运用,该终端设备的应用需要与电能计量装置密切配合,是电能计量装置安装的一个重要组成部分。

铅封安装在电能表表盖、电能表接线盒盒盖、试验接线盒盒盖、电流互感器二次出线端盒盖、电能计量箱(柜)的闭合螺丝上。圆形铅封直径约 1 cm,中间穿进并压紧环形尼龙绳,尼龙绳的一侧套进计量设备闭门螺丝的顶端,如有人擅自打开计量设备必将破坏铅封,为查获窃电提供实物证据。

电能计量箱(柜)用于将以上各计量器具按规范的方式放入其中,箱(柜)的门上备有锁头和铅封,禁止非专门管理人员接触计量器具,以免发生窃电。

上述计量装置中的主要部件已在项目 1、2 中详细介绍,本节主要介绍几种为满足电能计量装置的规范管理和功能要求而配置的辅助设备。

3.1.2 电能计量装置的辅助设备

（1）试验接线盒

试验接线盒是一种具有试验功能的专用接线端子组合,安装在电流、电压互感器二次出线端与电能表之间的二次回路上,方便现场检验电能表或现场带电换表。试验接线盒分为三相四线和三相三线两类,现以三相四线型为例进行介绍,其结构如图3-1(a)所示。试验接线盒共有7个小格,左起第一、第二格为U相所设;第三、第四格为V相所设;第五、第六格为W相所设;第七格为电压中性点,连接的中线应接地。以U相为例,左边一格为电压接线盒,其中间的连接片可以方便地接通和断开U相电压二次线。当连接片接通时,上端三个接线孔1、2、3都与下端进线孔等电位,可分别接向各电能表的U相电压进线端。右边格为电流接线端子组合,其中每个竖行各螺钉间分别连通,中间两个短路片中,上短路片为常闭状态,平常接通左边两竖行(当如虚线所示串进现场校验仪后,右移该短路片,断开左边两竖行的直接接通);下短路片为常开状态(更换电能表之前,要先右移该短路片直接短接右边两竖行,从而短接电流互感器某相二次绕组,保证更换电能表时电流互感器二次回路不开路)。

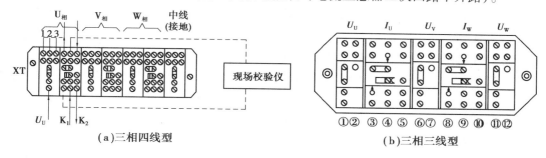

图3-1 试验接线盒的结构

如图3-1(b)所示的三相三线型试验接线盒从左至右则分 U_U、I_U、U_V、I_W、U_W 为五个单元格,现场检验电能表时按相应方式接入现场校验仪即可。

（2）全电子失压断流计时仪

全电子失压断流计时仪是目前正逐步在电能计量装置中推广安装的新型电能计量辅助设备。它能适时监测、判断电压互感器二次回路、电流互感器二次回路的运行状态,并详细记录其处于故障期间的各种参数,以便供电部门对电能计量装置进行有效管理,追补人为的或非人为的漏计电量,是理想的对电能计量装置实施在线监测的仪表。《电能计量装置技术管理规程》中明确规定"贸易结算用高压电能计量装置应装设电压失压计时器"。

1）失压断流计时仪的原理框图

失压断流计时仪内部线路由电流电压采样电路、低功耗高速微处理器、高精度时基发生电路、LED显示驱动电路、报警输出电路、数据存储器、三相电源供电电路等部分组成。它通过对电流、电压信号和电能脉冲的采集,监测电能计量装置的不正常工作状态,当出现失压、断流情况时,通过蜂鸣器发声报警,提示运行值班人员注意。其工作原理框图和规格如图3-2所示。

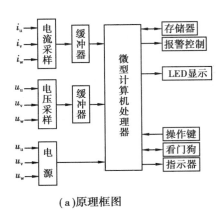

型号		计量装置类别	标称电压	额定电流
深圳宝安弘华	JSY62—BS1	三相三线	3×100 V	3×5 A
	JSY62—BT1	三相四线	3×220/380 V	3×5 A
	JSY62—BT1	三相四线	3×57.7/100 V	3×1 A 3×5 A

（a）原理框图　　　　　　　**（b）规格**

图 3-2　失压断流计时仪原理框图和规格

2）失压断流计时仪的主要功能

不同厂家的产品功能有所差异,但主要功能及实现原理基本一致。

①失压计时。当 TV 二次回路发生失压时,能及时准确地判断故障的相别,记录故障累计时间。

②断流计时。当 TA 二次侧开路时,能及时准确地判断故障的相别,记录故障累计时间。

③故障次数记录。当电压回路（TV）发生失压,电流回路（TA）发生开路时,仪表内部启动故障次数计数器,记录失压次数或断流次数。

④事件记录。失压断流计时仪能按事件发生先后顺序及时记录失压、断流的起始日期、终止日期、起始时间、终止时间。

⑤数据通信。有通信功能的失压断流计时仪,通过计时仪的 RS-485 通信辅助接线端子可与通信终端或上位机进行数据通信,在无中继设备的情况下通信距离不小于 1 200 m。

3）失压断流计时仪的使用

①接线。失压断流计时仪与被监测的电能表的接线方式相同,以三相三线计量装置为例,其接线如图 3-3 所示。接线盒中的辅助端子为功能扩展所设,用户可根据仪表实际需要完成功能接线。接线时注意仪表适用的电压和电流等级。

②电池供电。为确保仪表在三相断电时能继续工作,在投入使用前,应将电池开关拨至"开"的状态。

③编程设置。仪表出厂前已进行默认设置,可根据需要重新设置。

④数据清零。运行前应按下仪表"清零"按钮清除原始数据。

⑤运行环境。尽量使仪表避免阳光直射和雨水进入,延长使用寿命。

4）主要技术指标

①计时准确度小于 0.5 s/d。

②启动电压 78% U_N ±1 V。

③返回电压 82% U_N ±1 V。

④启动电流小于 0.3% I_b。

⑤失压断流计时仪电流回路阻抗:额定电流为 5 A 时小于 0.05 Ω;额定电流为 1 A 时小于 0.5 Ω。

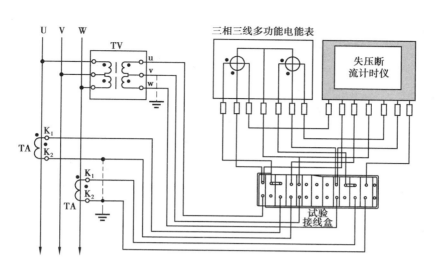

图 3-3　三相三线高压电能表及失压断流计时仪的接线

5)现场应用实例

①某 110 kV 变电站"1101"编号主变电能计量装置失压断流计时仪报警,I_w 指示灯闪烁报警。经查 W 相回路无电流,计时仪记录"W 相断流累计时间"达 21 h 之多,但经检查互感器二次回路并未发现故障点,故初步判断可能是 TA 本体故障。随即停电检查,发现因 W 相 TA 本体线圈至接线端子的连线老化断路造成该故障。更换处理后重新投入运行,未发现异常。计量人员参考计时仪"W 相断流累计时间""W 相断流累计电量"及其他运行数据,补收相应电量。

②某柴油机厂主计量装置计时仪报警。经查 U_u 指示灯闪烁,计时仪记录"U 相失压累计时间"为 8 h29 min,且多功能电能表记录与此相符。停电后检查发现 U 相 TV 一次侧保险熔断,更换后恢复正常运行。计量人员参考计时仪记录和其他运行数据后,计算追补电量并通知至电费部门,计入当月该客户电量。

但需注意,也有由于客户三相电流严重不平衡造成负荷电流太小的一相误报警的案例。此外,通常三相电子式多功能电能表也有失压断流记录功能,所以计量人员应结合现场情况进行比对分析,以便确诊故障。

(3)电能信息采集终端

为适应电力营销信息管理现代化的要求和发展,实现购电侧、供电侧、销售侧三个环节的信息实时采集、统计、分析,并形成对三个环节实时监控的管理平台,需要建立覆盖关口、配电变压器、用户端的电能信息采集与管理系统。

电能信息采集与管理系统是电能信息采集、处理和实时监控系统,实现电能数据自动采集、计量异常和电能质量监测、用电分析和管理功能。系统由主站层、通信层和采集层 3 层逻辑结构组成,如图 3-4 所示。主站是整个系统的管理中心,通过数据通信链与现场终端建立数据通信业务,管理全系统的数据传输、数据处理和数据应用以及系统运行和系统安全,并管理与其他系统的数据交换。通信层确保主站层与采集层之间数据传输稳定可靠,采集层则负责对各采集点电能信息的采集和监控。

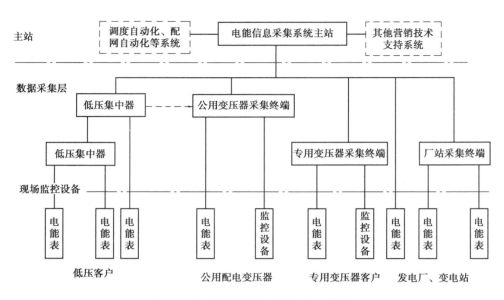

图 3-4 电能信息采集系统组成结构图

数据采集层的主体是电能信息采集终端,负责电能信息的采集、数据管理、数据传输以及执行或转发主站下发的控制命令。采集终端通过数据通信链与电能表计建立数据采集业务。按不同应用场合,电能信息采集终端分为厂站采集终端、专变采集终端、公变采集终端和低压集中抄表终端(包括低压集中器和低压采集器等);按功能分为有控制功能和无控制功能两大类;按通信信道分为 230 MHz 无线专网、无线公网(GSM/GPRS、CDMA 等)、电力线载波通信(PLC)、有线网络、公共交换电话网以及其他信道。

厂站采集终端是应用在发电厂和变电站的电能信息采集终端,可以实现发电厂和变电站的电能表数据采集存储,对电能表和有关设备的运行工况进行监测,对供受电能量、母线平衡等统计管理,并对采集的数据进行管理和远程传输。根据不同的需求,厂站采集终端可分为机架式和壁挂式。

图 3-5 管理终端外形图

专变采集终端是专用变压器(简称专变)客户电能信息采集终端,实现对专变用户的电能信息采集,包括电能表数据抄读、电能计量设备工况和供电电能质量监测,以及客户用电负荷和电能量的监控,并对采集数据进行管理和远程传输。

专变采集终端可分为控制型和非控制型两类。控制型也称电力负荷管理终端,其在非控制型的基础上还可实现需求侧负荷和电量的就地闭环控制,并执行主站集中遥控命令。一种现场常见的管理终端外形如图 3-5 所示。

公变采集终端是公用配电变压器(简称公变)综合监测终端,实现配电区内公变侧电能信息采集,包括电能表数据远方抄收、电能计量设备工况、配电变压器和开关运行状态监测、供电电能质量监测,并对采集的数据进行管理和远程传输,同时还可以集成计量、台区电压考核等功能。公变采集终端也可与低压集中器交换数据,实现配电区内低压客户电能表数据的采集。

低压集中抄表终端实现低压客户电能表数据的抄收、用电异常监测,并对采集的数据进行管理和远程传输。低压集中抄表终端包括低压集中器、低压采集器和手持单元等。低压集中器集中管理一个区域内的电能表数据采集、数据处理和通信管理,它可与低压采集器或具有通信模块的电能表交换数据。低压采集器直接抄收多个电能表数据,并与低压集中器交换数据。手持单元实现低压集中器、低压采集器、电能表的本地数据采集和参数设置。

一般规定安装在 10~750 kV 系统变电站的电能计量装置,配置一台电能量远方终端实现电能量采集功能;安装在 220、110、66、35、10 kV 及 400 V 客户变电站的电能计量装置,配置一台电能信息采集与监控终端实现电能量采集功能。各种类型采集终端的典型应用方案见表 3-1。

表 3-1　各种类型采集终端的典型应用方案

序号	名　称	通信口		说　明	适用范围
1	机架式厂站采集终端	本地通信口	RS-485、可扩展	用于表计数量较多的厂站。终端远程和本地通信口扩展方便,远程通信首选网络方式,本地通信首选 RS-485。一般安装在配套表屏框中	
		远程通信口	网络口(至少 2 路)、PSTN 等		
2	壁挂式厂站采集终端	本地通信口	RS-485、不可扩展	主要用于厂站。终端远程和本地通信口不能扩展,但安装方便,远程通信首选网络方式,本地通信首选 RS-485	
		远程通信口	网络口(至少 1 路)、PSTN 等		
3	控制型专变采集终端	本地通信口	RS-485、状态量输入、脉冲输入、模拟量输入	用于专变客户用电现场。本地通信方式首选 RS-485,另有 1 路客户数据接口。远程通信方式目前主要为 230 MHz 无线专网和无线公网方式,230 MHz 无线专网通信方式应用于专变客户数规模不大的场合,采集规模较大时,选用无线公网方式较合适,控制型专变采集终端具备控制模块,实现负荷控制功能	
		远程通信口	230 Hz、GPRS/CDMA、PSTN		
4	非控制型专变采集终端	本地通信口	RS-485、状态量输入、脉冲输入、模拟量输入	一般用于中小专变客户用电现场。本地通信方式首选 RS-485,另有 1 路客户数据接口,远程通信首选无线公网通信方式	
		远程通信口	GPRS/CDMA、PSTN		
5	公变采集终端	本地通信口	RS-485、状态量输入、交流采样(选配)	用于公用配电变压器现场。采集公变考核电能表数据和监测用电设备。本地通信方式首选 RS-485,远程通信方式目前最主要的为 230 MHz 无线专网和无线公网方式	
		远程通信口	230 MHz、GPRS/CDMA、PSTN		
6	低压集中器	本地通信口	RS-485、电力线载波通信	用于一个配电区域电能信息采集和控制。本地通信方式主要有 RS-485 和电力线载波通信,远程通信方式主要是 GPRS/CDMA 无线公网,如无线信号不能满足通信要求,也可采用 PSTN 等其他通信方式	
		远程通信口	GPRS/CDMA 无线公网、PSTN		

电能计量箱柜中终端安装布置平面示意图如图 3-6 所示。

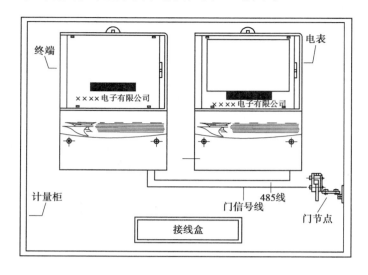

图 3-6　计量箱柜中终端安装布置平面示意图

（4）铅封与铅封管理

铅封是计量管理权限的一种象征。在电能表表盖、电能表接线盒、电流互感器二次出线盒、电能计量箱（柜）的闭合螺丝上都应安装铅封。

铅封分普通铅封和电子芯片铅封。普通铅封如图 3-7 所示，圆形铅封直径约 1 cm，中间有两个小眼，穿进并压紧环形尼龙绳。铅是较软的金属，中间穿进环形尼龙绳后，用带有专用印模的铅封钳一夹，印模上的标记和编号就打印在了铅封上。尼龙绳的环套套进计量设备闭门螺丝的顶端 A（有个小孔）和盒盖上的固定小孔 B，如有人擅自拧开螺丝打开计量设备必将破坏铅封，为查获擅自动用计量设备的行为提供依据。

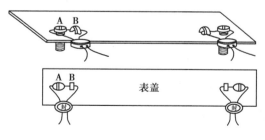

图 3-7　铅封示意图

而电子铅封是将硅半导体集成电路技术与普通铅封结合在一起研制生产的一种新型高科技铅封产品。它将标识信息储存在铅封内部的芯片上，采用数据记录识别芯片，必需配套的芯片数据采集器才能识别芯片上的标识信息，所以具有超强的仿伪造功能。

电子铅封的使用和普通铅封一样用铅封钳锁定在计量器具上。铅封钳管理十分严格，专人专用且必须按不同的专业配备，数量由各使用单位申请，报电能计量管理机构审批后才能发放。铅封钳的编号由单位、班组和序号组成。任何个人不得同时持有两把铅封钳，也不得持有本岗位以外的铅封钳。铅封钳必须妥善保管，不得外借和交换使用。丢失铅封钳，持钳人应立即向本单位报告，并采取相应的补救措施。职工调离计量岗位，应上交原来使用的铅封钳，并做好档案记录。各单位如需添加、更换新的铅封钳，应向电能计量管理机构申请，统一配制，并封存旧的铅封钳。

铅封由专业生产厂家直购专销,其外形标记统一确定,用于各部位的互不相同,容易识别,具有较好的防伪功能。领用铅封时必须办理登记手续,写清加封人姓名、时间、地点、用户名、计量装置部位等。遗失铅封必须及时报告,采取补救措施,废铅封必须如数回收,不能滞留在现场。

计量中心必须建立铅封钳及铅封领用台账,按季度检查铅封钳、铅封的保管使用情况。

下列事件不论是否造成损失均按营业工作差错或营业责任事故处理:

①遗失铅封钳、遗失铅封(包括应回收的旧铅封);

②加封字迹不清,铅封边缘不整齐,铅芯压得过浅过松,加封不登记;

③启封时不认真检查,没识别出伪造铅封,使窃电客户或人员逃脱处理;

④铅封钳及铅封管理员未执行领用登记制度,未登录台账,铅封数与实际不符;

⑤持钳人领用的铅封未逐日、逐个登记或领用数与实际数不符;

⑥计量专责未按要求进行铅封管理。

思考与讨论

1. 电能计量装置有哪些主要部件和附属部件? 各有何作用?

2. 电能信息采集与管理系统的逻辑结构组成是怎样的? 电能信息采集终端的作用是什么? 按应用场合采集终端可分为哪几类?

任务 3.2　电能计量点的设置及计量装置的接线方式

3.2.1　电能计量点的设置原则

电能计量点是指在输、配电线路中装设电能计量装置的位置。按装设的电能计量装置的用途可分为贸易结算用计量点和考核用计量点两大类。

①贸易结算用电能计量点指电网经营企业与电力客户或上网电厂之间进行电量贸易结算的电能计量装置安装位置。

②考核用电能计量点指电网经营企业与各发电企业之间以及电网经营企业之间进行电量结算和电网经营企业内部用于经济技术指标考核的电能计量装置安装位置。

《电能计量装置通用设计》Q/GDW 347—2009 中规定:贸易结算用电能计量点,原则上设置在购售电设施产权分界处,当产权分界处不适宜安装电能计量装置时,应由购售电双方或多方协商,确定电能计量点位置。考核用电能计量点,根据需要设置在电网经营企业或者供电企业内部用于经济技术指标考核的各电压等级的变压器侧、输电和配电线路端以及无功补偿设备处。

与电网企业有关的电能计量点的主要设置位置及用途如表 3-2 所示。

表 3-2 电能计量点设置位置及用途

序号	分 类	设置位置	用 途	备 注
1	独立发电企业变电站	并网线路端	贸易结算	线路产权属电网企业
		并网线路对端		线路产权属发电企业
		启备变压器线路端		线路产权属电网企业
		启备变压器线路对端		线路产权属发电企业
		主变压器高压侧		机组产权不同或电价不同
2	电网内部发电企业变电站	并网线路端	指标考核	产权属电网企业
		启备变压器线路端		
		主变压器高压侧		
		发电机出口		
		高压厂用变压器		
		高压励磁变压器		
3	电网企业变电站或配电站或开关站	线路端	指标考核	产权属电网企业
		站用变压器高压侧		
		主变压器高、(中)、低压侧		
		线路端	贸易结算	线路产权属趸售企业或专线用电客户
4	趸售企业或用电客户变电站/配电站	变电站或配电站进线端或主变压器侧	贸易结算	线路产权属电网企业
		配电站低压出线端	贸易结算	高供低计
5	箱式变电站/变压器台	高压进线或低压出线	贸易结算	高供高计或高供低计
6	公用台变	低压三相线路对端	贸易结算	低压三相客户
		低压单相线路对端	贸易结算	低压单相客户
		低压三相线路首端	指标考核	电网企业内部供电台区考核

3.2.2 电能计量装置的接线

(1) 电能计量装置的接线方式

为保证电能计量的准确可靠,避免引入附加接线误差,电能计量装置的接线方式应与电力系统的中性点运行方式相适应。中性点运行方式一般可分为中性点绝缘系统、中性点直接接地(有效接地)和中性点补偿系统。中性点补偿系统又包括电抗器接地系统和电阻接地系统(此系统又可分为高阻接地和中阻接地系统)。无论是中性点直接接地还是经补偿设备接地,当三相系统不平衡时,中性点都会流过不平衡电流。对此类接地系统若采用三相三线计量方式,就会产生附加计量误差。对于中性点绝缘系统,任何情况下中性点都不会流过不平衡电流,采用三相三线计量方式不会产生附加计量误差。所以,对电能计量系统而言,中性点运行方式以中性点绝缘系统和非中性点绝缘系统划分。

各电压等级电能计量装置的接线方式与系统中性点运行方式的对应关系见表3-3。接入中性点绝缘系统的电能计量装置,宜采用三相三线接线方式;接入中性点非绝缘系统的电能计量装置,应采用三相四线接线方式。

表 3-3 电能计量装置接线方式与系统中性点接地方式对应关系

电压等级 /kV	中性点运行方式/系统接线方式	按中性点绝缘与非绝缘划分		电能计量装置接线方式	
		中性点非绝缘系统	中性点绝缘系统	三相四线	三相三线
750	中性点直接接地	✓		✓	
500	中性点直接接地	✓		✓	
330	中性点直接接地	✓		✓	
220	中性点直接接地	✓		✓	
110	中性点直接接地	✓		✓	
66	中性点经消弧线圈接地	✓		✓	
	当接地电流 $I_e \leqslant 10$ A 时,中性点不接地		✓		✓
35	架空线为主体,中性点经消弧线圈接地	✓		✓	
	电缆为主体城市电网,中性点经低电阻接地	✓		✓	
	当接地电流 $I_e \leqslant 10$ A 时,中性点不接地		✓		✓
10	架空线为主体,中性点经消弧线圈接地	✓		✓	
	电缆为主体城市电网,中性点经低电阻接地	✓		✓	
	当接地电流 $I_e \leqslant 30$ A 时,中性点不接地		✓		✓
400 V	中性点直接接地	✓		✓	

接入中性点绝缘系统的电压互感器,35 kV 及以上的宜采用 Yyn 方式接线;35 kV 以下的宜采用 Vv 方式接线。2 台电流互感器的二次绕组与电能表之间应采用四线分相接法。

接入非中性点绝缘系统的 3 台电压互感器应采用 YNyn 方式接线,3 台电流互感器的二次绕组与电能表之间应采用六线分相接法。

(2)电能计量装置的联合接线

联合接线是指在高、低压计量回路中同时接入有功、无功电能表及其他相关测量仪表等以满足测量回路中多种参数量值的接线方式。采用联合接线可以减少互感器的配置并达到节省费用的目的。

电能表联合接线必须遵守以下原则：

①每只电能表接线方式仍按原来接线方式连接；各电能表同相的电压回路应并联，同相的电流回路应串联。

②连接导线的端子处应有清晰的端子编号和符号。

③二次电流回路的总阻抗应不超过电流互感器的二次额定阻抗值。

④电压互感器和电流互感器必须安装在变压器的同一侧，而不应分别装于变压器的两侧。非并列运行的线路，不允许共用一只电压互感器。

⑤二次回路导线颜色 U、V、W 相和 N 线应分别采用黄、绿、红和黑色线；电流回路接线端子相序排列顺序为从左至右或从上至下为 U、V、W、N 或 U、W、N；电压回路排列顺序对应为 U、V、W。

⑥电压互感器应接在电流互感器的电源测，否则在系统负荷功率和电流互感器变比较小时有附加误差。

⑦为方便电能表在带负荷情况下换表和实施现场检验，电能表与互感器连接的二次回路中应装设专用的试验接线盒。

⑧互感器二次回路应可靠接地，且接地点应在互感器二次端子至试验接线盒之间，但低压电流互感器二次回路可不接地。

⑨电压互感器二次回路导线的选择，应保证符合各类电能计量装置中关于电压互感器二次回路电压降的规定。一般规定，应采用单股或多股铜芯绝缘线，中间不得有接头，在转角处应留有足够的长度，至少应不小于 2.5 mm²。

⑩电流互感器二次回路导线，其截面积应按互感器的额定二次负荷计算确定。一般规定，应采用单股或多股铜芯绝缘线，至少应不小于 4 mm²。

（3）典型联合接线图例

1）三相四线电路联合接线图

①图 3-8 所示为一块三相四线有功电能表与一块三相四线无功电能表经电流互感器接入的分相接线联合接线图。该接线方式适用于低压三相四线电路中有功电能与感性无功电能的计量，其中无功电能表带有止逆装置。

②图 3-9 所示为一块三相四线有功电能表与两块三相四线无功电能表经电流互感器接入的分相接线联合接线图。该接线方式适用于低压三相四线电路中有功电能与感性、容性无功电能的计量，其中两块无功电能表均带有止逆装置。

③图 3-10 所示为两块三相四线有功电能表与两块三相四线无功电能表经电流互感器接入的分相接线联合接线图。该接线方式适用于低压三相四线电路中有功、无功的受进、送出电能的计量，其中四块电能表均带有止逆装置。

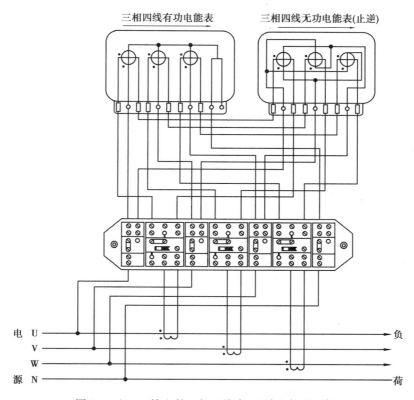

图 3-8　经 TA 接入的三相四线有、无功电能表图例

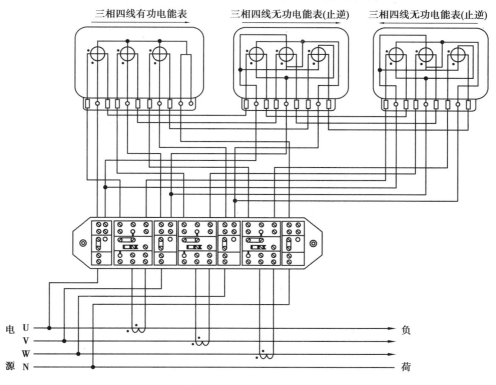

图 3-9　经 TA 接入的三相四线有、双向无功电能表图例

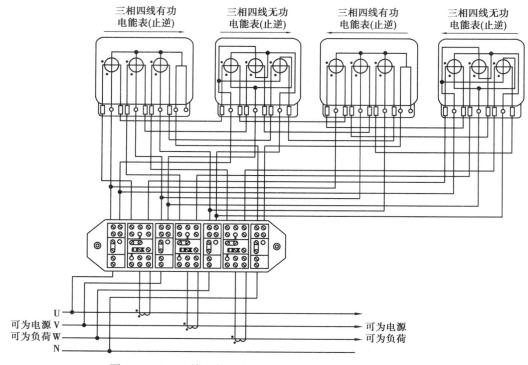

图 3-10　经 TA 接入的双向三相四线有、无功电能表接线图例

④图 3-11 所示为一块三相四线有功电能表与一块三相四线无功电能表经电流、电压互感器接入的分相接线联合接线图,电压互感器为 YNyn 接线。该接线方式适用于中性点直接接地的高压三相四线电路中有功电能与感性无功电能的计量,其中无功电能表带有止逆装置。

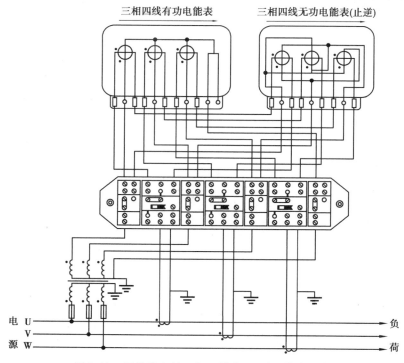

图 3-11　间接接入的三相四线有、无功电能表图例

⑤图 3-12 所示为一块三相四线有功电能表与两块三相四线无功电能表经电流、电压互感器接入的分相接线联合接线图,电压互感器为 YNyn 接线。该接线方式适用于中性点直接接地的高压三相四线电路中有功电能与感性、容性无功电能的计量,其中两块无功电能表均带有止逆装置。

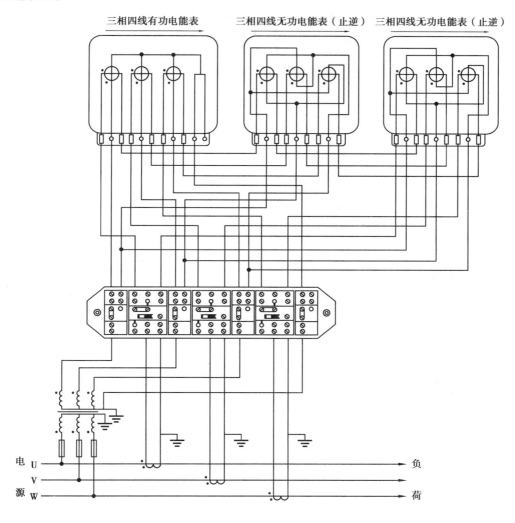

图 3-12　间接接入的三相四线有、双向无功电能表图例

⑥图 3-13 所示为两块三相四线有功电能表与两块三相四线无功电能表经 TA、TV 接入的分相接线联合接线图,电压互感器为 YNyn 接线。该接线方式适用于中性点直接接地的高压三相四线电路中有功、无功的受进、送出电能的计量,其中四块电能表均带有止逆装置。

2) 三相三线电路联合接线图

①图 3-14 所示为一块三相三线有功电能表与一块三相三线无功电能表经电流、电压互感器接入的分相接线联合接线图,电压互感器为 Vv 接线。该接线方式适用于中性点不接地的高压三相三线电路中有功电能与感性无功电能的计量,其中无功电能表带有止逆装置。

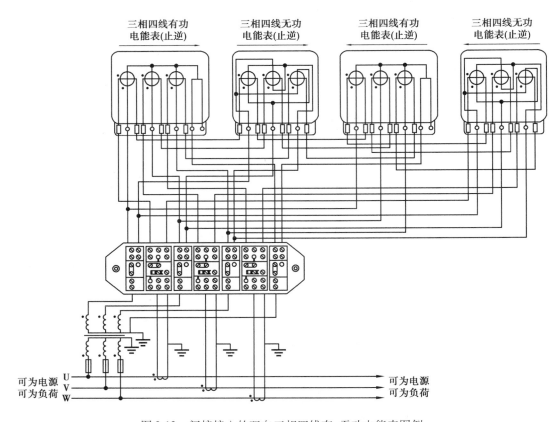

图 3-13　间接接入的双向三相四线有、无功电能表图例

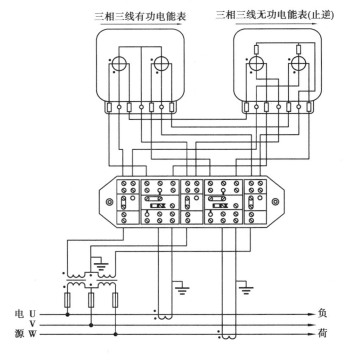

图 3-14　间接接入的三相三线有、无功电能表图例

②图 3-15 所示为一块三相三线有功电能表与两块三相三线无功电能表经电流、电压互感器接入的分相接线联合接线图,电压互感器为 Vv 接线。该接线方式适用于中性点不接地的高压三相三线电路中有功电能与感性、容性无功电能的计量,其中两块无功电能表均带有止逆装置。

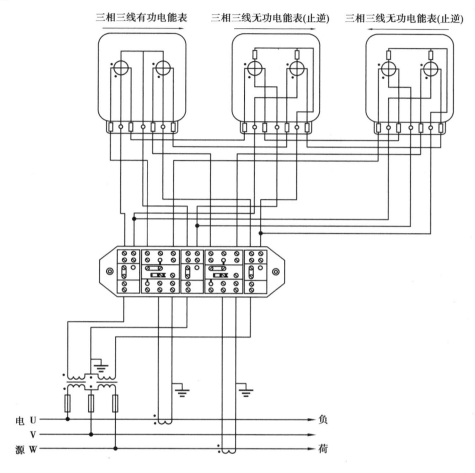

图 3-15 间接接入的三相三线有、双向无功电能表图例

③图 3-16 所示为两块三相三线有功电能表与两块三相三线无功电能表经电流、电压互感器接入的分相接线联合接线图,电压互感器为 Vv 接线。该接线方式适用于中性点不接地的高压三相三线电路中有功、无功的受进、送出电能的计量,其中四块电能表均带有止逆装置。

当高压或低压计量时,因多功能电能表能够计量有功、无功的正反向计量。故不管三相三线或三相四线,只采用一只电子式多功能电能表即能满足计量需要。

思考与讨论

1. 什么是电能计量点?按用途分为几大类?设置原则是什么?一般设置在什么位置?
2. 常见的电能计量方式有哪几种?
3. 电能计量装置接线方式与系统中性点运行方式有何对应关系?

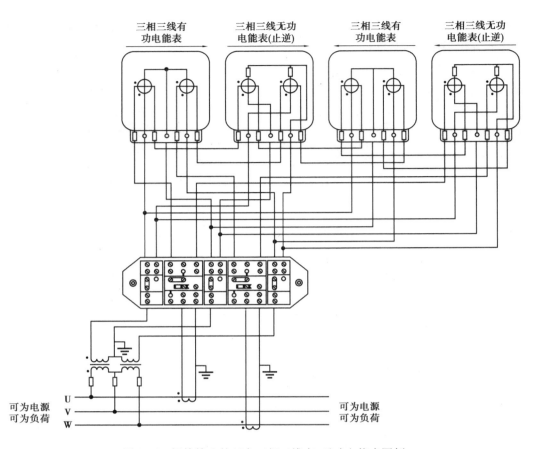

图 3-16   间接接入的双向三相三线有、无功电能表图例

任务 3.3   电能计量装置的合理配置

电能计量装置配置是否合理、接线方式是否正确,直接关系到计量的准确性。电能计量装置的配置包括计量方式的选择、安装位置以及电能表、互感器、二次回路的选择等内容。在保证电能计量装置准确可靠的前提下,充分考虑技术经济性能,统一设备规范,减少设备型式,合理选用设备,是规范电能计量装置配置的基础和前提。

3.3.1   电能计量装置的分类及配置原则

按照电力行业标准《电能计量装置技术管理规程》DL/T 448—2000 中关于电能计量装置的分类及技术要求,把电能计量装置划分为Ⅰ~Ⅴ类计量装置,对每类计量装置的配置要求都有详细的规定。

(1)电能计量装置的分类规则

运行中的电能计量装置按其所计量电能量的多少和计量对象的重要程度分五类(Ⅰ、Ⅱ、Ⅲ、Ⅳ、Ⅴ)进行管理。

①Ⅰ类电能计量装置:月平均用电量 500 万 kW·h 及以上或变压器容量为10 000 kV·A 及以上的高压计费用户、200 MW 及以上发电机、发电企业上网电量、电网经营企业之间的电量交换点、省级电网经营企业与其供电企业的供电关口计量点的电能计量装置。

②Ⅱ类电能计量装置:月平均用电量 100 万 kW·h 及以上或变压器容量为 2 000 kV·A 及以上的高压计费用户、100 MW 及以上发电机、供电企业之间的电量交换点的电能计量装置。

③Ⅲ类电能计量装置:月平均用电量 10 万 kW·h 及以上或变压器容量为 315 kV·A 及以上的计费用户、100 MW 以下发电机、发电企业厂(站)用电量、供电企业内部用于承包考核的计量点、考核有功电量平衡的 110 kV 及以上的送电线路电能计量装置。

④Ⅳ类电能计量装置:负荷容量为 315 kV·A 以下的计费用户、发供电企业内部经济技术指标分析、考核用的电能计量装置。

⑤Ⅴ类电能计量装置:单相供电的电力用户计费用电能计量装置。

(2)电能计量装置的基本配置原则

①单相供电的用户装设单相电能计量装置,三相供电的用户装设三相电能计量装置。各类电能计量装置应配置的电能表、互感器的准确度等级应不低于表 3-4 的规定。

表 3-4　准确度等级

电能计量装置类别	准确度等级			
	有功电能表	无功电能表	电压互感器	电流互感器
Ⅰ	0.2S 或 0.5S	2.0	0.2	0.2S 或 0.2*
Ⅱ	0.5S 或 0.5	2.0	0.2	0.2S 或 0.2*
Ⅲ	1.0	2.0	0.5	0.5S
Ⅳ	2.0	3.0	0.5	0.5S
Ⅴ	2.0	—	—	0.5S

* 0.2 级电流互感器仅指发电机出口电能计量装置中配用。

②Ⅰ—Ⅲ类贸易结算用电能计量装置应按计量点配置计量专用电压、电流互感器或者专用二次绕组,电能计量专用电压、电流互感器或专用二次绕组及其二次回路不得接入与电能计量无关的设备。贸易结算用高压电能计量装置应装设电压失压计时器。

③110 kV 及以上电压互感器一次侧安装隔离开关,35 kV 及以下电压互感器一次侧安装 0.5 ~ 1 A 的熔断器。35 kV 以上贸易结算用电能计量装置中的电压互感器二次回路,应不装设隔离开关辅助接点,但可装设熔断器;35 kV 及以下贸易结算用电能计量装置中电压互感器的二次回路,应不装设隔离开关辅助接点和熔断器。

④10 kV 及以上电压等级电能计量装置应根据一次系统接线形式、变电站的整体设计规划及计量用电压、电流互感器的配置情况,合理设置电能计量点。

为区分不同情况下电能计量装置的基本配置,将一次系统接线及互感器安装位置分为四类,见表 3-5。表 3-5 中 b 类应具备二次电压切换装置,c 类应具备二次电压并列装置。

表 3-5　一次系统接线及互感器安装位置

类别	一次系统主接线	计量互感器位置		可能涉及的电压等级(kV)
		电压互感器	电流互感器	
a	3/2 断路器接线	线路	线路相邻两个断路器支路	750,500,330,220
b	双母线	母线	线路和主变压器侧	330,220,110,66
	双母线分段	母线	线路和主变压器侧	220,110,66
c	单母线分段	母线	线路和主变压器侧	220,110,66,35,10
d	线路变压器组	线路	主变压器侧	750,500,330,220,110,66,35,10
	单母线	线路	线路和主变压器侧	
	3/2 断路器接线	线路	线路和主变压器侧	
	双母线	线路	线路和主变压器侧	
	内桥接线	线路	线路或主变压器侧	

⑤电能计量装置的电能计量屏可布置 6～9 只电能表。除计量无功补偿设备消耗的电能计量装置外,对计量单机容量在 100 MW 及以上发电机组上网贸易结算电量的电能计量装置、110 kV 及以上工类贸易结算用电能计量装置、计量电网经营企业之间的购销电量的电能计量装置和 330 kV 及以上电压等级的电网经营企业间交换电量考核用的电能计量装置和 330 kV 及以上电压等级的电网经营企业间交换电量考核用的电能计量装置应配置主、副电能表。

⑥安装在用户处的贸易结算用电能计量装置:10 kV 及以下电压供电的客户,应配置全国统一标准的电能计量柜或电能计量箱;35 kV 电压供电的客户,宜配置全国统一标准的电能计量柜或电能计量箱。

⑦10 kV、35 kV 电能计量装置采用专用电能计量柜时,柜中安装电能表、电压互感器、电流互感器;采用线路开关柜式时,电能表、电流互感器、高压开关安装在同一面柜中,电压互感器安装在另一面柜中;采用户外电能计量箱时,箱中安装电能表;10 kV 电能计量柜中集中安装电能表、电压互感器、电流互感器、高压开关时,采用固定结构的整体柜。

⑧380 V 电能计量装置采用计量柜、配电柜、计量箱形式时,柜、箱中安装进线开关、电流互感器、电能表;采用箱式变电站结构时,电流互感器、电能表分别安装在互感器室、电能表室。

⑨220 V 电能计量装置采用箱式结构,应满足单只或多只单相电能表的安装要求。进线安装隔离开关时,电能表后应安装单相两极断路器;进线安装断路器时,电能表后宜安装单相两极断路器。

⑩下列部位必须具备加封条件,并采取有效防窃电措施及装置:电能表两侧表耳,电能表箱(柜)门锁,电能表尾盖板,试验接线盒防误操作盖板,计量互感器二次接线端子及快速熔断式隔离开关,计量互感器柜门锁,计量电压互感器一次隔离开关操作把手、熔管室及手车摇柄。

⑪大客户计量柜(箱)除电能表由供电公司提供以外,其他所有电气设备及器件,如互感

器、失压计时器、负荷管理终端、试验接线盒等,均应随计量柜(箱)一同设置配置。所有电能计量装置必须符合计量技术标准,并经法定计量检定机构检定合格才能使用。

⑫电能计量装置应满足电能信息采集的要求。

3.3.2 选用计量装置的技术要求

(1)电压互感器

①电压互感器应满足《电磁式电压互感器》GB 1207—2006、《电容式电压互感器》GB/T 4703—2007 和《750 kV 系统用电压互感器技术规范》Q/GDW 108—2007 等的要求。

②计量专用电压互感器或计量专用绕组的准确度等级应根据电能计量装置的类别确定,并满足表 3-4 的规定。

③计量专用电压互感器或计量专用绕组的基本误差、稳定性和运行变差应符合《电力互感器检定规程》JJG 1021—2007 的规定。

④计量专用电压互感器或专用二次绕组的额定二次负荷应根据实际二次负荷计算值在 10、15、25、30、50 V·A 中选取。一般情况下,下限负荷为 2.5 V·A,额定二次负荷功率因数为 0.8~1.0。

⑤线路用计量专用电压互感器或计量专用绕组额定二次负荷一般选用 10 V·A。

⑥安装于 SF_6 全封闭组合电器内和 220 kV 及以下电压等级的互感器宜采用电磁式电压互感器,330 kV 及以上电压等级宜采用电容式电压互感器。

⑦计量专用电压互感器或计量专用绕组二次端子盒应能实施加封。

(2)电流互感器

①电流互感器选型应满足《电流互感器》GB 1208—2006 和《750 kV 系统用电流互感器技术规范》Q/GDW 107—2007 标准要求。

②为提高小负荷计量性能,宜选用 S 级电流互感器;工作电流变化范围较大时,可选用多电流比、复合电流比的电流互感器。计量专用电流互感器或专用绕组的准确度等级应根据电能计量装置的类别确定,并满足表 3-4 的规定。

③对于 3/2 接线方式,参与二次和电流的两台电流互感器,宜使用同批次变比相同的 0.2S 级电流互感器。在相同二次负荷下,对应负荷点的误差偏差不大于额定电流下误差限值的 1/4,每台电流互感器 5% 与 20% 额定电流下的误差变化不大于额定电流下误差限值的 1/2。

④计量专用电流互感器或专用绕组的基本误差、稳定性和运行变差应符合 JJG1021—2007《电力互感器检定规程》的规定。

⑤330 kV 及以上电压等级电能计量装置中宜使用二次额定电流为 1 A 的电流互感器;其他电压等级电流互感器二次额定电流根据具体情况选择 5 A 或 1 A。

⑥二次额定电流为 1 A 的计量专用电流互感器或电流互感器专用绕组的额定二次负荷应不大于 10 V·A,下限负荷为 1 V·A;二次额定电流为 5 A 的计量专用电流互感器或电流互感器专用绕组,应根据二次回路实际负荷计算值确定额定二次负荷及下限负荷,保证二次回路实际负荷在互感器额定二次负荷与其下限负荷之间。一般情况下,下限负荷为 3.75 V·A,额定二次负荷功率因数为 0.8(滞后)。

⑦应根据变压器容量或实际一次负荷容量选择电流互感器额定变比,以保证正常运行的实际负荷电流达到额定一次电流的60%左右,至少应不小于30%(S级为20%),否则应选用高动热稳定性的电流互感器。额定一次电流的标准值应优先在10、15、20、30、50、75 A及其十进位倍数中选取。

⑧110 kV及以上电压等级计量用电流互感器二次绕组至少应有一个中间抽头。

⑨计量用电流互感器的仪表保安系数宜选5。

⑩计量用电流互感器二次端子盒应能实施加封。

(3)组合互感器

①应满足《组合互感器》GB 1207、GB 1208和GB 17201—2007的要求。

②基本误差、稳定性和运行变差应符合JJG 1021—2007的规定。

③组合互感器中电流互感器计量专用二次绕组准确度等级选用0.2S级,电压互感器计量专用二次绕组准确度等级选用0.2级。

④二次绕组额定容量的选择应根据二次回路实际负荷确定,保证二次回路实际负荷在互感器额定二次负荷与其下限负荷的范围内;电流回路额定二次容量宜不大于10 V·A,电压回路额定二次容量宜不大于10 V·A,额定功率因数一般为0.8(滞后)。

⑤额定一次电流的确定,应保证其在正常运行中的实际负荷电流达到额定值的60%左右,至少应不小于20%。

⑥宜选用浇注结构的电磁式互感器,应具备必要的加锁、加封措施。

(4)电能表

①电能表准确度等级应根据电能计量装置的类别确定,并满足表3-4的规定。为提高低负荷计量的准确性,应选用过载4倍及以上的电能表。

②应根据安装、使用环境,选用适用于不同工作温度范围、湿度要求及海拔的不同类型电能表,其形式、功能应满足国家电网公司的规定。

③用于发电厂、变电站的电能计量装置应选用多功能电能表。由于电力系统负荷潮流变化引起的具有正反向有、无功电量的电能计量点,应配置具有计量双向有功和四象限无功的多功能电能表。

④专用变压器电力客户电能计量装置宜选用多功能电能表。要求考核功率因数的,电能表应具备计量无功功能;执行两部制电价的,电能表应具有记录最大需量功能;要求监视功率负荷变化的,电能表还应具有负荷曲线记录功能。

⑤低压三相和单相电力客户,宜选用具有费控功能的三相或单相电能表。为利于配合电费电价政策,电能表宜具备分时功能和电量冻结功能。

⑥低压供电客户其最大负荷电流为50 A及以下时,采用直接接入式电能表,最大负荷电流60 A以上时宜采用经互感器接入式电能表。具有费控功能的三相非直接接入式电能表或最大电流大于60 A的单相电能表宜采用外置跳闸断路器。

⑦经电流互感器接入的电能表,其标定电流宜不超过电流互感器额定二次电流的30%,其额定最大电流约为电流互感器额定二次电流的120%。直接接入电能表的标定电流应按正

常运行负荷电流30%左右进行选择。

⑧多功能电能表应具有自检功能,并提供相应的报警信号输出(如 TV 失压、TA 断线、电源失常、自检故障等),失压计时功能应满足《电压失压计时器条件》DL/T 566—1995。

⑨为满足用电信息采集的管理要求,电能表应至少具备红外接口和符合 DL/T 645—2007《多功能电能表通信规约》的 RS485 输出接口。

⑩采用载波技术通信的电能表,其 RS485 通信接口与载波通信接口应相互独立;采用非载波通信方式的三相电能表应具备两个及以上独立 RS485 输出接口。

（5）电能计量柜

①10 kV 及以下三相供电客户,应安装全国统一标准的电能计量柜;最大负荷小于 100 A 的三相低压供电客户可安装电能计量箱;有箱式变电站的专用变压器客户宜实行高压计量,采用统一确定的计量安装方式;35 kV 供电客户也应安装电能计量柜;实行一户一表的城镇居民住宅的电能计量箱应符合设计要求规定;实行一户一表的零散居民电能计量装置应集中装箱安装。

②电能计量柜应具备的基本功能应符合下列要求:

a. 整体式电能计量柜应设置防止误操作的安全联锁装置。

b. 人体接近带电体、带电体与带电体以及带电体及机械器件的安全防护距离应符合有关规程规定。

c. 电气设备及电器器件,均应选用符合其产品标准,并经检验合格的产品。

d. 电能计量柜的电气接地应符合规程规定。

③电能计量柜(箱)的结构及工艺,应满足安全运行、准确计量、运行监视和试验维护的要求,同时还应做到:

a. 壳体及机械组件具有足够的机械强度,在储运、安装操作及检修时不发生有害的变形。

b. 应具有足够空间安装计量器具,其计量器具的安装位置还应考虑现场拆换的方便。电能计量柜(箱)应具有可靠的防窃电措施。

c. 电能计量柜(箱)的各柜(箱)门上必须设置可铅封门锁,并应有带玻璃的观察窗。其玻璃应用无色透明材料(或钢化玻璃),厚度应不小于 4 mm,面积应满足监视和抄表的要求。

d. 电能计量箱与墙壁的固定点不应少于 3 个,并使电能计量箱不能前后、左右移动。

（6）计量二次回路

①Ⅰ、Ⅱ、Ⅲ类计费用电能计量装置应按计量点配置计量专用电压、电流互感器或专用二次绕组。电能计量专用电压、电流互感器或专用二次绕组及其二次回路不得接入与电能计量无关的设备。

②35 kV 以上计费用电能装置中电压互感器二次回路,应不装设隔离开关辅助触点,但可装设熔断器;35 kV 及以下计费用电能计量装置中电压互感器二次回路,应不装设隔离开关辅助触点和熔断器。

③未配置计量柜(箱)的,其互感器二次回路的所有接线端子、试验端子应能实施铅封。

④互感器二次回路的连接导线采用铜质单芯绝缘导线,多根双拼的宜采用专用压接头。

电压、电流回路各相导线应分别采用黄、绿、红色线,中性线应采用黑色线,接地线为黄与绿双色线,也可以采用专用编号电缆。对电流二次回路,连接导线截面应按电流互感器的额定二次负荷计算确定,至少应不小于 4 mm^2。对于电压二次回路连接导线截面应按允许的电压降计算确定,至少应不小于 2.5 mm^2。

⑤二次回路导线额定电压不低于 500 V。二次回路具有供现场检验接线的试验接线盒。

⑥计量二次回路的电压回路,不得作其他辅助设备的供电电源,利用多功能表的失压、失流功能监察运行中的各相电压、电流和功率。

3.3.3　电能计量装置配置实例

已知某 110 kV 用电客户内部安装有自备发电机,执行两部制电价,其用电容量为 10 MV·A。正常情况下,自备电厂只能满足部分用电需求,需从电网内使用部分容量;用电设备检修时,自备发电机通过计量装置上网。试给该用户配置适当的计量装置。

用户计量装置配置分析:

(1)准确度等级的确定

由于该用户用电容量为 10 MV·A,所以其电能计量装置属于 I 类计量装置,因此电能表、互感器的准确度等级要求见表 3-6。

表 3-6　电能计量装置准确度等级

电能计量装置类别	准确度等级			
	有功电能表	无功电能表	电压互感器	电流互感器
I	0.2S 或 0.5S	2.0	0.2	0.2S 或 0.2

(2)接线方式选择

因 110 kV 及以上电力系统为非中性点绝缘系统,所以接入系统的电能计量装置应采用三相四线接线方式,高供高计。

①电流互感器的二次回路接线。对三相四线制连接的电能计量装置,选用 3 台单相电流互感器,其二次绕组与电能表之间采用六线连接。

②电压互感器的二次回路接线。电压互感器采用 YNyn 方式接线,其一次侧接地方式和系统接地方式相一致。

(3)电流互感器参数的选择

①TA 额定变比的确定。根据"互感器一次电流应保证其在正常运行中的实际负荷电流达到额定值的 60% 左右,至少应不小于 30%,否则应选用高动热稳定性的电流互感器,由用电容量计算互感器的额定一次电流:TA 的额定一次电流小于 10 000/(1.732×110×0.6) = 87.5(A),故选用 75/5 A 的电流互感器。

②TA 准确度等级的确定。依据"为提高小负荷计量性能,宜选用 S 级电流互感器,工作电流变化范围较大时,可选用多电流比、复合电流比的电流互感器",选用准确度等级为 0.2S

级的电流互感器。

③TA 额定二次容量的选择。计量专用互感器或计量专用二次绕组的额定二次负荷的取值应根据实际二次负荷（包括电能表、连接导线及接触电阻）计算后选择，通常计量专用电流互感器额定二次负荷选取为实际二次负荷的 2 倍。除非用户有要求，二次额定电流 5 A 的电流互感器的下限负荷按 3.75 V·A 选取，二次额定电流 1 A 的电流互感器的下限负荷按 1 V·A 选取。

（4）电压互感器参数的选择

因为 TV 一次电压应与系统电压相符，二次电压为 100 V 或 57.7 V，故 TV 额定变比应为 $110 \text{ kV}/\sqrt{3}/100 \text{ V}/\sqrt{3}$，准确度等级为 0.2 级。

通常计量专用电压互感器的额定二次负荷选取为实际二次负荷的 1.5～2.0 倍，电压互感器的下限负荷按 2.5 V·A 选取。

（5）电能表的选择

用户计量方式为三相四线高供高计，所以选用三相四线高压表，电能表规格为 $3 \times 57.5 \text{ V}, 3 \times 1.5(6) \text{A}$。

该用户执行两部制电价，且潮流方向为双方向，故电能表至少应具备有功电能双向计量、四象限无功电能计量和计量最大需量等功能。因此选用 0.2S 级全电子式多功能电能表，满足最大需量、分时电量以及功率因数调整电费等需求。

该用户计量装置属 110 kV 及以上 I 类贸易结算用电能计量装置，需配置主副电能表计量，电能表数量 2 只，电能表具备数据通信功能，其通信规约应符合 DL/T 645—2007《多功能电能表通信规约》的要求。

（6）二次回路导线截面积选择

互感器二次回路的连接导线应采用铜质单芯绝缘线。对电流二次回路，连接导线截面积应按电流互感器的额定二次负荷计算确定，至少应不小于 4 mm²。对电压二次回路，连接导线截面积应按允许的电压降计算确定，至少应不小于 2.5 mm²。

思考与讨论

1. 给电能计量装置分类的依据是什么？可分为几类？简述电能计量装置配置的基本原则。

2. 哪些情况下电能计量装置应配置主、副电能表？

3. 某 10 kV 电力用户，变压器装机容量为 2 000 kVA，采用 10 kV 侧高压计量方式，其计量用互感器和电能表应如何选配？

任务 3.4　电能计量装置的规范安装

电能计量装置的安装包括电能表、计量用电压互感器、电流互感器以及连接它们的二次回路、计量屏（柜、箱）的全部或其中一部分的安装，电能信息采集终端及失压计时仪的安装可以参照执行。DL/T 825—2002《电能计量安装接线规则》规定了电力系统计费用和非计费用交流电能计量装置的接线方式及安装规定,适用于各种电压等级的交流电能计量装置。

各类电能计量装置在安装与接线中,严格按规程要求作业,是电力系统在运行中实现准确、可靠计量的保证,也为后续的校验、轮换、测试及接线检查打下良好的技术基础。电能计量装置安装的基本要求包括以下几个方面:

①环境条件:相对干燥、无机械振动、安装环境空气中无引起腐蚀的有害物质、电能表避免阳光直射。

②安装条件:便于电能表、互感器的安装、拆卸。

③抄表条件:抄表员读抄便利(具有清晰的透明读表窗口)。

④管理条件:便于用电检查、防窃电管理。

3.4.1　低压电能计量装置的安装接线要求

(1)低压电能表的安装规定

①高供低计的用户,计量点至变压器低压侧的电气距离应在 20 m 之内,对加热系统的距离大于 0.5 m。电能表原则上装于室外的走廊、过道或公共的楼梯间,安装地点周围环境应干净明亮,使表计不易受损、受震、不受磁力及烟灰影响,无腐蚀性气体、易蒸发液体的侵蚀,且能保证电能表运行安全可靠,抄表读数、校验、检查、轮换装拆方便。

②低压三相供电的计量装置表位应在室内进门后 3 m 范围内;单相供电的用户,计量表位应设计在室外;凡城市规划指定的主要道路两侧,表计应装设在室内;基建工地和临时用电户电能计量装置的表位应设计在室外,装设在固定的建筑物上或变压器台架上。

③高层住宅一户一表,宜集中安装于位于一楼、二楼的专用配电间内,装表地点的环境温度应不超过电能表技术标准规定的范围。

④电能表应安装在电能计量柜(屏、箱)内,每一回路的有功和无功电能表应垂直排列或水平排列,无功电能表应在有功电能表下方或右方,安装在变电站的电能表下端应加有回路名称的标签,二只三相电能表相距的最小距离应大于 80 mm,单相电能表相距的最小距离为 30 mm,电能表与屏、柜边的最小距离应大于 40 mm。

⑤电能表的安装高度。对计量屏,应使电能表水平中心线距地面 0.6 ~ 1.8 m;安装在墙壁上的计量箱高为 1.6 ~ 2.0 m。单户表箱安装布置原则采取横向一排式,如因条件限制,允许上、下两排布置,但上表箱底对地面垂直距离不应超过 2.1 m。装设在高层住宅专用配电间内的表箱底部对地面的垂直距离不得少于 0.8 m。

⑥装设在计量屏(箱)内的开关、保险等设备应垂直安装,上端接电源,下端接负荷。相序排列顺序从左侧起为 U、V、W 或 U、V、W、N。电能表安装必须牢固垂直,每只表除挂表螺丝外,至少有一只定位螺丝,使表中心线朝各方向的倾斜不大于 1°。安装在绝缘板上的三相电能表,若有接地端钮,应将其可靠接地或接零线。

⑦在多雷地区,计量装置应装设防雷保护,如采用低压阀型避雷器等。

⑧装表时,必须严格按照接线盒内的接线图操作;对无图示的电能表,应先查明内部接线,若在现场难以查明电能表的内部接线时应将表退回。

（2）操作时应遵循的接线原则

①单相电能表必须将相线接入电流线圈首端;三相电能表必须按正相序接线。

②三相四线电能表必须接零线;电能表的零线必须与电源零线直接连接,进出有序,不允许互相串联,不允许采用接地、接金属外壳代替。

③进表导线与电能表接线端钮应为同一种金属导体;进户线必须经过表前熔断器或开关转接后进入电能表,出表导线也必须遵守先接入负荷开关、再接入负荷的原则。

④电能表的中性线不得开断后进、出电能表。正确的做法是在中性线上"T"接或经过零母排接取中性线接入电能表,防止由于中性线在电能表连接部位断路,引起在三相负荷不平衡时发生零点漂移而引发供电事故。

⑤进表线导体裸露部分必须全部插入接线端钮内,并将端钮螺丝逐个拧紧。线小孔大时,应采取有效的补救措施(绑扎、加股等方式);线大孔小时,在保证安全载流量的前提下,允许采用断股的方法接入电能表。

⑥经低压 TA 接入的电能表,电压线宜单独接入,不得与电流线公用(等电位法)。电压引入应接在电流互感器一次电源侧,导线不得有接头;不得将电压线压接在互感器与一次回路的连接处,一般是在电源侧母线上另行打孔螺丝连接。允许使用加长螺栓,互感器与母线可靠压接后在多余的螺杆上另加螺帽压接电压连接导线,互感器一次接取电压示意图如图3-17所示。

⑦配置有无功计量功能的电能计量装置,应遵循电流串联、电压并联且按正相序连接的原则,二次配线在电能表尾侧应将连接无功电能第一元件的二次电压、电流导线横向延长至三元件,再180°折回至一元件,分线进入电能表,为接入相序错误改线预留导线。接线示意如图3-18所示。

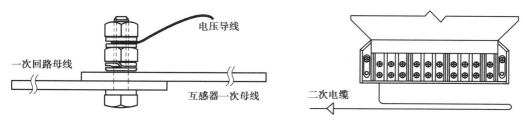

图3-17　互感器一次接取电压示意图　　　　图3-18　无功表逆向序改线预留配线示意图

⑧各相导线应分相色,穿编号管。推荐使用 KVV20 型计量专用电缆（4 × 2.5 mm^2 + 6 × 4 mm^2,2.5 mm^2 导线绝缘相色:黄、绿、红、黑;4 mm^2 导线绝缘相色:黄、黄黑,绿、绿黑,红、红黑）,选择不带铠装是因为此类装置大多在计量箱柜内安装,便于以更小的弯曲半径敷设电缆。专用计量电缆以直径和相色区分导线,采用此方案,允许不穿编号管。

⑨当使用散导线连接时,线把应绑扎紧密、均匀、牢固。尼龙绑扎带直线间距 80 ~ 100 mm,线束弯折处绑扎应对称,转弯对称 30 ~ 40 mm 处应做绑扎处理。

此外,低压电流互感器的二次侧应不接地。这是因为低压电能计量装置使用的导线、电能表及互感器的绝缘等级相同,可能承受的最高电压也基本一样。另外二次绕组接地后,整套装置一次回路对地的绝缘水平将可能下降,易使有绝缘薄弱点的电能表或互感器在高电压作用时(如过电压冲击)击穿损坏。

低压 TA 二次负荷容量不得小于 10 V·A。低压穿芯式电流互感器应采用固定单一变比,一次仅穿一匝,防止发生互感器倍率差错。

经联合试验盒接入的电能计量装置,试验盒水平安装时,电压连接片螺栓松开,连接片应自然掉下;垂直安装时,电压连片在断开位置时,连接片应处在负荷侧(电能表侧)。试验盒电压回路不得安装熔断器。电流回路应有一个回路错位连接,所有螺丝和连接片应压接可靠,联合接线盒接线示意图如图 3-19 所示。

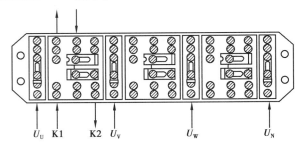

U_U K1   K2 U_V U_W U_N

图 3-19　联合接线盒接线示意图

对执行功率因数考核的电能计量装置,还应检查电容补偿装置接入系统的位置,防止补偿装置连接在电能计量装置前侧的错误发生。

3.4.2　高压电能计量装置的安装规范

高压电能计量装置的安装主要有两种类型,一种为户外计量方式,另一种为变电站方式。户外计量方式在 10 kV 配电网得到广泛运用,其表计与组合互感器距离相对较近。变电站形式在多年的运用中也有较快的发展,常见的有箱式变电站、室内变电站等,其电能计量装置组合安装在进线柜后侧的专用计量柜中。计量柜有多种形式,如手车式、中置柜式、常规式(一次母线经计量 TA 穿越计量柜,TV 在柜中经熔断器并接到三相母线上,柜前上方为电能表、二次端子安装柜)等,还有互感器在户外、计量表计安装在室内的方式,如互感器在一次设备场地,而电能表在主控制电能表屏、柜中。

(1)计量屏(箱、柜)的安装

1)户外式电能计量装置的安装

户外式电能计量装置常见安装方式有两种:一种是组合互感器安装在专用变压器(专线)电源侧,电能表箱吸附在组合互感器箱的侧面,电能表一般距地面较高,且距高压带电部分很近,抄表可采用遥控、遥测方式,但不便于电能表的现场检验和更换。另一种是电能表箱与组合互感器分离,通过二次电缆引下,在距地面 1.8 m 处安装表箱。这种方式既便于抄表与监视,又方便电能表的现场检验和更换。仅需注意由于 TA 二次负荷容量相对较小,故电能表与组合互感器之间电缆不宜过长。此外,为满足电能计量装置的封闭管理要求,二次电缆应穿入钢管或硬塑管内加以保护。

2)户内电能计量装置的安装

户内电能计量装置的安装一般是设置专用计量柜,柜体的安装由电气设备安装方随一次设备安装完成,装表接电工只需要检查计量柜的安装位置、互感器、高压熔断器、母线走向及安装位置是否满足技术管理、安全管理要求和封闭的要求。安装厢式变电站时,箱内整体设置有计量间隔,高压互感器及配套设备安装在一次间隔,电能表、二次端子安装在二次间隔,与户内高压计量柜模式相近。

(2)电能表的安装

高压电能表必须安装在电能计量箱(柜)或高压开关柜中,在与电压互感器及电流互感器二次回路连接时,必须经过计量专用的端子排或专用的试验接线盒,以便进行实负荷校验和带电更换电能表。电能表的一般安装规范应与前述低压电能表规定一致,垂直安装且牢固,两表之间保持足够距离。

电能表的型号与互感器的连接方式与一次系统接地方式相对应。中性点非有效接地系统选用 DS 型电能表,电能表的标定电压应为 3×100 V。中性点有效接地系统选用 DT 型电能表,电能表的标定电压应为 $3 \times 57.7/100$ V。

户外安装的电能表应避免阳关直射,以减小高温引起的附加误差,降低电子式电能表因环境温度过高而引发的运行故障。

(3)互感器的安装

互感器的安装一般应遵循以下安装规范:

①互感器安装必须牢固,铭牌参数、极性标志必须完整、清晰。互感器外壳的金属部分应可靠接地(安装在金属构架时,互感器外壳允许不接地,但要求构架接地可靠)。

②油浸式组合互感器安装时,呼吸器要由运输位置恢复到运行位置,呼吸油管法兰安装耐油橡胶垫,玻璃罩完整,吸潮剂应干燥,盛油碗倒入合格的变压器油并保持合适的油位,隔绝油箱内变压器油与空气的接触。

③专用变压器安装户外组合互感器时,其一次 U、W 相连接桩头应使用热缩导管将裸露的金属包裹。

④一般户外组合互感器生产厂商都要求安装时在互感器线路侧安装一组避雷器。互感器安装时,应检查避雷器安装位置是否满足厂家技术要求,其接地装置及连接是否满足技术要求。

⑤同一组电流互感器应采用制造厂、型号、额定电流比、准确度、二次容量均相同的互感器,按同一方向安装以保证该组电流互感器一次及二次回路电流的正方向和极性均一致,并尽可能易于观察铭牌。

⑥对多次级(多绕组)电流互感器只用一个二次回路时,其余的次级绕组应可靠短接并接地,如图 3-20 所示。如果计量之外的绕组接有负荷(如电流表等),应检查回路的完整性,防止计量绕组完整而测量绕组开路的故障发生。对二次多抽头的电流互感器,则只能连接 S1 和选用的绕组抽头(S2、S3、S4 等),其余绕组抽头不得连接任何导线及回路,其连接如图 3-21 所示。所有电流互感器二次绕组的一点接地,应选择在非极性端。

⑦户内安装电压互感器,一次侧都配置有电压互感器专用熔断器,应选用正规厂家的产品。一般用于 35 kV 电压互感器保护的熔断器有户外、户内两类,由变电站标准设计配套,型

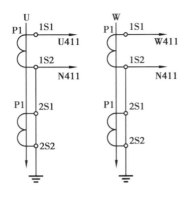
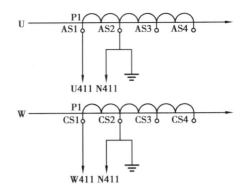

图 3-20　多次级（多绕组）互感器接线示意图　　图 3-21　二次多抽头电流互感器接线示意图

号为 XRNP-40.5 的产品规格有 0.3、0.5、1、2、3、15 A 六种，实际运用应按照变电站设计确定的规格配置。10 kV 电压互感器一次熔断器常用型号为 XRNP-12、RN1、RN2、RN3 等，其中 XRNP-12 的产品规格有 0.3、0.5、1、2、3、15 A。常规配置规格为 0.5 A。熔断器支撑绝缘子及架构应牢固可靠，熔断器管卡簧应具有弹性，确保可靠接触。

⑧《国家电网公司电力安全工作规程》所规定的"在带电的电压互感器二次回路上工作时，严格防止短路或接地"的前提是：电能计量装置电压互感器二次回路已经存在一点保护接地，如果二次回路再发生一点接地，对于变电站模式，则可能危及电网安全，造成重大事故。对于专用变压器计量专用互感器，则可能引起电压互感器二次绕组烧损。

对于 Vv 接线，TV 二次回路的接地点应在"v"相出口侧，如图 3-22 所示。

对于 Yyn 接线，则应在二次绕组中性点接地，如图 3-23 所示。

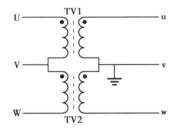
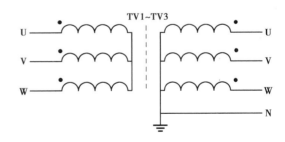

图 3-22　Vv 接线 TV 二次回路接地位置示意图　　图 3-23　Yyn 接线 TV 二次回路接地位置示意图

⑨对于配置 10 kV 三相五柱型电压互感器的二次回路，正确的连接是取至 TV 的 $\dot{U}_{uv}$、$\dot{U}_{wv}$ 线电压，以满足 DS 型电能表接入线电压的技术要求。同时，在电能表二次电压回路中，严禁再次接地。

⑩一般不在专用变压器计量 TV 一次与母线的连接处设置隔离开关，如设计方案有上述设备，隔离开关在合闸位置应具有锁定封闭设置，防止人为断开 TV 以中止计量的管理事故发生。

（4）**二次回路的安装**

①电能计量装置的一次与二次接线应根据批准的图纸施工。当前电网公司大量运用电

子式多功能电能表,由于该类电能表是有功、无功一体化,实际工作中,只需要按照有功电能表接线即可满足技术要求。

②电能表和互感器二次回路应有明显的标志,采用导线编号管或采用颜色不同导线,一般用黄、绿、红、黑分别代表 U、V、W、N 相导线。对于采用户外组合型互感器的电能计量装置的二次回路,推荐使用 KVV22 计量专用铠装电缆(3×2.5 mm² + 4×4 mm²,2.5 mm² 导线绝缘相色:黄、绿、红;4 mm² 导线绝缘相色:黄、黄黑,红、红黑),专用计量电缆以直径和相色区分导线。采用此方案,允许不穿编号管。对于互感器在场地,电能表在控制室的安装模式,两者之间可能相隔几十米至上百米,需要采用足够长的导线来连接互感器和电能表,而连接导线的阻抗大小,直接影响到互感器的实际二次负荷,进而影响到电能计量装置的准确度。为满足计量准确度的要求,必要时,应根据现场实际,合理选择二次导线截面。

③在对有功、无功电能表联合接线时,由于接线较多,可将进出电能表接线盒的电流进线、电压线、电流出线随空间按层次分布,有利于以后接线的检查。二次回路连接线要求走径合理,布线整齐美观。工艺要求做到横平竖直,尽量减少交叉,固定良好。二次导线制作 90°直角弯时,应注意角度不要太尖,留有适当的弧度,以免损伤导线。对于成套电能计量装置,二次导线两端应有字迹清楚、与图纸相符的端子编号。

④二次导线接入端子如采用压接螺钉,应根据螺钉直径将导线末端弯成一个环,其弯曲方向应与螺钉旋入方向相同,螺钉(或螺帽)与导线间应加镀锌垫圈。导线芯不能裸露在接线桩外。

⑤导线绑扎应紧密、均匀、牢固,尼龙带绑扎直线间距 80 ~ 100 mm,线束弯折处绑扎应对称,转弯对称 30 ~ 40 mm。

⑥二次回路的导线绝缘不得有损伤和接头,导线与端钮连接必须拧紧,接触良好。弯角要求有弧度,不得出现死角或使用钳口弯曲导线。

⑦对于手车型(中置型)计量柜,互感器与电能表箱之间需要经过带锁紧(闭锁)装置的专用插头或手车定位机构辅助触头转接。不论采用何种型号接点转接,其可靠性是决定计量准确性的关键点,也是装表接电工作需要检查的重点之一。通常,二次回路进出此类转换接点时,选用绝缘软铜导线。该导线两侧需要先压接铜质镀银接线鼻,压接的接线鼻其压接部位必须做镀锡处理后,方可连接转接开关(互感器)。

⑧根据 DL/T448—2000《电能计量装置技术管理规程》的规定,"35 kV 以上贸易结算用电能计量装置中电压互感器二次回路,应不装设隔离开关辅助触点,但可装设熔断器;35 kV 及以下贸易结算用电能计量装置中电压互感器二次回路,应不装设隔离开关辅助触点和熔断器"。该规定主要适用于变电站模式。在变电站模式中,也有利用 10 kV 分段电压互感器柜一次隔离开关辅助触点控制中间继电器,利用中间继电器触点(采用多接点并联,以减小接触电阻)串接在电压互感器二次出口侧,利用继电器触点接触的可靠性,既解决了隔离开关辅助触点接触的不稳定,又满足断开电压互感器一次隔离开关时,同时断开互感器二次回路的技术要求。对于 35 kV 及以下专用变压器客户高压电能计量装置,均不在电能计量装置二次回路安装隔离开关辅助触点和熔断器。

(5)用电信息采集(负控)终端安装

1)终端安装基本原则

对于装表接电工,终端的安装主要包括:采集终端、附属装置、电源、信号、控制线缆等设备的安装与连接。

①由于现场环境的不同,安装要求应满足各网省公司的相关设计。终端的连接应遵照厂家提供的安装使用说明书和技术要求,并符合电力营销管理要求。

②终端的安装位置应方便管理、调试、充值。线缆在计量箱、柜外的走向,应做好安全防护措施。

③不得将终端输出控制负荷开关的跳闸电源接入电能计量装置的电压回路。

④终端的工作电源应根据现场条件,尽可能取自不可控电源,以保证终端正常工作。

2)终端安装一般规定

①针对不同的环境和条件,终端安装必须考虑计量表计和电动断路器的位置,并根据客户侧的电压等级、计量方式和配电设施的不同,采用不同的安装方案。

②应方便客户刷卡充值和查询终端数据。

③有利于控制电缆、通信电缆、电源电缆的走线和可靠连接。

④尽量能使客户的值班人员或相关人员听到终端语音报警信息。

3)终端安装位置

①终端安装位置根据电动断路器的位置来确定。电动断路器位置在柱上,终端安装在柱上;电动断路器位置在配电室里,终端安装在配电室里;电动断路器位置在箱变内,终端安装在箱变侧壁上。

②终端安装位置根据计量表计的位置来确定。计量表计位置在柱上,终端安装在柱上;计量表计位置在配电室里,终端安装在配电室里;计量表计位置在箱式变电站内,终端安装在箱式变电站侧壁上。

③在变电站内,终端应安装在主控制室计量屏内的适当位置或安装在开关柜上空置的仪表室内。

④在户内,如为启用预付费功能的终端,为方便刷卡和查询等操作,要避免装在屏内,应在满足方便敷设信号电缆、控制电缆、电源线等情况下,安装在配电屏外侧或配电室墙上。只用于监测的非预付费终端可安装在屏内。

⑤在户外,应使终端安装位置的选择既能方便操作又不易遭到损坏,且终端语音报警信息能被客户察觉。如终端与电能表受现场客观条件限制,无法采用电缆连接时,可选用微功率无线数传模块(也称"小无线")进行无线连接。

⑥在地下室,或安装位置的信号强度弱不能保证正常通信时,应当采用远程无线通信中继器进行无线通信。

4)终端安装方式

①户外杆架式安装。其终端装在电力配电箱中,通过抱箍安装在户外计量秆上,安装高

度不小于 1.5 m。控制线、电压回路线通过 PVC(或镀锌电线管)保护管接入终端。

②公用变压器箱式安装。其终端装在电力配电箱中,通过螺栓固定安装在箱式变电站固定箱体上(如有空间可在箱式变电站内装设),安装高度不小于 1.5 m。控制线、电压回路线通过 PVC(蛇皮管)保护管接入终端。

③地面室内挂式安装。其终端装在电力配电箱中,通过螺栓固定安装在墙体上,安装高度不小于 1.5 m。由一次设备引出控制线、电压回路线通过电缆沟(地下)、PVC 管(地上)敷设接入终端。

④地下室内挂式安装。其终端装在电力配电箱中,通过螺栓固定安装于墙体上,安装高度不小于 1.5 m。由一次设备引出控制线、电压回路线通过电缆沟(地下)、PVC 管(地上)敷设接入终端。通信系统由 RS-485 引出通过中继器(安装在信号良好的区域)进行抄读。

⑤变电站内安装。其终端可直接装入变电站主控制室计量屏内。该计量屏必须要有充足的空间,面板上预留安装孔洞;可装入开关柜空置的仪表室内,控制线、电压回路线均可利用现有电缆沟敷设接入终端。通信系统中所用通信线必须外引,如通信线长度大于 50 m,另加装中继器进行通信。

3.4.3　装表施工的作业要求

(1)工作前准备

①核对工单所列的电能计量装置是否与客户的供电方式和申请容量相适应,如有疑问应及时向有关部门提出。

②凭工单到表库领用电能表、互感器并核对所领用的电能表、互感器是否与工单一致。

③检查电能表的校验封印、接线图、检定合格证、资产标记(条形码)是否齐全、校验日期是否在 6 个月以内、外壳是否完好、圆盘是否卡住。

④检查互感器铭牌、极性标志是否完整、清晰,接线螺丝是否完好,检定合格证是否齐全。

⑤检查所需的材料及工具、仪表等是否配足带齐。

⑥电能计量器具应放置在专用的运输箱内,运输时应轻拿轻放并有防雨淋、颠簸、振动和摔跌措施,保持计量器具完好。

⑦应提前与客户联系预约以提高工作效率和减少对客户正常生产及生活的影响。

⑧发现传票信息与实际不符或现场不具备装表接电条件时,应终止工作,及时向班组长或相关部门及人员报告,做好记录与客户确认,待处理正常后再行作业。

(2)安全要求

①安全工器具配置:应配置相应安全工器具,包括安全帽、安全带、绝缘鞋、绝缘手套、登高工具、接地线、警示标识等。所有安全工器具应经过定期安全试验合格,且在有效期限内。

②相应施工工器具、仪表配置:螺丝刀、钢丝钳、尖嘴钳、剥线钳、电工刀、扳手、绝缘胶布、万用表、钳形电流表等。所有工具裸露部位应做好绝缘措施。

③人员配置:现场施工前工作人员应出示证件或挂牌。严格执行《电力安全工作规范》和其他增补的各种安全规程,做好施工的安全组织措施和施工前的安全技术措施,互相监督。

工作时,一般每组 2~3 人,明确 1 名负责人,负责现场监护。对于老用户改造,还应熟悉用户的一次系统电气接线,对双电源用户做好防止反送电措施。应办理第一种工作票,要求被改造用户的人员全过程跟踪。用户停电前,应对原电能计量装置所配的电能表和互感器进行现场测试,做好原始记录,以便发现问题,及时告知用户妥善解决。待用户停电后,要按照《电力安全工作规程》的要求,做好计量柜内进出线两侧的验电、挂接地线,计量柜外装设遮栏、悬挂标识牌等安全措施,工作负责人向参与施工的工作人员交代本次工作范围,现场危险点状况,待所有工作人员在工作票上全部签名后方可进行电能计量装置的改造工作。

(3)施工顺序

①一般安装次序为先装互感器、二次连线、专用接线盒,再安装电能表。

②在安装前应对新投运计量箱柜进行验收,检查是否符合防窃电的要求,计量箱柜附件及导线线径配置是否合理,不同电价类别计量是否齐全,计量回路与出线隔离开关是否正确对应,连线前应检查互感器极性和标注正确性。

③成套高压电能计量装置投运前,对计量二次回路应重点检查,内容包括:接线是否正确,计量配置和导线截面、标志是否符合规程要求,连接是否可靠,接地是否合格,防窃电功能是否完备等(应断开二次回路接线,进行接线正确性检查)。

④严格按 DL/T825—2002《电能计量装置安装接线规则》等有关工艺要求进行现场施工,要求做到布线合理、美观整齐、连接可靠。

⑤新装电能计量装置投运后应将电能表示数、互感器变比等与计费有关的原始数据及时通知客户检查核对,必要时请客户在工作传票上签字确认。

(4)送电前的检查

①检查电流、电压互感器装置是否牢固,安全距离是否足够,各处触头是否旋紧,接触面是否紧密。

②核对电流、电压互感器一、二次线极性是否正确,是否与标准图样符合。

③检查电流和电压互感器二次侧、外壳等是否有接地。

④核对电能表接线是否正确,接头螺丝是否旋紧,线头有否碰壳现象。

⑤核对已记录的有功、无功、最大需量表及电卡表的倍率及起始读数及有关参数有否抄错,最大需量指标是否在零点。

⑥检查接线盒内螺丝是否旋紧,有否滑牙,短路小铜片是否关紧,连接是否可靠。

⑦检查电压熔丝插是否有松动,熔丝两端弹簧铜片的弹性及接触是否完好。

⑧检查所有封印是否完好,有无遗漏。检查工具物件是否遗留在设备中。

检查完毕,确认无误后方可送电。

(5)通电后检查

①测量电压相序是否正确;拉开电容器后,有功、无功表是否顺转(或用相序表测试)。用验电笔试验电能表外壳中性线端柱,应无电压,以防电流互感器开路,电压短路或电能表漏电。若发现反相序,则应进行调整,可通过一次侧调换,也可通过二次侧调换。

②对于电卡表应作同样的检查,检查完毕后应对电卡表进行清零,并做动作测试,检查开关是否正确动作。当帮用户输入电卡时,应检查表内所输数据是否与开卡数据相同,并把电卡表使用的有关注意事项告知用户,待用户确定清楚使用事项后方可结束。

（6）**清扫施工现场**

对电能表接线盒、试验接线盒、计量柜前后门、互感器箱前后门、电压互感器隔离开关把手、二次连线回路端子盒等应加封部位加装封印。检查、整理、清点、收集施工工具和施工材料。做好应通知客户或需客户签字确认的其他事宜。工作中,应始终遵守《国家电网公司文明服务规范》,做好优质服务。

思考与讨论

1. 电能计量装置安装的基本要求是什么?

2. 电能表的零线应如何接取?

3. 装表施工的作业要求中对施工顺序是怎么规定的?

技能实训一　低压计量箱的安装接线

一、实训目的

1. 熟悉低压单相、三相电能计量箱的结构,计量箱中各种设备的相对位置,布线及扎线方法。

2. 熟悉电能表、电流互感器的铭牌标志和参数,学会正确选择电能表额定电流、导线颜色及截面积,闸刀及空开容量等。

3. 通过实际动手操作学会装表现场的一些基本操作技能。

二、实训设备与工具

1. 每组实训设备见表 3-7。

表 3-7　实训设备

名称	DX—1 型单相负载计量箱	单相电能表	低压电流互感器	三相刀开关	单相小型断路器（空开）	单相小型断路器（空开）	绝缘一次导线	绝缘二次导线	尼龙扎线带	固定螺丝	DX—4 型三相负载计量箱	绝缘二次导线
规格	（560×420×180）mm²	5（20）A	150/5	100 A	50 A	15 A	6 mm²	2.5 mm²	80 mm	M6	（920×800×250）mm²	4 mm²
数量	1 台	4 只	3 只	1 台	3 台	3 只	若干	若干	1 包	20 套	1 台	若干

2.使用工具:电工刀、尖嘴钳、剥线钳、斜口钳、活动扳手、手电钻、大小平口螺丝刀、十字螺丝刀。

三、实训内容及要求

1.识别电能表、电流互感器铭牌上的标志信息。

2.单相计量箱的安装接线。单相计量箱的安装接线示例如图 3-24 所示,一人一组照图规范安装,2 h 内完成。

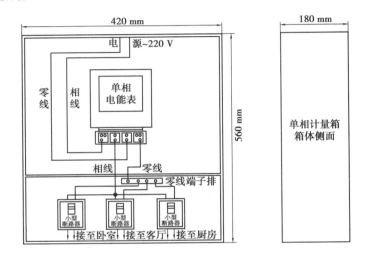

图 3-24　单相计量箱安装接线示例

3.三相计量箱的安装接线。三相计量箱的安装接线示例如图 3-25 所示,三相分相计量箱安装接线示例如图 3-26 所示,可两人一组配合,4 h 内完成。

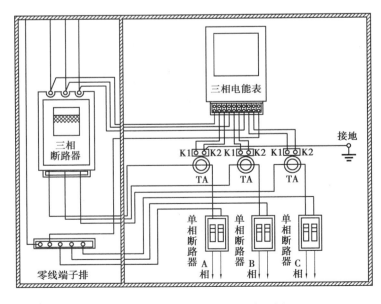

图 3-25　三相计量箱安装接线示例

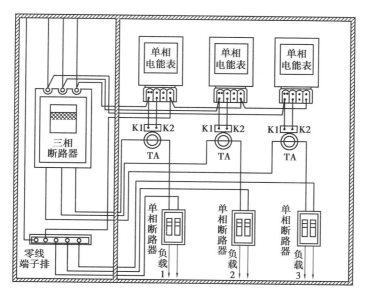

图 3-26　三相分相计量箱安装接线示例

4.技术要求:按图施工、接线正确;电气连接可靠、接触良好;配线整齐;导线无损伤、绝缘良好。接线工艺按任务 3.4 的要求。TA 二次侧接线时应特别注意极性端符号,其接线螺丝最多只允许压接两根导线,应根据螺钉的直径将导线的末端剥开并且按螺钉的旋转方向弯成环形,螺钉与导线、导线与导线之间应加垫圈。互感器底角固定螺丝与螺帽间均应加垫圈。

四、实训注意事项

1.严格遵守实训室安全操作规程。

2.安装计量箱过程中注意轻拿轻放,严格按工艺要求规范安装。

3.遵守实训纪律,人人动手,严禁他人代劳。

思考与讨论

1.普通低压单相计量箱中有哪些主要设备? 安装的相对位置一般是怎样的?

2.低压三相计量箱中有哪几种主要设备? 安装的相对位置是怎样的?

技能实训二　电能表联合接线实训

一、实训目的

1.熟悉三相电能表的常见接线方式和安装工艺。

2.熟悉电流互感器、电压互感器的常见接线方式和安装工艺。

3.熟练进行电能计量装置的联合接线。

4.进一步理解电能计量装置联合接线的意义和工艺要求。

二、实训设备与工具

1. 三相三线有功电能表、三相四线有功电能表、三相无功电能表、电压互感器、电流互感器、三相负荷、专用接线盒、铜芯导线若干。

2. 尖嘴钳、剥线钳、斜口钳、手电钻、大小平口螺丝刀、十字螺丝刀、活动扳手、电工刀等。

三、实训内容及操作步骤

1. 画出一块三相四线有功电能表与一块三相四线无功电能表经电流互感器接入的分相接线联合接线图,对照图 3-8 更正所画接线图,然后按图接线并检查。

2. 画出一块三相四线有功电能表与两块三相四线无功电能表经电流、电压互感器接入的分相接线联合接线图,电压互感器为 YNyn 接线。对照图 3-12 更正所画接线图,然后按图接线并检查。

3. 画出两块三相四线有功电能表与两块三相四线无功电能表经电流、电压互感器接入的分相接线联合接线图,电压互感器为 YNyn 接线。对照图 3-13 更正所画接线图,然后按图接线并检查。

4. 画出一块三相三线有功电能表与一块三相三线无功电能表经电流、电压互感器接入的分相接线联合接线图,电压互感器为 Vv 接线。对照图 3-14 更正所画接线图,然后按图接线并检查。

5. 画出两块三相三线有功电能表与两块三相三线无功电能表经电流、电压互感器接入的分相接线联合接线图,电压互感器为 Vv 接线。对照图 3-16 更正所画接线图,然后按图接线并检查。

四、实训注意事项

1. 电能计量装置的接线必须按已确定的计量方式、设计要求和相关规范安装、连接。

2. 必须按正相序接线。

3. 电流互感器的二次绕组和电能表的电流回路必须串接在相应的相线上,注意勿误接于零线上。

4. 电压互感器必须并联在电流互感器的一次侧。

5. 各元件的电压、电流应为同相,互感器的极性不能接错。

思考与讨论

1. 电能表联合接线应遵循怎样的原则?

2. 如何才能又好又快地按图完成电能表的联合接线? 请相互交流各自的经验体会。

项目 **4**
电能表与互感器的室内检定

知识要点

- ➤ 理解测量误差的来源和性质,熟悉误差的几种常见表示形式。
- ➤ 理解掌握有效数字的加、减、乘、除运算规则及数据化整方法。
- ➤ 熟悉交流电能表检定装置的操作步骤。
- ➤ 清楚电子式电能表室内检定的常规项目和检定方法。
- ➤ 掌握电子式电能表的检定结果的处理方法。
- ➤ 了解互感器检定装置的构成,熟悉互感器校验仪的外部接线图。
- ➤ 理解掌握互感器的检定项目和检定方法。
- ➤ 了解互感器检验装置的操作步骤。

技能目标

- ➤ 能按要求的化整间距对测试数据正确化整,并据化整后的数据判断计量器具是否合格。
- ➤ 能熟练进行电子式电能表的潜动及起动试验。
- ➤ 能采用标准电能表法熟练进行电子式电能表的基本误差测定。
- ➤ 会正确操作互感器校验仪。
- ➤ 能按规程要求测试互感器的基本误差。

任务 4.1　测量误差和数据处理

4.1.1　测量误差的概念及分类

在进行测量时,由于操作过程中始终存在着对测量数值有影响的各种因素,如测量装置本身的准确程度及其使用、测量方法的不完善、人员操作经验不足或外界环境的影响等,导致所得测量结果与被测对象的真实量值(即真值)不一致,总是存在着差异,这种差异就是测量误差。

即误差就是测量值 A_x 与被测量的真值 A_0 之差,可用公式表示为

$$\Delta = A_x - A_0 \tag{4-1}$$

(1)测量误差的表示形式

测量误差一般可用绝对误差、相对误差和引用误差三种形式表示。

1)绝对误差 Δ

绝对误差是指测量值与被测量真值之间的差值,通常简称为误差,公式(4-1)就是绝对误差的表示形式。绝对误差是有大小、正负和单位的量。在测量同一个量时,Δ 的绝对值越小,测量结果越准确。

在实际测量中,真值往往难以确定,一般用准确度等级高的标准仪器所测得的数值或通过理论计算得出的数值来近似代替。

在实际测量工作中经常使用修正值,为消除误差而加到测量结果上的值称为修正值。将测量值加上修正值后可得近似的真值,即:真值 ≈ 测量值 + 修正值,由此可得:修正值 = 真值 − 测量值。显而易见,修正值与绝对误差大小相等而符号相反,故将测量值加上修正值后即可消除该误差的影响。

2)相对误差 γ

相对误差指绝对误差与被测量的真值之比值,由于绝对误差可正可负,因此相对误差也可能为正值或负值。通常用百分数(%)来表示相对误差,即

$$\gamma = \frac{\Delta}{A_0} \times 100\% \tag{4-2}$$

一般正常情况下测量值与真值比较接近,故要求不太高的工程测量中也可近似用绝对误差与测量值之比值作为相对误差,用公式表示为

$$\gamma = \frac{\Delta}{A_x} \times 100\% \tag{4-3}$$

绝对误差可以评定测量相同被测量准确度的高低,但对于不同的被测量,绝对误差就难以评定其测量结果的准确程度,而用绝对误差所占被测量的比例来表示误差的大小,更能说明不同测量结果的准确程度。

由于相对误差便于对不同测量结果的测量误差进行比较,所以它是误差中最常用的一种表示方法。

3)引用误差 γ_n

为表征仪表本身的准确程度,工程上采用引用误差的形式。我们把以测量仪表某一刻度点读数的绝对误差为分子,以测量仪表的最大量限 A_m 为分母,所得的比值称为引用误差,即

$$\gamma_n = \frac{\Delta}{A_m} \times 100\% \tag{4-4}$$

由于仪表不同刻度点的绝对误差不尽相同,所以一般用可能出现的最大绝对误差与测量仪表的最大量限之间的比值来表示仪表的引用误差,也称为最大引用误差,用公式表示为

$$\gamma_{nm} = \frac{\Delta_m}{A_m} \times 100\% \tag{4-5}$$

引用误差的大小能说明仪表本身的准确程度。实际测量中,可用引用误差来比较不同测量仪表的准确度,其绝对值越小,说明仪表本身的准确程度越高。

(2)测量误差的分类

一般将测量误差据其特点与性质的不同分为系统误差、随机误差(也称偶然误差)和粗大误差(也称疏失误差)三大类。

1)系统误差

在相同条件下多次测量同一量时,所产生的误差绝对值和符号都保持不变,或按一定规律变化的误差称为系统误差。系统误差越小,测量结果越准确。

根据误差来源不同,系统误差又可分为基本误差、附加误差、方法误差和人身误差四种。基本误差是指由于测量仪表本身结构和制作上的不完善而产生的误差;附加误差是指由于使用仪表时未能满足所规定的使用条件(如温度、外磁场等)而引起的误差;方法误差又叫理论误差,是由于测量方法不完善或测量所依据的理论不完善而造成的误差;人身误差则是由于工作人员的工作经验、操作习惯等引起的测量误差。

无论哪种来源引起的系统误差均为非随机变量,它不具有补偿性,是固定的或服从一定的函数规律,但系统误差具有重现性和可修正性。

2)随机误差

在相同条件下对同一量进行多次重复测量时,误差的绝对值和符号以不确定的无一定规律可循的方式变化的误差称为随机误差(也称偶然误差),但就误差的总体而言却具有统计规律。

3)粗大误差

在测量过程中,由于测量方法错误、测量条件的突然变化,或者由于操作、读数、记录和计算等方面的错误而引起的误差,也即超出在规定条件下预期的误差称为粗大误差(也称疏失误差),简称为粗差。此类误差数值较大,会明显歪曲测量结果。所以,凡是含有粗大误差的实验数据是不可信的,应及时剔除,并重新测量,直到测量结果完全符合要求为止。

必须注意的是,上述三类误差在一定条件下可以相互转化。对某项具体误差,在此条件

下为系统误差,而在另一条件下可为随机误差,反之亦然。掌握误差转化的特点,可将系统误差转化为随机误差,用数据统计处理方法减小误差的影响;或将随机误差转化为系统误差,用修正方法减小其影响。总之,系统误差和随机误差之间并不存在绝对的界限。

4.1.2 数据处理

在测量结果和数据运算中,确定用几位数字来表示测量或计算的结果,是一个十分重要的问题。

（1）有效数字

在测量过程中,无论使用什么仪表,采用何种测量方法,其测量数据都会有误差。因为测量数据的最后一位数字一般是靠估计得来的,这一数字称为欠准数字或不可靠数字。

为正确合理地反映测量结果,测量数据应由若干位可靠数字和最末一位欠准数字组成,称这些数字为有效数字。所谓有效数字,就是从测量数据左边第一个非零数字开始,直至右边最末一位数字(欠准数字)为止的所有数字(不论是零或非零的数字)。组成数据有效数字的个数称为有效数字的位数。

有效数字的位数与小数点的位置无关,若测量数据的数值较大或较小时,通常把这个数据写成 $a \times 10^n$ 的形式,而 $1 \leqslant a < 10$。采用这种写法时,10 的次幂前面的数字 a 为有效数字,故可从 a 含有几个有效数字来确定数据的有效位数。

在测量结果中,最末一位有效数字取到哪一位,是由测量精度来决定的,最末一位有效数字应与测量精度是同一量级的。

在测量时,如果仪表指针刚好停留在分度线上,读取记录时应在小数点后的最末位加一位零。同时,表示常数的数字可认为它的有效数字位数是无限制的,可按需要取任意位。

（2）数据修约规则

如上所述,有效数字的位数不仅表明了被测量的大小,同时还表明了测量结果的精度。当数据的有效数字位数确定后,其后面多余的数字要舍去,而保留的有效数字最末一位数字应按下面的修约规则进行处理:

①大于 5 进 1。以保留数字的末位为准,其右边的第一位数大于 5 就向左边一位进 1,即将保留的最末一位数字加 1。

②小于 5 舍去。以保留数字的末位为准,其右边的第一位数字小于 5 则舍去。

③等于 5 取偶数。如果保留数字右边的第一位数字等于 5,则将保留部分的末尾数字凑成偶数,即欲保留的最末一位数字为奇数时,应将此末位数字加 1;若末位数字为偶数时,则末位数字保持不变。此规则称为"偶数规则"。

以上修约规则可概括为"四舍六入偶舍奇入"。

由于数字舍入而引起的误差称为舍入误差,按上述规则进行数字舍入时,其舍入误差皆不超过保留数字最末位的半个单位。且该舍入规则的第 3 条明确规定,被舍去的数字并非见 5 就入而是偶舍奇入,从而使舍入误差成为随机误差,在大量运算时,其舍入误差的均值趋于零。这就避免了过去所采用的"四舍五入"规则时,由于舍入误差的累积而产生的系统误差。

（3）**数据运算规则**

在数据运算中，为保证最后结果有尽可能高的精度，所有参与运算的数据，在有效数字后可多保留一位数字作为参考数字，或称为安全数字。

①有效数字的加减运算。在测量数据进行加减运算时，各参与运算数据以小数位数最少的数据位数为准，其余各数据可多取一位小数为原则进行舍入处理后再做加减运算，但最后结果应与原运算数据中小数位数最少的数据小数位数相同。

②有效数字的乘除运算。在测量数据进行乘除运算时，各参与运算数据以有效位数最少的数据位数为准，其余各数据要以比有效位数最少的数据位数多取一位数字为原则进行舍入处理后进行乘除运算，但最后结果应与原运算数据中有效位数最少的数据位数相同。

③在测量数据平方或开方运算时，平方相当于乘法运算，开方是平方的逆运算，故可按乘除运算处理。

④在对数运算时，n 位有效数字的数据应该用 n 位对数表，或用 $(n+1)$ 位对数表，以免损失精度。

⑤三角函数运算中，所取函数值的位数应随角度误差的减小而增多。

在实际运算中，往往一个运算要包含上述几种规则，对中间运算结果所保留的数据位数可比单一运算结果多取一位数字。

（4）**数据化整**

所有测试数据都要进行化整处理，判别计量器具是否合格是以化整后的数据为依据的。

不管数据的化整间距为多少，数据化整的通用方法如下：数据除以化整间距，所得数值，按数据修约规则化整，化整后的数字乘以化整间距所得值，即为化整结果。例如化整间距为 0.2，则 $1.35 \rightarrow 1.35 \div 0.2 = 6.75 \rightarrow 7 \rightarrow 7 \times 0.2 = 1.4$。但完全按这个方法化整的效率太低，所以下面介绍通过数据化整通用方法推导出来的具体化整方法。

1）化整间距数为 1 时的化整方法

方法完全等同于数据修约规则。即保留位右边对保留位数字 1 来说：若大于 0.5，则保留位加 1；若小于 0.5，则保留位不变，若等于 0.5，则保留位是偶数时不变，保留位是奇数时加 1。

例如，1.549 化整间距为 1 时，化整为 2；化整间距为 0.1 时，化整为 1.5；化整间距为 0.01 时，化整为 1.55。

2）化整间距数为 2 时的化整方法

①保留位是偶数时，则不管保留位右边为多少，保留位均不变。

②保留位是奇数时，若保留位右边不为零，保留位加 1；若保留位右边为零，则保留位是加 1 还是减 1，以化整后保留位前一位和加减后的保留位组成的数值能否被 4 整除决定。

例如，1.298 化整间距为 0.2 时，化整为 1.2；而 1.398 因其保留位为奇数 3 且保留位右边不为 0，其化整后为 1.4；而 1.30 因其保留位为奇数 3 且保留位右边为 0，其化整后为 1.2。

3）化整间距数为 5 时的化整方法

①保留位与其右边的数，若小于或等于 25，保留位变零。

②保留位与其右边的数,若大于 25 而小于 75,保留位变成 5。

③保留位与其右边的数,若等于或大于 75,保留位变零而保留位左边加 1。

例如,化整间距为 0.05 时,1.325 化整为 1.30,1.574 9 化整为 1.55,1.375 化整为 1.40。

由上述化整方法可见,所有化整后的数据必定是化整间距的倍数,否则化整结果一定是错误的。

思考与讨论

1. 数据化整的通用方法是怎样的?

2. 请分别以 0.2 和 0.5 的化整间距将下列数据化整:

1.251;1.399;0.501。

任务 4.2　交流电能表检定装置

在规定条件下,利用各种检测设备判断电能表是否合格的过程叫检定。交流电能表检定装置是用于机电式电能表、电子式电能表、智能电能表等各种交流电能表检定的必不可少的重要设备,是向被检电能表提供电能并能测量此电能的各种器具的组合。

根据使用电源的不同,检定装置可分为虚负荷法和实负荷法检定装置。

虚负荷法:为了节约电能和在技术上容易实现,程控功率源分别输出测试电压、测试电流,电压回路和电流回路分开供电,电压回路的电流很小,电流回路的电压很低,电压与电流间的相位通过移相器人工设置。使用这种程控功率源,在检定(校准)额定电压很高、额定电流很大的电能表时,电源实际供给的功率(或电能)仍然不大,节约了电能;并且因为电压、电流间的相位可任意设置,以模拟感性和容性负荷,故易于实现不同负荷点的试验。实验室用的校验装置常采用虚负荷法。

实负荷法:现场校准(检定)用的校验装置常采用实负荷法。现场校验时不用程控功率源输出测试电压和电流,而是直接测试电网电压,流过仪表电流回路的电流是由加于相应电压回路上的电压在负荷上所产生的,这样电能表所指示的电能值应与负荷实际消耗的电能相同。由于现场环境比较复杂,存在各种干扰,测量误差较大,而且频率和负荷不能调节,故实负荷法只能在当时负荷点进行比对测试,不能进行全面检定(校准)。

此外,根据使用的主要标准器的不同,检定装置又可分为瓦秒法检定装置和标准表法检定装置。

瓦秒法检定装置的标准器是标准功率表(瓦)和标准计时器(秒),测试原理是 $W = Pt$,要求有高稳定度的电源和高精度的计时器方能保证测试的准确度。

标准表法检定装置的标准器是标准电能表,测试原理是标准表和被校表对同一电源同时进行电能计量。由于标准表法检定装置实现了被检电能与已知标准电能的直接比较,使各种影响带来的误差大大减少,准确度很高,故得到广泛应用。目前无论是虚负荷法还是实负荷法的检定装置,大都采用标准电能表作标准器。

下面就介绍室内检定常用的以标准电能表作标准器并采用虚负荷法检定电能表的全电子式交流电能表检定装置。

4.2.1　交流电能表检定装置简介

（1）结构

交流电能表检定装置的台体组织结构主要组成部分有：程控功率源、标准电能表、标准电压互感器和标准电流互感器（有些装置不需要配备）、挂表架、光电采样器、误差计算/显示器、计算机等，多功能台还有通信适配器、GPS 精密时基源。

1）程控功率源

程控功率源根据计算机发出的指令，将设定幅值的电压、电流和相位由两路分别输出至被检电能表和标准电能表。功率源的输出容量（即负载能力）由装置的表位数决定，电压输出一般按每只表 12 V·A 配置，电流输出一般按每只表 20～30 V·A 配置。

2）标准电能表、标准电压互感器和标准电流互感器

标准电能表是检定装置的重要组成部分，是检定装置的核心，用于检定被试电能表的误差。标准电能表可以是标准功率电能表，也可以是多功能标准电能表。标准电压互感器和标准电流互感器是标准表的组成部分，其作用是按一定比例扩展标准电能表的量程。目前大多数检定装置配置的标准电能表是宽量程的，所以不再需要标准电压互感器和标准电流互感器。

3）挂表架

挂表架的表位数一般根据用户的需求确定。单相交流电能表检定装置的表位数常用的有 6、12、24、48 等，三相交流电能表检定装置的表位数常用的有 3、6、12、24 等。每个表位都装有误差计算/显示器、光电采样器，多功能台每一挂表架旁还安装了通信、需量等测试端口，配置了专用的通信、需量等测试线。

4）光电采样器

光电采样器用于检定电能表时采集电能表的电能信息。感应式电能表转盘累计转数和电子表光脉冲的累计数代表其测得的电能量，光电采样器就是采集转盘转数和光脉冲数的专用工具。

5）误差计算器

误差计算器能实现电能误差计算、走字试验、启动、潜动试验、时段投切误差试验、需量周期误差试验等功能，数据处理能力强，运算速度快。

6）计算机及软件

计算机及校表软件的使用使电子式电能表检定装置逐步成为智能设备，不但能够按照计量检定规程的要求全自动完成全部检定项目、计算误差、进行数据修约、判定检定结果、打印检定记录和检定证书，而且能够与计算机网络连接，将检定数据上传，供电力营销信息系统查

询和进行计量管理。

检定装置与计算机间的通信一般采用 RS232、RS485、USB 或 LAN 等接口,通过计算机控制检定装置进行校表、走字工作,同时完成校验误差的采集、判断、化整、存储、打印等工作。

（2）工作原理

交流电能表检定装置的工作原理是:在计算机或键盘的控制下,程控功率源提供被校表和标准电能表工作所需的电压和电流;标准表将标准电能脉冲送入误差计算单元,误差计算单元同时采集被校表脉冲并与标准电能脉冲相比较计算出误差,在误差显示器及计算机上显示并处理;计算机完成查询误差、监测控制电压和电流的输出、显示电压电流和功率等工作。多功能电能表检定装置的原理示意（框)图如图 4-1 所示。

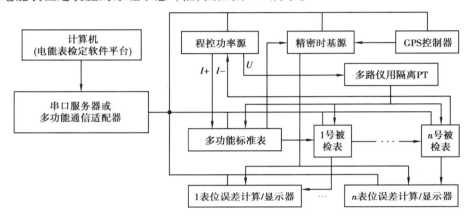

图 4-1 多功能电能表检定装置的原理示意（框)图

（3）主要功能

①可以检定感应式电能表、普通电子式电能表、智能电能表。

②可以检定不同常数的电能表。

③可根据检定要求,对启动、潜动、基本误差、标准偏差、走字试验等检定项目实行全自动检定,也可以逐项检定。

④可输出每相电压、电流、功率、相位等参数。

⑤能自动进行数据修约,打印各种报表及检定证书。

⑥具有自动故障检测、故障报警功能。

检定装置还可以根据用户的需要增加其他功能,如进行各类特殊形式的试验项目等。

4.2.2 交流电能表检定装置的主要技术要求

（1）准确度等级

交流电能表检定装置的准确度等级是按有功测量的准确度等级划分的,一般分为 0.01、0.02、0.03、0.05、0.1、0.2、0.3 级七个等级。通常,无功测量的准确度等级比有功测量低一个等级。常用检定装置的准确度等级及最大允许误差见表 4-1,检定时根据被检表的需要配置不同等级的检定装置。

表 4-1　交流电能表检定装置的最大允许误差

被检有功电能表准确度等级		0.2S	0.5S	1	2
检定装置有功测量的准确度等级		0.05	0.1	0.2	0.3
功率因数		有功测量的最大允许误差/%			
单相和平衡负载时 cos φ	1	±0.05	±0.1	±0.2	±0.3
	0.5L 0.8C	±0.07	±0.15	±0.3	±0.45
	0.5C	±0.1	±0.2	±0.4	±0.6
	特殊要求时 0.25L	±0.2	±0.4	±0.8	±1.0
不平衡负载时 cos φ	1	±0.06	±0.15	±0.3	±0.5
	0.5L	±0.08	±0.2	±0.4	±0.6
被检无功电能表准确度等级		—	—	2	3
检定装置有功测量的准确度等级				0.3	0.5
sin φ		无功测量的最大允许误差/%			
单相和平衡负载时 sin φ	1	—	—	±0.3	±0.5
	0.5(L,C)	—	—	±0.5	±0.7
	0.25(L,C)	—	—	±1.0	±1.5
不平衡负载时 sin φ	1			±0.5	±0.7
	0.5(L,C)			±0.6	±1.0

（2）输出量程及范围

输出电量的量程或范围应能满足检验各种规格电能表的需要。

①电压量程。交流电能表检定装置电压输出：单相 220 V，三相 3×57.7 V、3×100 V、3×220 V、3×380 V，输出范围为 0% ~ 120%。

②电流量程。输出范围一般为 0 ~ 120 A，也可根据用户需要设置其他电流挡位。

③移相范围。所有检定装置的相位都能在 0° ~ 360°范围内任意调整。

④频率范围。检定装置输出电压、电流的频率范围一般为 45 ~ 65 Hz。

（3）装置的测量重复性

装置的测量重复性通常用实验标准差表征，它是考核检定装置重复测量一致性的重要技术指标。对于 0.03 级及以下装置在 cos φ = 1.0 时，测量重复性等于装置等级的 1/10，0.03 级以上装置可适当放宽。

（4）稳定性变差

装置的稳定性变差是考核装置短时间与检定周期内误差变化情况的指标。

短期稳定性变差是指装置在满足基本误差要求时,在 15 min 内的最大变化值(最大误差与最小误差之差)应不超过对应最大允许误差的 20%。

检定周期内变差(也称长期稳定性变差)是指在检定周期内,装置在满足基本误差要求时,装置基本误差的最大变化值还应不超过对应最大允许误差(0.03 级及以上)。

(5)多路输出一致性要求

多路输出一致性是考核电能表在检定装置不同表位上所测的误差具有一致性的程度。具有多路输出的装置,各路输出在满足基本误差要求的同时,相互间基本误差最大值与最小值的差值应不超过最大允许误差的 30%。

4.2.3 交流电能表检定装置的操作步骤

①准备工作。按相关计量检定规程的规定,仔细检查实验室温度、湿度等环境条件是否符合要求并如实记录,只有当满足相关规程规定的要求时,方可开展检定工作。

②接线。将每只电能表接入检定装置挂表位置并固定,电流回路串联、电压回路并联,并根据被检表规格选择正确的电流、电压量程。

③开启电源。符合检定要求后,先开启装置总电源,再开启标准表电源。

④录入被检表检定信息,设置检定方案。

⑤按相关计量检定规程规定的检定项目逐项进行检定。

⑥根据检定结果,出具检定证书或报告。

⑦关闭电源。先关闭标准表电源,再关闭总电源。

⑧拆除接线,清理现场。

4.2.4 操作使用交流电能表检定装置的注意事项

为避免检定装置在使用过程中出现各种问题,操作时应注意以下事项:

①操作前仔细阅读检定装置的使用手册,熟悉操作步骤,按要求操作。特别是为确保检定装置的准确度,主要标准器(如标准电能表)应与台体配套使用,不可随意更换。

②使用时注意电源及标准表开、关机顺序,避免装置电源开关时产生的脉冲干扰对标准表产生冲击。

③当检定装置保护电路动作时,应按照故障提示,检查电压回路有无短路、电流回路有无开路或过载等情况。如不能解决问题,应尽快联系专业技术人员进行处理。

④当检定装置保护熔断器熔断时,应检查输入线路是否存在短路、绝缘是否击穿等情况。

⑤对新购置的装置进行首次检定时,对误差处于极限范围的一些技术指标,一定要通过厂家进行调试。否则,装置在使用一段时间后很容易出现超差,影响测量工作的准确性。

⑥检定装置要按周期进行检定或检验,装置首次检定后 1 年进行第一次后续检定,此后后续检定的周期为 2 年,修理后重新检定的按首次检定对待。检定或测试报告要妥善保管,便于随时掌握装置的运行情况。

思考与讨论

1. 交流电能表检定装置主要由哪几大部分构成？并画出检定装置的原理示意(框)图。

2. 交流电能表检定装置根据使用电源的不同可分为哪两大类？各适用于什么场合？

任务 4.3　电子式电能表的室内检定

电能表检定的种类根据项目的不同,可分为常规检定、验收试验和型式试验。

常规检定是判断电能表是否合格的最关键项目。电能表在安装使用前均要进行常规检定,采用的是逐块检定的方式。

验收试验主要在大批量购进产品时采用。其检定项目比常规检定项目多。采用抽样检定的方式,通过抽样来判别整批产品的质量水平。

型式试验一般在产品取得计量生产许可证前,或当产品结构、工艺、材料有较大变化,或批量生产间断一年,或正常生产定期,或积累一定产量后周期性(三年)进行一次。它全面、完整地从各个方面检测电能表的性能,以判别电能表是否合格。型式试验所要求的检测设备繁多,时间较长,费用高昂,其样品的选择采用抽样或送样的方式。

常规检定是三种检验中最普遍、最常用的,新购进的、修理后的和定期轮换的电能表,在安装使用前都要经过试验室检定,使其误差和性能达到检定规程要求后才能使用,以确保现场计量的可靠和准确。

按照 JJG 596—2012《电子式交流电能表检定规程》的要求,安装式交流电能表的常规检定项目共计 8 项,包括:①直观检查和通电检查;②交流电压试验;③潜动和起动试验;④确定电能测量基本误差;⑤校核常数试验;⑥确定时钟日计时误差试验(适用于表内具有计时功能的电能表);⑦确定需量误差;⑧确定需量周期误差(其中⑦⑧项仅在检定多功能电子式电能表时进行)。下面具体介绍各检定项目和检定方法。

4.3.1　检定项目和检定方法

(1)直观检查和通电试验

1)直观检查

对新购电能表、修理后的电能表都要进行直观检查。直观检查就是用目测的方法或简单的工具对被检电能表的外观和内部进行检查。

①外部检查。铭牌标志应完整、清楚;表外壳、表底座、端钮盒、固定表挂钩和接地螺钉、封印等应完好无损坏;开关、操作键、按钮操作灵活,无损坏;脉冲输出、通信接口输出和控制信号输出应有接线图,并与端钮标志相符;有生产厂家封印、安全认证等防止非授权人输入数据或开表操作的措施。

②内部检查。固定电子线路板的螺钉或专用卡子无松动和损坏;内部无杂物且布线合理、整齐;焊接工艺精细。

2)通电检查

给被检电能表电压回路加额定电压,电流回路中通标定电流时,观察表计代表电能输出的指示灯应闪烁、脉冲输出端口应有脉冲输出;显示的数字应清楚、正确、显示应能复零,显示的日期、时间等内容应正确、齐全,无缺笔现象;按钮操作应灵活、正常。直观和通电检查若有不合格应停止检定。

(2)交流电压试验

对新生产的和检修后的电能表,应在绝缘电阻测试合格后进行交流电压试验。

交流电压试验前,用 1 000 V 绝缘电阻表测量各电压电流回路对地、不相连接的电压回路与电流回路之间的绝缘电阻,其值不应小于 5 MΩ,否则不宜进行耐压试验并要查明原因。

1)交流电压试验条件

环境温度:15 ~ 25 ℃;

相对湿度:45% ~ 75%;

大气压力:80 ~ 106 kPa;

试验电压波形:近似正弦波（波形畸变因数不大于 5%）;

频率:45 ~ 65 Hz

试验装置容量:不小于 500 V·A(如果试验装置为多表位,则每表位均应满足试验要求);

试验电压:见表 4-2;

试验时间:1 min。

表 4-2　交流电压试验的试验电压

试验电压（方均根）		试验电压施加点
Ⅰ类防护电能表	Ⅱ类防护电能表	
2 kV	4 kV	所有的电流线路和电压线路以及参比电压超过 40 V 的辅助线路连接在一起为一点,另一点是地,试验电压施加于该两点间
2 kV	2 kV	在工作中不连接的线路之间

2)交流电压试验步骤

①在检定规程规定的试验环境和被检电能表表盖和端子盒盖都盖好的条件下,用测量误差不超过 ±3% 的交流电压表监视试验电压值。

②把试验电压加在两点之间:对于直接接入式电能表,所有的电压线路和电流线路以及参比电压超过 40 V 的辅助线路连接在一起为一点,另一点是地;经互感器接入的电能表,所

有电压线路与所有电流线路各为一点。

③在 5～10 s 内将试验电压由零平稳地升至表 4-2 中的规定值，保持 1 min，然后以同样的速度将试验电压降到零。试验中被检电能表不应出现闪络、破坏性放电或击穿；试验后电能表应无机械性损坏且能正常工作。

（3）潜动和起动试验

1）潜动试验

被检电能表的电流回路中不加电流、电压回路加 115% 额定电压（对三相电能表加对称的三相额定电压）、$\cos\varphi(\sin\varphi)=1$ 的条件下，在规定时限 Δt 测试被检电能表的输出单元所发脉冲应不多于 1 个脉冲。潜动试验最短试验时间 Δt 计算式为

0.2S 级表：
$$\Delta t \geqslant \frac{900 \times 10^{6}}{Cm U_{n} I_{\max}}(\min)$$

0.5S 级、1.0 级表：
$$\Delta t \geqslant \frac{600 \times 10^{6}}{Cm U_{n} I_{\max}}(\min)$$
$\qquad\qquad$ (4-6)

2.0 级表：
$$\Delta t \geqslant \frac{480 \times 10^{6}}{Cm U_{n} I_{\max}}(\min)$$

式中　m——系数。对单相电能表，$m=1$；对三相四线电能表，$m=3$；对三相三线电能表，$m=\sqrt{3}$。

2）起动试验

在电压线路加额定电压和功率因数为 1 的条件下，将电流线路的电流升到表 4-3 规定的起动电流 I_{Q} 时，电能表在规定的起动时限 t_{Q} 内应有不少于 1 个脉冲输出或代表电能输出的指示灯闪烁。起动时限 t_{Q} 计算式为

$$t_{Q} \leqslant 1.2 \times \frac{60 \times 1\,000}{Cm U_{n} I_{Q}}(\min)$$
$\qquad\qquad$ (4-7)

表 4-3　电能表的起动电流

类　别	有功电能表准确度等级				无功电能表准确度等级	
	0.2S	0.5S	1	2	2	3
	启动电流/A					
直接接入的电能表	—	—	$0.004I_{b}$	$0.005I_{b}$	$0.005I_{b}$	$0.01I_{b}$
经互感器接入的电能表	$0.001I_{n}$	$0.001I_{n}$	$0.002I_{n}$	$0.003I_{n}$	$0.003I_{n}$	$0.005I_{n}$

注：I_{n} 为经互感器接入的电能表的额定电流，经互感器接入的宽负载电能表（$I_{\max} \geqslant 4I_{b}$）[如 $3 \times 1.5(6)$ A]，按 I_{b} 确定起动电流。

【例 4-1】　检定一只 2.0 级单相电子式电能表，已知表参数为电压 220 V、电流 20（80）A、常数 1 800 imp/kWh，求在电压线路加参比电压 220 V、电流线路加起动电流 $0.005I_{b}$、$\cos\varphi = 1.0$ 的条件下，电能表发出一个脉冲所需的时间是多少？

解　电能表发出一个脉冲所需的时间为

$$t_{qd} = \frac{60 \times 1\,000}{1\,800 \times 220 \times 20 \times 0.005} = 1.5(\min)$$

(4)电能表基本误差测试

①将被检表电流回路依次串联、电压回路并联,确认接线无误后进行下一步操作。

②根据被检表的额定电压、标定电流、额定最大电流、等级、常数等,在交流电能表检定装置(即校验台)上设置参数。

③在额定负载下对被检电能表按生产厂家要求的时间(一般对 0.2S、0.5S 级电能表预热 30 min,1 级以下表预热 15 min)预热,并按下校验台上的光电采样器集中控制按钮,使光电采样器下翻对准被检表脉冲灯,或将脉冲线接在被检表脉冲输出端子上进行采样。

④在参比频率、额定电压下按 JJG 596—2012《电子式交流电能表检定规程》要求的调定负载点(参见表 4-4)进行基本误差试验。通常在不同的功率因数下按负载电流逐次减小的顺序测量基本误差。

表 4-4 检定单相电能表和平衡负载下的三相电能表时应调定的负载点

电能表 类别		电能表 准确度 等级	$\cos\varphi = 1$ $\sin\varphi = 1$ (L 或 C)	$\cos\varphi = 0.5$ L $\cos\varphi = 0.8$ C[1] $\sin\varphi = 0.5$(L 或 C)	$\sin\varphi = 0.25$ (L 或 C)	特殊要求时 $\cos\varphi = 0.25$ L $\cos\varphi = 0.5$ C
			负载电流[2]			
直接接入	有功电能表	1,2	I_{max},$(0.5I_{max})$[2],I_b,$0.1I_b$,$0.05I_b$	I_{max},$(0.5I_{max})$[2],I_b,$0.2I_b$,$0.1I_b$	—	I_{max},$0.2I_b$
	无功电能表	2,3	I_{max},$(0.5I_{max})$[2],I_b,$0.1I_b$,$0.05I_b$	I_{max},$(0.5I_{max})$[2],I_b,$0.2I_b$,$0.1I_b$	I_b	—
经互感器接入[3]	有功电能表	0.2S,0.5S	I_{max},I_n,$0.05I_n$,$0.01I_n$	I_{max},I_n,$0.1I_n$,$0.02I_n$	—	I_{max},$0.1I_n$
	有功电能表	1,2	I_{max},I_n,$0.05I_n$,$0.02I_n$	I_{max},I_n,$0.1I_n$,$0.05I_n$	—	I_{max},$0.1I_n$
	无功电能表	2,3	I_{max},I_n,$0.05I_n$,$0.02I_n$	I_{max},I_n,$0.1I_n$,$0.05I_n$	I_n	—

注:①$\cos\varphi = 0.8$ C 只适用于 0.2S、0.5S 和 1 级有功电能表。

②当 $I_{max} \geqslant 4I_b$ 时,应适当增加负载点,如增加 $0.5I_{max}$ 负载点等。

③经互感器接入的宽负载电能表($I_{max} \geqslant 4I_b$)[如 $3 \times 1.5(6)$A],其计量性能仍按 I_b 确定。

目前一般采用定低频脉冲数比较法确定被检电能表的相对误差。即在标准表和被检表均连续工作的情况下,用被检电能表输出的低频脉冲控制标准电能表输出的脉冲计数,进而计算确定被检电能表的相对误差 γ,误差计算公式如下

$$\gamma = \frac{n_0 - n}{n} \times 100\% \tag{4-8}$$

式中　n——标准表的实测脉冲数;

　　　n_0——算定(或预置)的脉冲数。

而算定脉冲数 n_0 按下式计算:

$$n_0 = \frac{C_0 N}{C_L K_I K_U} \tag{4-9}$$

式中　C_0——标准表的脉冲常数(imp/kWh);

　　　C_L——被检表的低频脉冲常数(imp/kWh);

　　　K_I、K_U——标准表外接的 TA、TV 变比;

　　　N——被检表的低频脉冲数。

注意:①适当选择被检表的低频脉冲数 N 和标准表外接的互感器量程或标准表的倍率开关挡,使算定(或预置)的脉冲数满足表 4-5 的规定,同时每次测试时限不少于 5 s。②对每一负载点至少测量两次,取其平均值作为实测基本误差值。

表 4-5　算定(或预置)的脉冲数

检定装置准确度等级	0.05 级	0.1 级	0.2 级	0.3 级
算定(或预置)脉冲数	50 000	20 000	10 000	6 000

⑤电能表的基本误差极限值应不超过表 4-6 的规定。

表 4-6　单相电能表和平衡负载时三相电能表的基本误差限

类别	直接接入	经互感器接入④	功率因数②	电能表准确度等级				
				0.2S③	0.5S③	1	2	3
	负载电流 I①			基本误差限/%				
有功电能表	—	$0.01I_n \leqslant I < 0.05I_n$	1	±0.4	±1.0	—	—	—
	$0.05I_b \leqslant I < 0.1I_b$	$0.02I_n \leqslant I < 0.05I_n$	1	—	—	±1.5	±2.5	—
	$0.1I_b \leqslant I \leqslant I_{max}$	$0.05I_n \leqslant I \leqslant 5I_{max}$	1	±0.2	±0.5	±1.0	±2.0	—
	—	$0.02I_n \leqslant I < 0.1I_n$	0.5L	±0.5	±1.0	—	—	—
			0.8C	±0.5	±1.0	—	—	—
	$0.1I_b \leqslant I < 0.2I_b$	$0.05I_n \leqslant I < 0.1I_n$	cos φ 0.5L	—	—	±1.5	±2.5	—
			0.8C	—	—	±1.5		—
	$0.2I_b \leqslant I \leqslant I_{max}$	$0.1I_n \leqslant I \leqslant I_{max}$	0.5L	±0.3	±0.6	±1.0	±2.0	—
			0.8C	±0.3	±0.6	±1.0	—	—
	当用户特殊要求时		0.25L	±0.5	±1.0	±3.5	—	—
	$0.2I_b \leqslant I \leqslant I_{max}$	$0.1I_n \leqslant I \leqslant I_{max}$	0.5C	±0.5	±1.0	±2.5	—	—

续表

类别	直接接入	经互感器接入④	功率因数②	电能表准确度等级				
				0.2S③	0.5S③	1	2	3
	负载电流 I①			基本误差限/%				
无功电能表	$0.05I_b \leq I < 0.1I_b$	$0.02I_n \leq I < 0.05I_n$	1	—	—	—	±2.5	±4.0
	$0.1I_b \leq I \leq I_{max}$	$0.05I_n \leq I \leq I_{max}$	1	—	—	—	±2.0	±3.0
	$0.1I_b \leq I < 0.2I_b$	$0.05I_n \leq I < 0.1I_n$	$\sin\varphi$ (L 或 C)	0.5	—	—	—	±2.5	±4.0
	$0.2I_b \leq I \leq I_{max}$	$0.1I_n \leq I \leq I_{max}$	0.5	—	—	—	±2.0	±3.0
	$0.2I_b \leq I \leq I_{max}$	$0.1I_n \leq I \leq I_{max}$	0.25	—	—	—	±2.5	±4.0

注:①I_b—基本电流;I_{max}—最大电流;I_n—经电流互感器接入的电能表额定电流,其值与电流互感器次级额定电流相同;
经电流互感器接入的电能表最大电流 I_{max} 与互感器次级额定扩展电流(1.2I_n,1.5I_n 或 2I_n)相同。
②角 φ 是星形负载支路相电压与相电流间的相位差;L—感性负载,C—容性负载。
③对 0.2S 级、0.5S 级表只适用于经互感器接入的有功电能表。
④经互感器接入的宽负载电能表($I_{max} \geq 4I_b$)[如 3 × 1.5(6)A],其计量性能仍按 I_b 确定。

【例 4-2】 现用 0.1 级,$3 \times (57.7 \sim 380)$ V,$3 \times (0.01 \sim 100)$ A,$C_0 = 6 \times 10^6$ imp/kWh 的宽量限三相标准电能表,检定一只 $3 \times 220/380$ V,$3 \times 3(6)$ A,0.5 级,常数 $C_L = 3\,200$ imp/kWh 的三相多功能电能表,为满足规程要求的 0.1 级标准表算定脉冲数 n_0 不低于 20 000 的规定,被检表的低频脉冲数 N 至少应选择为多少?

解 根据式(4-9)可得

$$N = \frac{n_0 C_L K_I K_U}{C_0} = \frac{20\,000 \times 3\,200 \times 1 \times 1}{6 \times 10^6} = 10.67 \approx 11(r)$$

答:被检电能表的低频脉冲数 N 至少应选择为 11 r。

(5)校核常数试验

该项试验的目的是检查电能表的常数是否正确,方法有走字试验法、计读脉冲法和标准表法三种。

1)走字试验法

对规格相同的批次被检单相电子表,常用的试验方法是走字试验法。具体试验方法是:在规格相同的一批受检电能表中选用误差较稳定(在试验期间误差的变化应不超过 1/6 基本误差限)而常数已知的两只电能表作为参照表,将它们与受检表一起按同相电流线路串联而电压线路并联,并加最大额定负载运行。当显示器末位改变不少于 15(对 0.2S 和 0.5S 级表)或 10(对 1 ~ 3 级表)个数字时,参照表与其他表的示数改变量(通电前后示值之差)应符合下式的要求:

$$\gamma = \frac{D_i - D_0}{D_0} \times 100 + \gamma_0 \leq 1.5 \text{ 倍基本误差限}(\%) \tag{4-10}$$

式中 γ_0——两只参照表相对误差的平均值,%;

D_0——两只参照表示数改变量的平均值；

D_i——第 i 只受检电能表示数改变量，$i = 1, 2, \cdots, n$。

2）计读脉冲法

电能表在参比电压下通以额定最大电流，功率因数为 1.0，被检表显示器末位改变 1 个数字时，电能表输出脉冲数 N 应与式（4-11）的计算值相同（允许有 1 个脉冲的误差）

$$N = bC \times 10^{-a} \tag{4-11}$$

式中　a——显示器的小数位数；

　　　　b——倍率，未标注时 $b = 1$；

　　　　C——被检电能表常数。

3）标准表法

对规格标志完全相同的一批被检电能表，可用一台标准电能表校核常数。

采用标准法表时，将规格完全相同的一批被检电能表与标准电能表的同相电流线路串联，电压线路并联，加额定最大负载运行一段时间。停止运行后，按式（4-12）计算每台被检电能表的误差 $\gamma(\%)$，要求 $\gamma(\%)$ 不超过基本误差限。

$$\gamma = \frac{W_i - W}{W} \times 100\% + \gamma_0 \leqslant 基本误差限 \tag{4-12}$$

式中　γ_0——标准表的已定系统误差（不需修正时为 0）；

　　　　W_i——每台被检表停止运行与运行前示值之差，kW·h；

　　　　W——标准电能表显示的电能值（换算成 kW·h）。

注意：要使标准表与被检表同步运行，且运行的时间要足够长，所以要求被检表显示器末位一个数字代表的电能值与所记录的电量 W' 之比（%）不大于被检表等级值的 1/10。

例如，被检表有两位小数，准确度等级为 0.5 级，那么被检表显示器末位一个数字代表的电能值为 0.01 kW·h，所以准确度等级为 0.5 级的电能表至少要走 $W' = 0.01 \times 10/0.5 = 0.2$ kW·h 才能满足规程要求。

（6）测定日计时误差

按照 JJG 596—2012《电子式交流电能表检定规程》的要求：对具有计时功能的电能表，在参比条件下，其内部时钟日计时误差每天不超过 0.5 s。

采用标准时钟测试仪时，将电能表的晶控时间开关的时基频率检测孔（或端钮）与计时误差等于（或优于）0.05 s/d 的日差测试仪（电子表校表仪）的输入端相连，通电预热 1 h 后开始测量时间，重复测量 5 次，每次测量时间 1 min，取 5 次测量结果的平均值，即得瞬时日计时误差。

无日差测试仪表时，可将电能表晶控时间开关连续运行 72 h。根据电台报时声，每隔 24 h 测量一次计时误差，取 3 次计时误差的平均值作为日计时误差。也可用多功能电能表校验装置的 GPS 校时系统测定。

*（7）确定需量示值误差和需量周期误差

此项目在检定具有最大需量计量功能的安装式电能表时进行。

确定需量示值误差应选择下列负载点：$0.1I_b, I_b, I_{max}, \cos\varphi = 1.0$，具体测定方法有标准功率表法和标准电能表法。需量示值误差按下式计算

$$\gamma_P = \frac{P - P_0}{P_0} \times 100\% \tag{4-13}$$

式中　P——被检表需量示值；

　　　P_0——加在需量表上的实际功率。

测试期间要求负载的功率稳定度应不低于 0.05%，需量示值误差应不大于规定的准确度等级值。

确定需量周期误差条件是 $U_n, f_n, I_b, \cos\varphi = 1.0$。当需量周期开始时启动标准测时器，当需量周期结束时停住标准测时器，计算需量周期误差 γ_T，γ_T 应不大于 1%，且

$$\gamma_T = \frac{t - t_0}{t_0} \tag{4-14}$$

式中　t——选定的需量周期，s；

　　　t_0——实测的需量周期，s。

(8)24 h 变差测量

被检电能表在确定基本误差之后关机，在实验室内放置 24 h 后再次测量额定电压、标定电流下功率因数为 1 和 0.5（感性）两个负载点的基本误差。结果不得超过该表基本误差的限值，且误差变化量不得超过基本误差限绝对值的 1/5。24 h 变差测量不是必做项目，仅在首次检定时做。

4.3.2　检定结果的处理

(1)检定数据的修约

将被检电能表的相对误差按照被检电能表准确度等级的 1/10 修约间距进行数据化整。日计时误差的化整间距为 0.01 s，需量误差的化整间距与基本误差相同。

若需考虑标准表或检定装置的已定系统误差，应先修正检定结果再化整。判断被检电能表是否合格，要以化整后的数据为准。

(2)检定证书（检定结果通知书）的填写

对于检定合格的电能表，应出具检定证书；对不合格的电能表，应出具检定结果通知书。

检定证书（检定结果通知书）要用钢笔或圆珠笔认真填写，不得涂改。检定证书（检定结果通知书）填写的内容包括：被检计量器具的名称、型号、制造厂家、出厂编号，送检单位名称，准确度等级，参比电压，标定电流和额定最大电流，常数，参比频率，出厂日期，检定时环境的温、湿度，检定各负载点的基本误差值，被检表标准偏差估计值的测试结果，启动试验和潜动试验结果等内容。

根据检定结果，得出检定结论（合格或不合格），检定员、核验员和批准人分别签字，在检定证书上填写检定日期和有效期，加盖检定单位印章。

检定证书/检定结果通知书的格式如下：

检定证书/检定结果通知书内页格式(第2页)

证书编号××××××-××××

检定机构授权说明				

检定环境条件及地点				
温　　度		℃	地　　点	
相对湿度		%	其　　他	

检定使用的计量(基)标准装置				
名　　称	测量范围	不确定度/准确度等级/最大允许误差	计量(基)标准证书编号	有效期至

检定使用的标准器				
名　　称	测量范围	不确定度/准确度等级/最大允许误差	检定/校准证书编号	有效期至

第×页　共×页

检定证书/检定结果通知书检定结果页式样(第 3 页)

D.1 检定证书第 3 页

证书编号×××××-××××

检 定 结 果

1. 外观检查:

2. 交流电压试验:

3. 潜动试验:

4. 起动试验:

5. 基本误差:

相线:_____ 接入方式:_____

电压:_____ V 电流:_____ A 常数:_____ 频率:_____ Hz

a)_____向有功[直接接入/经互感器接入(宽负载)]

□单相/□三相平衡负载　基本误差/%			
负载电流	$\cos \varphi = 1$	$\cos \varphi = 0.5\ L$	$\cos \varphi = 0.8\ C$
I_{max}			
$0.5I_{max}$			
I_b			
$0.2I_b$	—		
$0.1I_b$			
$0.05I_b$		—	—

不平衡负载　基本误差/%						
负载电流	A 相		B 相		C 相	
	$\cos \theta = 1$	$\cos \theta = 0.5\ L$	$\cos \theta = 1$	$\cos \theta = 0.5\ L$	$\cos \theta = 1$	$\cos \theta = 0.5\ L$
I_{max}						
I_b						
$0.2I_b$	—					
$0.1I_b$		—		—		—

负载电流 I_b　　$\cos \varphi / \cos \theta = 1$　不平衡负载与平衡负载时误差之差/%					
A 相		B 相		C 相	

第×页　共×页

4.3.3 检定周期的规定

0.2S、0.5S 有功电能表,其检定周期一般不超过 6 年;1 级、2 级有功电能表和 2 级、3 级无功电能表,其检定周期一般不超过 8 年。

4.3.4 电能表检定中应注意的问题

①工频耐压试验时,参比电压小于 40 V 的辅助线路应接地,试验设备接地线要良好、可靠,电压线夹绝缘良好;工作人员须站在绝缘垫上。

②检查被检电能表时要轻拿轻放,使用合适规格的工具,被检电能表悬挂位置要端正,符合生产厂家要求。

③检定三相电能表时,三相电压、电流相序应符合接线图要求,三相电压、电流应基本对称,其不对称度不应超过相关检定规程规定。

思考与讨论

1. 用走字试验法校核 2.0 级单相电子式电能表的常数,选择两参照表的误差分别为 0.5%、0.7%,1 位小数,参照表示数分别改变了 9.8、10.2 个字,被检表走字前后示数见表 4-7。请计算走字误差,并判断表是否合格。

表 4-7 被检表走字前后示数

表位号	走字前示数	走字后示数
1	0 000.2	0 010.4
2	0 000.3	0 010.8

2. 检定一只三相三线电子式有功电能表,已知被检表为 3×100 V,$3 \times 1.5(6)$ A,1.0 级,常数为 1 800 imp/kWh,标准表为 0.1 级三相宽量程标准电能表,标准表常数为 6×10^6 imp/kWh,检验 100% 标定电流,功率因数为 1.0 负载点。欲得到满足规程要求的标准表高频脉冲数,试计算被检表应取多少个脉冲?

任务 4.4 互感器的室内检定

4.4.1 互感器检定装置概述

(1)互感器检定装置的构成

检定电流、电压互感器的设备称为互感器检定装置,主要由标准互感器、互感器校验仪、二次电流(电压)负载箱、电源设备、电流(电压)调节设备、互感器的一次和二次回路接线以及互感器校验软件等组成,其主要作用是向被检的测量用电流(电压)互感器供给电流(电

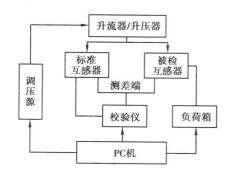

图 4-2 互感器检定装置的原理框图

压)并检验其测量误差及其他计量性能。

标准互感器是检定装置中用作计量标准的电流(电压)互感器,负荷箱为被检电流(电压)互感器提供二次负载,互感器校验仪用来检验电流(电压)互感器的误差性能。整台互感器检定装置的操作依靠互感器校验软件来支持。

互感器检定装置按准确级分为 0.05、0.02、0.01级及以上,其原理框图如图 4-2 所示,实物图如图 4-3 所示。

(2)互感器校验仪

我国常用的互感器校验仪,是按测差原理制成的,就是将标准与被测互感器的二次电流或二次电压之间的差流或差压输入校验仪,由差流对工作电流或差压对工作电压的比值的同相分量读出比差、正交分量读出角差。这种校验仪的优点是对校验仪本身的精度要求不高,一般只要 1% 或 2% 就可以了。缺点是标准互感器和被测互感器的变比必须完全相同,才能进行检定,因此要求标准互感器具有足够的变比,以满足检定需要。

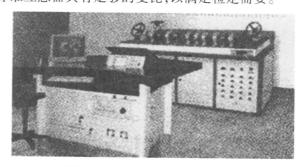

图 4-3 互感器检定装置的实物图

依据测差原理制造的互感器校验仪按测量线路原理分为两种:一种称为 RM(电阻和电感)线路,在此基础上制成的是电位差式互感器校验仪,如 HE5 型、HE11 型;另一种称为 GC(电导和电容)线路,在此基础上制成的是比较仪式互感器校验仪,如 HEG 型。

全自动互感器校验仪则是在上述测差原理的基础上,将微处理器技术引入互感器误差测量,构成功能丰富、操作方便的智能化测试。其基本原理框图如图 4-4 所示。

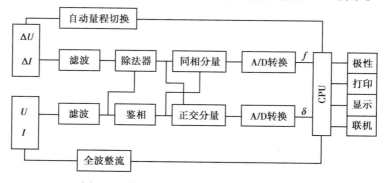

图 4-4 全自动互感器校验仪基本原理框图

全自动互感器校验仪的测试原理是将差流 $\Delta \dot{I}$ 或差压 $\Delta \dot{U}$ 送入测量电路,经放大、切换、滤波后分送两个电子开关,分别采出同相分量和正交分量,再分别送到两个模数转换器,经适当运算后显示被测互感器的比值误差和相位误差。

此外,全自动互感器校验仪还具有自动测量、数据自动化整、数字显示、超差提示、自动储存、自动打印测试结果等功能。试验时,试验电流上升、下降只一次,就自动完成测试并把上升与下降过程中各个预置试验点的比差、角差全部记录下来,还能随时打印出实际测试值,也可按照被试互感器的准确度等级进行数据化整后再打印出来。总之,全自动互感器校验仪充分发挥了微处理器的计算处理与控制功能,且配有 RS232 和 RS485 接口,可实现数据通信和微机管理,使用十分方便。

(3)互感器检定装置的使用

互感器检定装置的操作步骤如下:

①正确接线。选择被检互感器,按照 JJG 313—2010《测量用电流互感器》、JJG 314—2010《测量用电压互感器》中的要求,连接检定电流或电压互感器的检定线路,接线时注意要使用规定的接线,并且正确选择实验设备的量程或挡位。

②安全措施到位。主要做好安全防范措施,如应接地点的接地线必须连接好、调压器调在零位、安全遮栏围好或悬挂警示牌等。

③开机。依次合上检定装置、调压器、互感器校验仪、计算机的电源,并按各仪器说明书要求的时间进行预热,然后选择正确的开关位置、负荷箱量程等。

④按照 JJG 313—2010《测量用电流互感器》、JJG 314—2010《测量用电压互感器》的要求制定检定方案并设置相关参数。

⑤根据制定的互感器检定方案,按规程规定的步骤进行校验,校验完成后保存测试数据。

⑥依次关闭校验仪、操作台电源,最后拆除测试导线。

4.4.2　电流互感器的实验室检定

对新制造、使用中和修理后的电流互感器,在安装使用前都要经过试验室检定,只有在误差和性能达到要求后才能投入使用,以确保计量的可靠与准确。

(1)检定依据和检定条件

电流互感器的检定依据是 JJG 313—2010《测量用电流互感器》。该规程适用于额定频率为 50(60)Hz 的新制造、使用中和修理后的 0.001~0.5 级测量用电流互感器的检定。

检定时要求周围环境温度为 10~35 ℃,相对湿度不大于80%;用于检定工作的设备如升流器、调压器、大电流电缆线等产生的电磁干扰引入的测量误差,应不大于被检电流互感器误差限值的 1/10;由外界电磁场引起的测量误差不大于被检电流互感器误差限值的 1/20。

检定用的电源及其调节设备应有足够的容量和调节细度,电源的频率应为 50 Hz ± 0.5 Hz(或 60 Hz ± 0.6 Hz),波形畸变系数不超过 5%。

检定用标准器必须具有有效的检定或校准证书,且应和被检电流互感器的额定变比相同,并至少比被检电流互感器高两个准确度级别,其实际误差应不超过被检电流互感器误差限值的 1/5。条件不具备时也可选用比被检电流互感器高一个级别的标准器作为标准,但计算误差时应按规程规定对标准器的误差进行修正。此外,标准器的升降变差不大于标准器误差限值的 1/5,且在检定周期内标准器的误差变化不大于其误差限值的 1/3。

(2)检定项目与检定方法

电流互感器的检定项目包括外观检查、绝缘电阻测定、工频耐压试验、绕组极性检查、退磁、基本误差测量和稳定性试验。

1)外观检查及要求

电流互感器的外观应完好,接线端子标志清晰完整,绝缘表面干燥无放电痕迹。有下列缺陷之一的电流互感器,必须修复后再检定:

①无铭牌或铭牌中缺少必要的标志;

②接线端子缺少、损坏或无标志;

③有多个电流比的互感器没有标示出相应的接线方式;

④绝缘表面破损或受潮;

⑤内部结构件松动;

⑥其他严重影响检定工作进行的缺陷。

2)绝缘电阻的测定与工频耐压试验

工频耐压试验之前,应先测量电流互感器的绝缘电阻。

用 500 V 绝缘电阻表测量电流互感器一次绕组对二次绕组及对地间的绝缘电阻,应不小于 5 MΩ。额定电压 3 kV 及以上的电流互感器应使用 2.5 kV 兆欧表测量,其中一次绕组对二次绝缘电阻应大于 1 500 MΩ,二次绕组之间的绝缘电阻与其对地的绝缘电阻应大于 500 MΩ。

工频耐压试验按 GB/T 16927.1 的要求进行,进行工频耐压试验时,必须严格遵守安全工作规程。

3)绕组极性的检查

测量用电流互感器的绕组极性规定为减极性。目前最常用的是使用装有极性指示器的误差测量装置(电流互感器校验仪)按正常接线进行绕组的极性检查。标准器的极性是已知的,当按规定的标记接好线通电并将测量开关放到"极性"位置时,如发现校验仪的极性指示器动作而又排除是由于变比接错所致,则可确认试品与标准电流互感器的极性相反。

当使用的互感器校验仪未装有极性指示器时,允许使用交流法或直流法直接检查电流互感器绕组的极性。

4)退磁试验

电流互感器如果在大电流下切断电源,或者在运行时二次绕组偶然发生开路,以及通过直流电流进行试验以后,互感器的铁芯中就可能产生剩磁,使铁芯的磁导率下降,影响互感器的性能。因此在电流互感器进行误差试验之前,一般应先对互感器进行退磁,就是将铁芯通以交流励磁,使铁芯的磁密和磁导率从低到高,越过最大磁导率而达到饱和状态然后逐渐降低磁场至零使铁芯磁密下降,恢复铁芯磁导率,以消除剩磁对误差的影响。

最佳的退磁方法是按厂家在标牌上标注的或技术文件中所规定的退磁方法和要求。如果制造厂未规定,则可根据具体情况选择开路退磁法或闭路退磁法进行退磁。

①闭路退磁法。在二次绕组上接一个相当于其额定负荷 10~20 倍的电阻,同时对一次绕组通工频电流,由零平稳地增加到 120% 额定电流,然后均匀缓慢地降至零。重复这一过程 2~3 次,同时使每次所接的电阻负荷按 100%、50%、20% 递减。如果是多次级电流互感器,在退磁过程中,不退磁的二次绕组都应短接。对于作标准的电流互感器,由于铁芯磁密很高,电压幅值很大,绕组开路电压高,容易损坏绕组的绝缘和补偿元件,一般选用闭路退磁法。

②开路退磁法。实施开路退磁时,在一次(或二次)绕组中选择其匝数较少的一个绕组(尽可能少于 10 匝)通以 10%~15% 的额定一次(或二次)电流,同时在匝数最多的绕组两端连接监视用的峰值电压表。然后在其他绕组均开路的情况下,平稳、缓慢地将电流减至零(一般退磁时峰值电压表示值不会超过 2.6 kV。)

5)误差的测量

①测量误差时,应按被检电流互感器的准确度级别和规程的要求,选择合适的标准器及测量设备,可参照图 4-5 接线,即:

a. 把一次绕组的 L_1 端和二次绕组的 K_1 端定义为相对应的极性端(同名测量端);

b. 将标准器和被检电流互感器的一次绕组的极性端(同名测量端)连接在一起,并根据不同情况将升流器输出端中的一端接地或通过对称支路(或其他方法)间接接地;

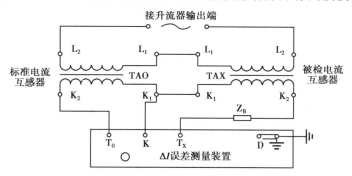

图 4-5　测定电流互感器误差的接线图

c. 相应二次绕组的极性端(同名测量端)也连接在一起,接至互感器校验仪上的差流回路接线端子 K,并使其等于或接近于地电位,但不能直接接地;

d. 标准器、被检电流互感器二次绕组的 K_2 端分别接至互感器校验仪上的工作电流回路接线端子 T_0 - T_x;

e. 负载(阻抗箱)接在被检电流互感器的二次绕组上。

在满足检定条件要求的前提下,允许采用不同于规程规定的检定线路来测量电流互感器的误差。

②测量误差时的电流、负荷及功率因数。周期检定电流互感器时,应在额定功率因数、额定负荷(或实际负荷)下测量 1%(对 S 级)、5%、20%、100%、120% 额定电流时的误差;在额定功率因数、1/4 额定负荷或被检电流互感器铭牌标注的下限负荷下,应测量 5%、20%、100% 额定电流时的误差。

检定新制造的和修理后的电流互感器时,应在额定功率因数、额定负荷及 1/4 额定负荷或被检电流互感器铭牌标注的下限负荷下,测量各自 1%(对 S 级)、5%、20%、100%、120% 额定电流时的误差。

在额定频率、额定功率因数及二次负荷为额定负荷的 25% ~ 100% 的任意一数值时,电流互感器的电流误差(比值差)和相位差应不超过表 4-8 中的数值。

表 4-8　电流互感器的误差限值

准确度级别	比差						角差					
	倍率因数	额定电流(%)					倍率因数	额定电流(%)				
		1	5	20	100	120		1	5	20	100	120
0.001	± × 10^{-6}	—	20	10	10	10	± × 10^{-6} (rad)	—	20	10	10	10
0.002		—	40	20	20	20		—	40	20	20	20
0.005		—	100	50	50	50		—	100	50	50	50
0.01	± %	—	0.02	0.01	0.01	0.01	± ′	—	0.6	0.3	0.3	0.3
0.02		—	0.04	0.02	0.02	0.02		—	1.2	0.6	0.6	0.6
0.05		—	0.10	0.05	0.05	0.05		—	4	2	2	2
0.1		—	0.4	0.2	0.1	0.1		—	15	8	5	5
0.2		—	0.75	0.35	0.2	0.2		—	30	15	10	10
0.5		—	1.5	0.75	0.5	0.5		—	90	45	30	30
1		—	3.0	1.5	1.0	1.0		—	180	90	60	60
0.2S		0.75	0.35	0.2	0.2	0.2		30	15	10	10	10
0.5S		1.5	0.75	0.5	0.5	0.5		90	45	30	30	30

当检定大批新制造的同型号电流互感器时,经计量机构或有关主管部门的监督抽检后,在确认符合 JJG 1021—2007 要求的前提下可以减少误差的测量点。

③除首次检定外,允许用户根据其实际使用情况仅对部分功率因数申请检定,但未经检定的功率因数不能在工作中使用。

④母线型(穿心式)电流互感器检定时一次导线的分布。凡厂家未标记穿心导线固定位置的,测试时,穿心导线的分布应不受限制。如因导线位置变动引起误差变化,则以误差大的数据为准,而人为的变更导线位置取得的合格误差数值应视为无效。对 10 kA 及以上穿心式电流互感器,首次检定时,必须在穿心导线对称分布和不对称分布两种接线方式下检定,出具两组数据,标明达到的准确度等级。以后送检时,可按用户要求,允许只做其中一种导线接线方式下的检定,并在报告中注明。

⑤对多变比的电流互感器,所有的电流比都应检定。母线型(穿心式)电流互感器可以在每一额定安匝下只检定一个电流比。

⑥作一般测量用的 0.2 级及以下的电流互感器,每个测量点只需测量电流上升时的误差;高于 0.2 级作标准用的多变比电流互感器,每个安匝数仅检一个变比的电流上升与下降

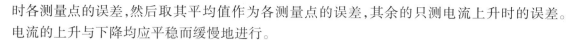

时各测量点的误差,然后取其平均值作为各测量点的误差,其余的只测电流上升时的误差。电流的上升与下降均应平稳而缓慢地进行。

6)稳定性试验

稳定性试验取当前检定结果与上次的检定结果进行比较,分别计算两次检定结果中比值差和相位差的差值,不得大于基本误差限值的1/3。

（3）检定结果的处理

①检定数据应按规定的格式和要求作好原始记录。0.2级及以上等级作标准用的电流互感器,其检定数据的原始记录至少保存2个检定周期,其余的应至少保存1个检定周期。

②标准器比被检电流互感器高2个级别时,直接从互感器校验仪上读取误差;标准器比被检电流互感器高1个级别时,应进行误差修正。

③判断被检电流互感器的误差是否超过规定的误差限值,应以修约后的数据为准。互感器的误差修约间隔见表4-9。

表4-9　电流互感器的修约间距

准确度级别		0.01	0.02	0.05	0.1	0.2	0.5	1.0
修约间隔	比差值（%）	0.001	0.002	0.005	0.01	0.02	0.05	0.1
	相位差（′）	0.02	0.05	0.2	0.5	1	2	5

④经检定合格的电流互感器,应标注检定合格标志或发给检定证书:a. 检定证书上应给出检定时所用各种负荷下的误差数值,作标准用的还应给出最大升降变差值;b. 只有对全部电流比均符合规程技术条件要求的电流互感器,方可在检定证书封面上填写准予作某等级使用;c. 经检定不合格的电流互感器,应发给检定结果通知书并指明不合格项,误差检定结果超差,经用户要求并能降级使用的,可以按所能达到的等级发给检定证书。

⑤检定周期一般为2年。在连续2个周期3次检定中,最后一次检定结果与前两次检定结果中的任何一次比较,误差变化不大于其误差限值的1/3,检定周期可以延长至4年。

（4）电流互感器检定中的注意事项

①绝缘电阻测试前后应对被检验品进行充分放电。

②进行工频电压试验时,必须严格遵守安全工作规程。试验时应集中精力,戴绝缘手套,穿绝缘靴,站在绝缘垫上。试验区域应有安全警示线,并悬挂警示牌。

③退磁时,工作人员应集中精力,谨慎操作,密切监视仪表读数。

④电流的上升和下降,均需平稳而缓慢地进行。

（5）检定记录格式

检定记录格式如下所示:

送检单位＿＿＿＿＿＿＿＿　　准确度级别＿＿＿＿＿＿＿

型　　号＿＿＿＿＿＿＿＿　　额定一次电流＿＿＿＿＿＿＿A

制造厂名＿＿＿＿＿＿＿＿　　额定二次电流＿＿＿＿＿＿＿A

出厂编号＿＿＿＿＿＿＿＿　　额定功率因数＿＿＿＿＿＿＿

用　　途＿＿＿＿＿＿＿＿　　额定负荷＿＿＿＿＿＿＿＿VA

证书编号＿＿＿＿＿＿＿＿　　额定频率＿＿＿＿＿＿＿＿Hz

额定电压＿＿＿＿＿＿＿＿kV

检定日期＿＿＿＿＿年＿＿月＿＿日

有效期至＿＿＿＿＿年＿＿月＿＿日

检定时使用的标准器：

名　　称＿＿＿＿＿＿＿＿　　出厂编号＿＿＿＿＿＿＿＿

准确度级别＿＿＿＿＿＿＿　　设备编号＿＿＿＿＿＿＿＿

有效期限＿＿＿＿＿＿＿＿

检定时的环境条件：

温　　度＿＿＿＿＿＿＿℃　相对湿度＿＿＿＿＿＿＿＿＿

检定结果：

外观检查＿＿＿＿＿＿＿＿＿＿＿＿＿＿＿＿＿＿＿＿＿＿

绝缘电阻＿＿＿＿＿＿＿＿＿＿＿＿＿＿＿＿＿＿＿＿＿＿

工频电压试验＿＿＿＿＿＿＿＿＿＿＿＿＿＿＿＿＿＿＿＿

极　　性＿＿＿＿＿＿＿＿＿＿＿＿＿＿＿＿＿＿＿＿＿＿

最大变差＿＿＿＿＿＿＿＿＿＿＿＿＿＿＿＿＿＿＿＿＿＿

稳 定 性＿＿＿＿＿＿＿＿＿＿＿＿＿＿＿＿＿＿＿＿＿＿

结论及说明：

核验＿＿＿＿＿＿＿

检定＿＿＿＿＿＿＿

误差数据记录表

比值差的倍率因数：＿＿＿＿＿＿

相位差的倍率因数：＿＿＿＿＿＿

量限	项目及误差		额定电流百分值					最大变差	二次负荷	
			1%	5%	20%	100%	120%		V·A	cos φ
	比值差	上升								
		下降								
		平均								
		修约								
	相位差	上升								
		下降								
		平均								
		修约								
	比值差	上升								
		下降								
		平均								
		修约								
	相位差	上升								
		下降								
		平均								
		修约								

4.4.3　电磁式电压互感器的检定

根据 JJG 314—2010《测量用电压互感器检定规程》规定,电磁式电压互感器的检定项目主要有:①外观检查;②绝缘电阻的测量;③绝缘强度试验;④绕组极性的检查;⑤基本误差的测量;⑥稳定性试验。

电磁式电压互感器的外观检查、绝缘电阻的测定、绝缘强度试验及绕组极性的检查等与电流互感器的方法大致相同,所以此处仅说明比较法测量电压互感器基本误差的方法。

(1)误差的测量

1)电压互感器的基本误差极限

测量用电压互感器在额定频率、额定功率因数及二次负荷为额定二次负荷的25% ~ 100%的任一数值时,各准确度等级的误差不得超过表4-10的限值。

表 4-10　测量用电压互感器的误差限值

准确度级别	比值误差（±）						相位误差（±）					
	倍率因数	额定电压百分值					倍率因数	额定电压百分值				
		20	50	80	100	120		20	50	80	100	120
0.5	%	—	—	0.5	0.5	0.5	(′)	—	—	20	20	20
0.2		0.4	0.3	0.2	0.2	0.2		20	15	10	10	10
0.1		0.20	0.15	0.10	0.10	0.10		10.0	7.5	5.0	5.0	5.0
0.05		0.100	0.075	0.050	0.050	0.050		4.0	3.0	2.0	2.0	2.0
0.02		0.040	0.030	0.020	0.020	0.020		1.2	0.9	0.6	0.6	0.6
0.01		0.020	0.015	0.010	0.010	0.010		0.60	0.45	0.30	0.30	0.30
0.005	×10⁻⁶	100	75	50	50	50	×10⁻⁶(rad)	100	75	50	50	50
0.002		40	30	20	20	20		40	30	20	20	20
0.001		20	15	10	10	10		20	15	10	10	10

2）检定线路

当标准电压互感器和被检电压互感器的变比相同时,可根据误差测量装置的类型选择从高电位端取出差压或从低电位端取出差压进行误差测量。

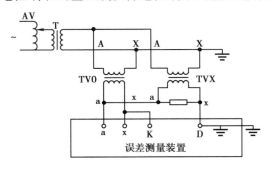

图 4-6　低端测差法测定电压互感器误差的接线图

接线方法:将标准电压互感器和被检电压互感器的一次对应端子连接,注意低电位端必须接地,同时将标准电压互感器二次绕组的高低电位端分别接至互感器校验仪的工作电压回路接线端子(a-x)。当差压从低电位端取出时,把标准电压互感器与被检电压互感器的二次高电位端相连接,两者的二次低电位端分别接至电压互感器校验仪的差压回路接线端子(K-D),导纳箱并联在被检电压互感器的二次侧即可,如图 4-6 所示。而当差压从高电位端取出时,则将标准电压互感器与被检电压互感器的二次低电位端连接,两者的二次高电位端分别接至电压互感器校验仪的差压回路接线端子(K-D)间,读者可自行画出其接线图。

传统的互感器检定线路都是在低端测差,但随着 TV 的额定工作电压的增高,宜采用高端测差的检定线路,以减小泄漏电流造成的容性附加误差影响。

3）测量误差时的电压、负荷及功率因数

①周期检定时,一般测量用电压互感器的误差测量点为:在额定功率因数、额定负荷下检定 80%、100%、120% 额定电压时的误差,1/4 额定负荷下检定 100% 额定电压时的误差。

②检定新制造和修理后的电压互感器时,二次负荷规定为额定值。

③具有特殊用途的电压互感器,可按实际使用的电压百分数、二次负荷及功率因数条件进行互感器的误差测试。

④当检定大批新制造的同型号电压互感器时,经计量机构或主管部门的监督抽检后,在确认符合规程要求的前提下,可以减少误差的测量点。

4)电压互感器(TV)各测量点误差测量的次数

0.1级及以上的电压互感器,除120%额定电压点误差只测量一次外,其余各点误差在电压上升和下降时各测量一次;作一般测量用的0.2级及以下的电压互感器,每个测量点只测量一次电压上升时的误差。

对三相电压互感器,应分别测量每个一次线电压和对应的二次线电压之间的误差。

在满足规程要求的前提下,允许用不同的检定线路来测量电压互感器的基本误差。

（2）检定结果的处理

①检定数据应按规定的格式和要求作好原始记录。0.1级及以上作标准用的电压互感器,其检定数据的原始记录至少保存2个检定周期。其余应至少保存1个检定周期。

②被检电压互感器的误差计算。标准器比被检电压互感器高2个级别时,直接从互感器校验仪上读取误差。标准器比被检电压互感器高1个级别时,应进行误差修正。

③判断电压互感器是否超过允许误差时,以修约后的数据为准。电压互感器的误差修约间隔见表4-11。

表4-11　电压互感器的误差修约间隔

准确度级别		0.01	0.02	0.05	0.1	0.2	0.5	1
修约间隔	比差值（%）	0.001	0.002	0.005	0.01	0.02	0.05	0.1
	相位差（'）	0.02	0.05	0.2	0.5	1	2	5

④所有项目及全部电压比检定合格的电压互感器,可发给检定证书并标注检定合格标志。检定证书上应给出检定时所用各种负荷下的误差数值,0.1级及以上作标准用的互感器还应给出最大升降变差值。若误差检定结果超差,经用户要求并能降级使用的,可按所能达到的等级发给检定证书。非规程中所列标准级别的电压互感器,如符合规程的要求,则按规程所列标准级别相近的低级别定级。

⑤只有全部变比都检定合格时,才能对电压互感器的准确度级别下结论。对于只检定部分变比及专用电压互感器的检定结果,只能给予具体说明。经检定不合格的电压互感器,可发给检定结果通知书并指明不合格项。

4.4.4　互感器的异常测试结果分析

（1）电流互感器的测试结果分析

1)极性反

在测试电流互感器时若提示极性为"＋"或报警,则可能为互感器极性错误。此时应先检查变比选择是否正确,所有的接线是否正确、牢固。若排除上述故障后极性测试仍报错误,则基本可断定被试互感器的极性错误。为进一步明确判断,可将被试互感器的两二次接线端互换后再进行极性测试,如测试正确则表明该被试互感器的极性标志错误,应做不合格处理。

2)绝缘强度不够

按规程要求,用绝缘电阻表测量电流互感器各绕组之间和绕组对地之间的绝缘电阻值。凡用 500 V 绝缘电阻表测量电流互感器一次绕组对二次绕组及各绕组对地间的绝缘电阻值小于规程要求者,不予检定。

如绝缘强度不够,需进行下列检查:

①检查互感器的外观。注意目测可能无法发现一些细小的裂缝,所以可用手指尖轻触绝缘外壳来检查。此外,还应彻底清除互感器表面存在的污垢。

②检查互感器是否潮湿。如询问运输人员互感器运输途中有无遇雨或其他情况,最好将互感器置于干燥的房间一段时间后再进行测试。

③检查室内湿度是否在规程规定的范围内,若湿度过大,则应开启除湿机除湿,待达到要求后再进行测试。

3)误差超差

①当测试数据显示被试互感器误差超差时,可首先检查校验装置负载箱的阻抗值是否合格。电流互感器的二次负载直接影响它的误差特性。一般二次负载越大,互感器误差的绝对值也越大。只要二次负载不超过厂家规定的额定值,生产厂家可保证互感器的误差在其准确度等级或 10% 误差曲线范围内。因此,在测试电流互感器的过程中,必须明确互感器的实际二次负载是否小于其额定二次负载,若误差超限应进行下列检查:

a. 检查所有的外连接线是否牢固连接。

b. 目前所使用的互感器校验装置一般都具有测量二次回路阻抗值的功能,可对互感器二次回路的阻抗进行测试。测试出来的结果如不合格,则根据测量值的大小对二次连接导线进行修正,使其达到二次导线阻抗值的要求。

②退磁处理。电流互感器在电流突然下降的情况下,其铁芯可能产生剩磁。铁芯有剩磁会使铁芯磁导率下降,影响互感器的性能。虽然在进行误差测试前电流互感器都作了退磁处理,但有可能退磁处理没有到位,故可按要求进行退磁后再重新测试误差。

③检查是否有可靠接地的接地线。由于是工频测量,空间电磁场及浮动电动势均对测量有较大影响,而在测试中地线起着重要作用,因此必须按规程规定正确连接地线。

若经以上处理后互感器的误差依然超过规定值,则可判断该互感器存在匝间短路、变比错误等问题。

(2)电磁式电压互感器的测试结果分析

1)极性反

判断方法同电流互感器。

2)绝缘强度不够

判断方法同电流互感器。

3)误差超差

①检查接线方式是否正确。校验仪电压取样线与负载线要分别从互感器端子上引出,如果共用一根线,会因为导线上的压降引入附加测试误差。

②检查接线是否牢固、导纳值是否超过规定。

③检查是否有可靠接地的接地线。

若经以上处理后互感器的误差依然超过规定值,则可判断该互感器存在匝间短路、变比错误等问题。

思考与讨论

1. 互感器检定装置是怎样组成的?

2. 对被检电流互感器每个误差测量点的测量次数是如何规定的?

3. 画出高端测差法测量电压互感器误差的接线图。

4. 互感器检定时显示极性错误应如何处理?

技能实训一　电子式电能表的校验

一、实训目的

1. 学习并掌握电子式电能表检定规程的相关内容和操作方法。

2. 熟练进行电子式电能表的潜动及起动实验。

3. 掌握电子式电能表的基本误差的测定方法。

4. 熟悉测量数据的处理方法。

二、实训设备

被校电子式电能表、电子式电能表校表台、电子式标准电能表、连接导线等。

三、实训原理

1. 根据电能表潜动的标准要求,当被检电能表电压回路加100%额定电压而电流回路中无电流时,电表在规程规定的时限内的测试输出应不得多于1个脉冲。

2. 根据电能表起动的标准要求,电能表在电压回路加额定电压、功率因数为1.0的条件下,施加规程规定的起动电流时,在规定的起动时间内应有不少于1个脉冲输出。

3. 实验室测定基本误差一般都采用标准电能表法,其接线是让标准电能表与被校电能表测定同一电能(电压回路并联,电流回路串联),将测得值相比较,即可计算确定被校表的相对误差。

四、校验条件

确定电能表基本误差时,必须对标准条件允许偏差及校验装置作一系列规定,这样才能保证结果的合理性及可比性。

表4-12 中的规定值为校验各准确度等级电子式电能表的标准条件允许偏差的极限值。

表4-12 电子式电能表的标准条件及允许偏差

影响量	标准值	校验各级电能表时允许偏差			
		0.2	0.5	1.0	2.0
环境温度	标准温度(℃)	±2	±2	±2	±2
电压	参比电压(%)	±1.0	±1.0	±1.0	±1.0
频率	参比频率(%)	±0.3	±0.3	±0.3	±0.5
电压和电流波形	正弦波(%)	波形失真度不大于2		波形失真度不大于3	
额定频率的外部磁感应强度	磁感应强度为零[1]	不大于0.025 mT			
相对湿度	60%	±15%			
$\cos \varphi$	规定值	±0.01			
工作位置	制造厂要求	按制造厂要求			

[1]在测试位置无仪表和接线时的磁感应强度。

校验装置的准确度等级和电压、电流的对称条件,见表4-13。

表4-13 校验装置的准确度等级及电压、电流的对称条件

被校电能表准确度等级	0.2	0.5	1.0	2.0
校验装置准确度等级	0.05	0.1	0.2	0.3
每一相(线对中性线)电压或线(线对线)电压与相应的电压平均值之差不大于	±0.5%	±0.5%	±2%	±2%
每相电流对各相电流平均值相差不超过	±1%	±1%	±2%	±2%
任一相电流和电压间的相位差与另一相电流和相应电压间的相位差不超过	2°	2°	2°	2°

五、实训方法及操作步骤

1. 起动试验。

(1)操作步骤。电能表在参比电压、参比频率和功率因数 $\cos \varphi = 1.0$ 的条件下,电流回路施加表4-3规定的允许起动电流时,观察其在规定的起动时间内是否有不少于1个脉冲输出或代表电能输出的指示灯闪烁。

(2)注意事项。如果电能表用于测量双向电能,则将电流线路反接,重复上述试验步骤。每一方向都应满足上述起动试验要求。另外,还应测试电能表的初始起动状态,即参比电压加到端子后5 s内,电能表应能达到全部功能状态。

2. 潜动试验。

（1）操作步骤。电能表在电压回路加 115% 的参比电压（对三相电能表加对称的三相 115% 参比电压），电流回路无电流的情况下，被检表在规定时间 t（电表在启动电流下产生 1 个脉冲的 10 倍时间）内，测试其脉冲输出不得多于 1 个脉冲。

（2）注意事项。在潜动试验时，有时也给电流回路加入 1/5 的起动电流，而要求电能表不走字。这样的方法更加严格和有效，因为在实际运行现场往往存在很小的感应电流，而感应电流不是真正的负荷电流，不应该计量电能。

3. 基本误差的测定。

（1）通电预热。在测定电能表的基本误差前，应对电能表进行通电预热，确定通电预热时间的基本原则是：电能表内部达到热平衡时的误差与未达到热平衡时的误差之差，不超过 20% 基本误差限值。

一般来说，在加盖的条件下，对于有功电能表在 $\cos\varphi = 1.0$、无功电能表在 $\sin\varphi = 1.0$ 时，电压回路加额定电压 1 h，对 0.1 ~ 1.0 级电能表电流回路通基本电流 30 min，对 2.0 ~ 3.0 级电能表通基本电流 15 min，然后按负荷电流逐次减小的顺序测定基本误差。当然某一形式电能表的通电预热时间可按确定通电预热时间的原则适当增加或减少。

标准仪表及装置也可按其技术要求进行预热。

（2）测定各负荷点的误差。通电预热后，按表 4-4 规定的负荷点进行校验。

（3）脉冲数要求。校验时，应使标准表的算定脉冲数不少于表 4-5 中的规定。

（4）测定次数要求。在每一负荷下，至少做两次测量，取其平均值作为测量结果。如计算值的相对误差等于该表基本误差限值的 80% ~ 120%，应再做两次测量，取这两次和前几次测量的平均值作为测量结果。

（5）测定方法。一般采用高频脉冲数预置法，即在标准表和被校表都连续运行的情况下，计读标准表在被校表输出 N 个低频脉冲时输出的高频脉冲数 n，作为实测高频脉冲数，再与算定（或预置）的高频脉冲数 n_0（按式 4-9 计算）进行比较。被校表的相对误差 $\gamma(\%)$ 的计算式参见式 4-8。

（6）计算被校表的相对误差并化整，判断其是否符合规定要求。电子式电能表测定的误差限值详见表 4-6 的规定。

六、实训注意事项

1. 严格遵守实训室安全操作规程。

2. 所选择的标准表需符合规定条件；在测定误差前必须对电能表进行通电预热，然后按照实训要求对不同的负荷点进行逐一测量。

3. 遵守实训纪律，人人动手，密切合作。

思考与讨论

1. 对电子式电能表起动的标准要求是什么？

2. 测定电子式电能表基本误差一般采用什么方法？1.0 级单相电子式有功电能表在进行

误差试验时应测试哪些负荷点?

技能实训二 互感器的误差测定实训

一、实训目的

1. 学习并掌握互感器校验仪的使用方法。

2. 掌握计量用互感器误差测定的基本步骤。

3. 熟练掌握对测量数据的正确处理方法。

二、实训设备

1. 可调电源设备。

可调电源设备包括调压器、升流器、升压器、大电流导线及接线夹具等。

2. 互感器校验仪。

互感器校验仪是校验互感器的专用仪器。按规程要求,校验仪所引起的测量误差不得大于被校互感器允许误差的 1/10,其中校验仪灵敏度引起的测量误差不大于 1/20,最小分度值引起的测量误差不大于 1/15。

3. 标准电流、电压互感器。

据规程规定,标准电流、电压互感器应满足以下要求:

(1)准确度要比被校互感器高两个准确度级别;

(2)额定一次电流、电压量程要多,容量要足够;

(3)误差不超过相应准确度等级的规定值。

4. 电流、电压负荷箱。

5. 被校电流、电压互感器。被校电流互感器可采用 0.5 级或 0.2 级,变比不超 600 A/5 A 的穿心式电流互感器。电压互感器采用变比不超过 10 000 V/100 V,准确度不低于 0.5 级的电压互感器。

6. 监视用电流表、电压表。可选用 0～5 A 的交流电流表和 150 V(或 250 V)的交流电压表监视标准互感器二次回路的工作电流和电压,注意准确度不得低于 1.5 级。

三、实训原理和依据

一般采用比较法测定互感器的误差,即用一台标准互感器与被校互感器相比较,得到互感器的误差。依据 JJG 313—2010《测量用电流互感器》和 JJG 314—2010《测量用电压互感器》等国家测量检定规程进行。

四、实训方法及操作步骤

1. 电流互感器误差的测定。

（1）接线。按图4-7接线,图4-7(a)是当标准电流互感器与被校互感器的额定变比相同时的比较线路;图4-7(b)是当被校电流互感器的变比为1时的自校线路。

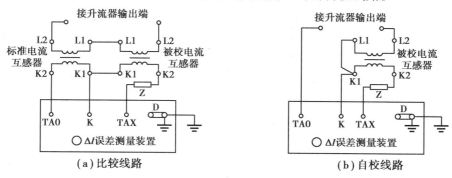

图4-7　测定电流互感器误差试验线路

（2）对二次负荷的要求。测定电流互感器的误差时,其二次负荷应符合下列规定:

①电流互感器应分别在其额定二次负荷的100%、25%及$\cos \varphi = 0.8$的条件下测定误差。但对二次额定电流为5 A的电流互感器,其负荷的下限不应小于2.5 V·A。

②连接导线和校验仪(或校验线路)在标准电流互感器二次所构成的负荷,应符合标准互感器校验证书上标明的负荷要求。

③当使用负荷箱时,被试互感器应用专用的定值二次导线,导线的总电阻值应符合负荷箱所注明的数值。

④当校验具有两个及以上二次绕组(分别绕在不同铁芯上)的电流互感器时,不受校验的二次绕组应短路或接入实际负荷。

（3）误差测试点和误差限值。

校验新制造的或修理后的电流互感器时,应在额定功率因数下,分别加额定负荷及1/4额定负荷(额定二次电流为5 A、额定负荷为5 V·A的电流互感器,其下限负荷为2.5 V·A),测量1%(对S级)、5%、20%、100%、120%额定电流时的误差。误差限值应不超过表4-8的规定。

在测定0.2级以上电流互感器的误差时,每点应测两次,先电流升,后电流降,取两次测量的算术平均值。两次误差测量值的差(即变差)不应超过表4-14的规定。

表4-14　允许变差限值

一次额定电流的百分数(%)	允许变差	
	比差值(100%)	相位差(′)
10	0.1	2.0
20 ~ 120	0.05	1.0

（4）操作方法。

首先,检查接线无误后,核对校验仪各开关的位置,检查调压器是否在零位并将测量开关放到"极性"位置,然后再合电源,升电流。若电流升为10% ~ 90%时极性指示器动作,应立即将调压器退回零位,切断电源,重新检查校验接线;如接线正确,则说明被试互感器极性标志错误或者二次开路。极性检查正确后,测量开关拨至测量位置,再对被试互感器进行退磁,消除剩磁的影响后,方可进行电流互感器的误差测试。

上升误差一般是电流从最小值开始由低向高逐点进行,对于0.2级以上互感器,电流达到最大值后,再缓慢下降测试各点误差。注意电流上升和下降调整都应平稳、缓慢地进行。

测试时校验仪检流计的灵敏度应逐步提高,测试完毕后灵敏度开关应退回到零位。

(5)校验结果的处理。

测得的误差数据,应按规定的格式和要求做好原始记录。如果标准互感器比被校互感器高两个级别,则测得的结果即为实际误差(做电流上升和下降的,取两次误差的算术平均值)。如果标准互感器比被校互感器只高一个级别时,则互感器的实际误差应等于测得的结果分别加上标准互感器的比差值和相位差。

判断互感器的误差是否符合规定要求,应以修约后的数据为准。电流互感器误差的修约间距见表4-9的规定。

2.电压互感器误差的测定。

选择变比适当(如1/100)的变压器T,使电压互感器的测量点根据规程要求为额定电压的20%、50%、80%、100%、120%等五点,其二次负荷Y分别为额定导纳和1/4额定导纳。利用调压器AV将电压均匀缓慢地上升,依次测量相应测试点的误差。

(1)接线。同样采用比较法测定电压互感器的误差,即用一台标准电压互感器与被校互感器相比较,得到电压互感器的误差。其接线如图4-8所示。图4-8(a)是当标准电压互感器和被校电压互感器的额定变比相同时的比较线路。图4-8(b)是当被校电压互感器的额定变比为1时的自校线路。

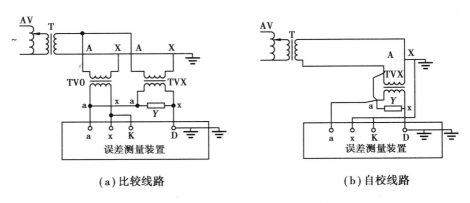

(a)比较线路　　　　　　　(b)自校线路

图4-8　测定电压互感器误差的试验线路

(2)操作方法。

检查接线无误后,核对校验仪各开关的位置,检查调压器是否在零位并将测量开关放到"极性"位置,再通电,升电压。若升压至100%过程中无"极性"显示,则互感器极性正确,可以进行误差测试。

标准电压互感器,除120%点误差测一次外,其余每点测两次(电压上升和下降)。作一般测量用的电压互感器,每个测量点测一次(电压上升)。

（3）校验结果的处理。

电压互感器测得的误差数据,应按规定的格式和要求做好原始记录。如果标准互感器比被校互感器高两个级别,则测得的结果即为实际误差;如果标准互感器比被校互感器只高一个级别时,则互感器的实际误差应等于测得的结果分别加上标准互感器的比差值和相位差。

判断电压互感器的误差是否符合规定要求,应以修约后的数据为准,误差的修约间隔见表 4-11 的规定。

五、完成实训报告

实训报告应包含的内容:实训题目、班级、组别、姓名;实训目的;实训设备的名称、型号、规格;实训接线图及操作步骤;测量数据及处理结果(自行设计表格);实训结论。

六、实训注意事项

1. 严格遵守实训室安全操作规程。
2. 注意误差测量过程中二次连接导线截面和二次负荷应满足规程要求。

思考与讨论

1. 测定电流互感器的误差时,在额定功率因数、额定负荷下应测试哪些电流点的误差?测试顺序如何?
2. 用高端测差法和低端测差法测定电压互感器误差时接线有何主要区别?

项目 **5**

电能计量装置的竣工验收与运行维护

知识要点

➤ 了解电能计量装置竣工验收的项目和内容。

➤ 了解停电检查的步骤和方法。

➤ 熟悉利用实负荷比较法、电压断开法、电压（或电流）交叉法带电检查计量装置接线是否有误的步骤。

➤ 理解掌握利用相量图分析法判断三相三线高压电能计量装置接线方式的步骤。

➤ 掌握计算退补电量的更正系数法，了解估算法和测试法。

➤ 熟悉低压电能计量装置的检查与故障处理流程。

➤ 清楚高压电能表现场检验与更换时的安全要求，熟悉高压电能表现场检验项目。

➤ 理解掌握现场检验电能表的原理接线图，了解现场检验电能表的操作步骤。

技能目标

➤ 能熟练利用实负荷比较法快速判断电能计量装置接线是否有误。

➤ 会根据现场测试结果正确绘制计量装置的实际相量图并分析判断其实际接线方式。

➤ 能读懂电能表现场实负荷检验的接线图，会按图接线。

任务 5.1　电能计量装置的竣工验收

电能计量装置投运前应由相关管理部门组织专业人员进行全面的验收，以保证其在运行后能够安全、准确、可靠地计量。竣工验收的依据是 DL/T 448—2000《电能计量装置技术管理规程》，验收目的是及时发现和纠正安装工作中可能出现的差错，检查各种设备的安装质量及布线工艺是否符合要求，核准有关的技术管理参数，为建立客户档案提供准确的技术资料。

5.1.1　竣工验收的项目与内容

竣工验收包括技术资料的验收、现场核查和现场试验三部分。

（1）验收技术资料

应核对以下技术资料：

①电能计量装置计量方式、原理接线图，一次、二次接线图，施工设计图和施工变更资料。

②电能表、电流、电压互感器的安装使用说明书、出厂检验报告、法定计量检定机构的检定证书。

③二次回路导线或电缆的型号、规格及长度。

④电压互感器二次回路中的熔断器、接线端子的说明书等。

⑤计量柜（箱）的出厂检验报告、说明书。

⑥高压电气设备的接地及绝缘试验报告。

⑦施工过程中需要说明的其他资料。

（2）现场核查（即送电前检查）

现场核查的具体内容包括：

①产品外观质量应无明显瑕疵和受损。

②计量器具的型号、规格、出厂编号、计量法定标志等是否与计量检定证书和技术资料的内容相符。

③计量器具的安装工艺质量应符合有关标准要求，检查电能表及互感器安装是否牢固、位置是否适当、外壳是否根据要求正确接地或接零等。

④检查进户装置是否按设计要求安装，进户熔断器熔体选用是否符合要求，检查有无工具等物件遗留在设备上。

⑤电能表、互感器及其二次回路接线情况应和竣工图一致。检查电能表、互感器一、二次接线及专用接线盒，核对其接线是否正确、连接是否可靠、安全距离是否足够、有无碰线的可能、接线盒内连接片位置是否正确等。

⑥按工单要求抄录电能表、互感器的铭牌参数数据，记录电能表起止码及进户装置材料等并告知客户核对。

（3）验收试验（即通电检查）

①检查二次回路中间触点、熔断器、试验接线盒的接触情况。对电能计量装置通以工作电压，观察其工作是否正常；用万用表（或电压表）在电能表端钮盒内测量电压是否正常（相对地、相对相），用试电笔核对相线和中性线，观察其接触是否良好。

②接线正确性检查。用相序表核对相序，引入电源相序应与电能计量装置相序标志一致。带上负荷后观察电能表运行情况：用相量图法核对接线的正确性及对电能表进行现场检验（对低压电能计量装置该工作需在专用端子盒上进行）。

③进行电流、电压互感器实际二次负荷及电压互感器二次回路压降的测试。高压互感器必须经现场实际负荷下误差试验合格。

④对最大需量表应进行需量清零,对多费率电能表应核对时钟是否准确和各个时段是否整定正确。

⑤安装工作完毕后的通电检查,有时因电力负荷很小,使有些项目不能进行,或者是多费率表、需量表、多功能表等比较复杂的电能计量装置,均需在竣工后三天内至现场进行一次核对检查。

5.1.2 成套电能计量装置验收时的重点检查项目

①各种图纸、资料应齐全。

②电能计量装置的设计应符合 DL/T 448—2000《电能计量装置技术管理规程》的要求。

③电能表、互感器的安装位置应便于抄表、检查及更换,操作空间距离、安全距离足够。

④计量柜(箱)可开启门应能加封。

⑤电能计量装置所使用的设备、器材,均应符合国家标准和电力行业标准。各种铭牌标志清晰,并附有合格证。

⑥一次、二次接线的相序、极性标志应正确一致,引入电源相序应与电能计量装置相序标志一致。固定支持间距、导线截面应符合要求。

⑦核对二次回路导通情况及二次接线端子标志是否正确一致、计量二次回路是否专用。

⑧检查接地及接零系统。

⑨测量一次、二次回路绝缘电阻,检查绝缘耐压试验记录。

5.1.3 电能计量装置验收结果处理

①经验收合格的电能计量装置应由验收人员及时实施封印。封印的位置为互感器二次回路的各接线端子、电能表端钮盒、封闭式接线盒、计量柜(箱)门等;实施封印后应由运行人员或客户对封印的完好性签字认可。

②经验收的电能计量装置应由验收人员填写验收报告,注明"电能计量装置验收合格"或者"电能计量装置验收不合格"及整改意见,整改后再行验收。验收不合格的电能计量装置禁止投入使用。

③检查工作凭证记录内容是否正确、齐全,有无遗漏;施工人、封表人、客户是否已签字盖章。以上全部齐整后将工作凭证转交营业部门归档立户。转交前应将有关内容登记在电能计量装置台账上,填写电能计量装置账、册、卡。

④对竣工验收报告、验收试验数据、技术资料等进行归档,并确定电能计量装置分类信息。

附:除变电站安装竣工验收必须按照规程规定开展外,一般的现场安装施工则可以编制竣工验收表的方式进行。例如编制电能计量装置安装验收表,将涉及本项工作的项目逐项列在表中,由装表接电工在安装工作完成后,逐项检查确认。

电能计量装置验收评价表格式可参考表 5-1。

表 5-1　电能计量装置验收评价表（适用专变客户）

客户名称：××化工厂				安装地址：××路33号	
线路（公用变压器）名称：××线 10 kV7 号变电站				装箱容量：　　　　kVA（kW）	
装置接线	相　　线			装置类别	
电压互感器	变化：　　　　　　/0.1 kV			接线方式：　　　　　　/	
	型　号		出厂编号		生产厂家
	精度等级			有效日期	
	专用 TV □	专用绕组□		回路其他设备：	
电流互感器	变化：　　　　　　/5 A			接线方式：	
	型　号		出厂编号		生产厂家
	精度等级			有效日期	
	专用 TA □	专用绕组□		回路其他设备：	
电能表	型　号	规　格	精度等级	出厂编号	有效期　　生产厂家
电能计量装置封闭	加封部位： 组合互感器二次出线盒□　　　联合接线盒□　　　计量表箱□ 计量箱柜□　　　电能表大盖□　　　电能表表尾盖□ 其他：				
结论与说明：					
验收人：				验收时间：　　　年　　月　　日	

思考与讨论

1. 电能计量装置现场核查的具体内容有哪些？

2. 成套电能计量装置验收时的重点检查项目有哪些？

任务 5.2　电能计量装置接线检查及差错处理

为了确保电能计量装置的准确、安全运行,电能计量装置安装后应具备以下条件:

①电能表和互感器的室内检定数据合格。

②电能表和互感器的铭牌参数和被测电路相适应。

③根据被测电路正确选择电能计量装置接线方式。

④二次回路的负荷应不超过互感器的额定值。

⑤电压互感器二次回路电压降应符合规程规定。

⑥电能表和互感器的接线正确。

其中,电能计量器具的误差是否合格和接线是否正确是影响电能计量装置准确性的主要因素,因此,对电能计量装置的运行前和运行中检查是正确计量的前提和保证。

错误接线包括电能表计量元件的电流电压配对错误、电压互感器和电流互感器的极性反接、电压互感器的断相、电流互感器的开路和短路、电流互感器铭牌上额定变比与其实际变比不符等。

电能计量装置的接线检查分停电检查和带电检查两种。

5.2.1　停电检查

停电检查是在一次侧停电时,对电压、电流互感器、二次回路接线、电能表接线等电能计量装置组成部分,比照接线图进行的检查。

对新安装和更换互感器后的电能计量装置,都必须在不带电的情况下进行接线检查。对于运行中的电能计量装置,当无法判断接线正确与否或需要进一步核实带电检查的结果时,也要进行停电检查。停电检查的主要内容有互感器极性检查、变比和接线组别检查、二次回路接线检查和电能表接线检查等。

(1)检查前的准备工作

①准备有关电能计量装置的信息资料,如被检查计量装置的安装位置,电能表表号、检验日期、检验人员、安装日期、上次抄表度数等,互感器的出厂编号、检验日期、检验人员、铭牌变比、实际变比、封表箱的铅封号等,以便现场核对判断。

②停电检查前按规定办理工作票,并应先确定有无阻止送电或反送电的措施,且在计量装置前后两侧打地线,悬挂标牌,防止在检查过程中计量装置突然来电、感应电、电容设备剩余电等带电,造成人身事故。

③检查用工器具包括验电器、万用表、通灯等仪器准备完好。

(2)停电检查的步骤和方法

1)核对互感器铭牌内容与台账是否相符

检查互感器变比、编号、准确度等级以及互感器二次回路的接地检查。

2）互感器的极性检查

检查核对互感器的极性标志是否正确,一般现场都是采用直流法进行试验。现场测试时都使用万用表作为测量仪表,要注意仪表应使用指针式万用表,挡位选择为直流电压(或电流)挡。

3）二次回路接线检查

①核对二次回路接线端子标志。首先核对相别。为减少错误接线,在施工阶段就应将从电压、电流互感器到电能表的二次回路接线采用不同颜色的导线进行区分,通常采用黄、绿、红、黑分别代表 U、V、W、N 相进行电能表接线。查线时先核对电压、电流互感器一次绕组相别是否与系统相符。再根据电压、电流互感器一次侧接线端子的电源线、负荷线及极性标志,确定由电压、电流互感器到电能表接线端子间连接导线的相别及对应的标号。

然后核对标号。从电压、电流互感器二次端子到户外端子箱、电能表屏的端子排,再到电能表接线盒之间的所有接线端子,都有专门的标志符号,同时标记在二次回路的接线图中,以供施工接线和接线检查时核对。

②二次回路导线导通与绝缘检查。二次回路导线导通检查常用的工具是万用表和通灯。通灯是由电池、小灯泡及测试线组成,如图 5-1 中虚线框内所示。在使用通灯进行导线导通检查时,先将电缆两端全部拆开,再将电缆一端的线头逐根接地,通灯测试线的一端也接地,另一端与待查导线的另一端相连,如图 5-1 所示。若待查导线两端是同一根导线,则通灯经过接地点构成回路,灯泡亮,表明两头对应线端为同一根导线。从端子排到电能表端子间的每一根导线都可以用这个方法进行导通检查。

二次回路导线绝缘检查:二次回路导线不但要连接正确,每根导线之间及导线对地之间都要求有良好的绝缘。导线间和导线对地的绝缘电阻,可用 500 V 或 1 000 V 的绝缘电阻表(俗称摇表)来测量,绝缘电阻应符合相关规程要求(一般不低于 10 MΩ)。

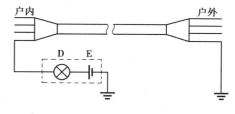

图 5-1 通灯使用接线图

4）电能表接线检查

电能表接线检查主要是根据电能计量装置的典型接线图,并按照电能计量装置安装接线规则的要求进行逐一对照检查核对。在送电前还应检查以下内容:

①检查电能表、互感器及互感器所装相别是否和工单上所列一致。核对电能表倍率、互感器变比是否和工单上所列一致。

②检查电能表、互感器安装是否牢固,安全距离是否足够,各处螺丝是否旋紧,接触面是否紧密;电能表、接线盒导线线头不得外露,互感器端子垫圈和弹簧垫圈有否缺失。

③检查电能表的接线是否正确,特别要注意电流、电压互感器一、二次侧的极性与电能表的进出端钮及相别是否对应。

④检查电流、电压互感器的二次侧及外壳是否接地,接地是否良好。

⑤检查二次导线截面电压回路是否为 2.5 mm² 以上,电流回路是否为 4 mm² 及以上,中

间不能有接头和施工伤痕。

⑥检查电压互感器一次侧熔断器是否导通,熔丝端弹簧铜片夹的弹性及接触面是否良好,是否氧化。

⑦检查所有应加封印位置封印是否完好、清晰、无遗漏。

⑧检查工具、物体等,不应遗留在设备上。

5.2.2 带电检查

带电检查就是在电能计量装置运行状态下对其安装接线是否正确和运行状态是否正常所进行的检查。带电检查的主要内容包括:检查互感器本身的极性和接线是否正确;检查互感器与电能表之间的接线是否正确;检查电能表内部接线是否正确;检查计量装置是否故障运行。

新安装或改造后的计量装置和运行中计量装置发生异常、因电力系统接线改变引起计量装置发生改变时,均需进行带电检查。

电能计量装置的带电检查是通过对计量装置二次电压、电流值、相位角等参数的测量来确定电能表、互感器的接线方式,判断故障类别。它是直接在二次回路上进行测量,故一定要严格遵守电力安全工作规程,特别要注意电流互感器二次回路不能开路,电压互感器二次回路不能短路。

带电检查的常用方法有以下几种:

(1)实负荷比较法

将电能表反映的功率与电能计量装置实际所承载的功率比较,也可根据线路中的实际功率计算电能表转动一定圈数所需的时间与实际测得时间进行比较,以判断电能计量装置是否正常,这种方法就是实负荷比较法,一般称为瓦秒法。

具体检查方法是:用一只秒表记录电能表转盘转动 N 转(电子式电能表发出 N 个脉冲)所用的时间 $t(\mathrm{s})$,然后根据电能表常数计算出电能表反映的功率,将计算的功率值与线路中负荷实际功率值相比较,若二者近似相等,则说明电能表接线正确;若二者相差甚远,超出电能表的准确度等级允许范围,则说明电能计量装置接线有错误。

电能表反映的功率按下式计算:

$$P = \frac{3\ 600 \times 1\ 000 N}{Ct} \tag{5-1}$$

实负荷比较法适用于所有的有功、无功电能计量装置的接线检查。运用实负荷比较法时,要求负荷功率在测试期间相对稳定,波动过大会降低判断的准确性。

(2)电压断开法

1)三相三线

图 5-2 为三相三线有功电能表断开 V 相电压进线的接线图和相量图,此时电能表第一元件接入 $\frac{1}{2}\dot{U}_{\mathrm{uw}}$、$\dot{I}_{\mathrm{u}}$,第二元件接入 $\frac{1}{2}\dot{U}_{\mathrm{wu}}$、$\dot{I}_{\mathrm{w}}$,则三相电能表反映的功率为:

$$P' = \frac{1}{2}U_{uw} \times I_u \times \cos(30° - \varphi_u) + \frac{1}{2}U_{wu} \times I_w \times \cos(30° + \varphi_w)$$

$$= \frac{1}{2}(\sqrt{3}\,UI\cos\varphi) = \frac{1}{2}P \qquad (5\text{-}2)$$

由式(5-2)可知,断开 V 相电压后,电能表的转速若为原转速的一半,说明原来的电能表接线是正确的。

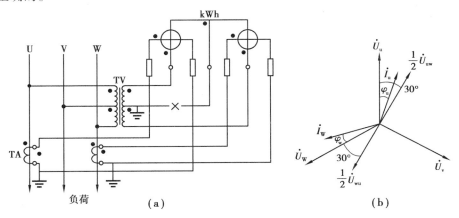

图 5-2 三相三线有功电能表断 V 相电压

实际运用中,当三相电压、电流相对对称平衡时,先测定电能表转 N 转所需的时间 T_0,然后再断开 V 相电压,再测定电能表转 N 转所需的时间 T,只要 T 约等于 2 倍的 T_0,则表明接线正确。(无功表断开 W 相)

2)三相四线

对于三相四线电能表,若每断开电能表一个元件电压接线,则电能表少计 1/3,如发现断开某相电压线后电能表反而走快了,要检查是否有电焊变压器跨接在线电压上。

对于电子式表,分别短接一相电流的进出线或断开一相电压线,看电能表发出的脉冲快慢,如果负荷比较稳定且平衡,则短接一相电流接线或断开一相电压接线,电能表发出的脉冲为正常的 2/3。

(3)电压(或电流)交叉法

将三相三线有功电能表的电压进线 u、w 相位置交换,如图 5-3 所示,此时电能表第一元件接入 $\dot{U}_{wv}$,$\dot{I}_u$,第二元件接入 $\dot{U}_{uv}$,$\dot{I}_w$,则三相电能表反映的功率为:

$$P' = U_{wv} \times I_u \times \cos(90° + \varphi_u) + U_{uv} \times I_w \times \cos(90° - \varphi_w) = 0 \qquad (5\text{-}3)$$

可见,u、w 相电压进线位置交换后,若有功电能表停走,说明原来的接线正确。同样也可采用 u、w 相电流交叉法,即将电能表二次接线中 u、w 相电流线对调,此时判断过程及结论与电压交叉法完全相同。

电压断开法和交叉法属于趋势判断,允许有一定偏差。在三相负荷极端不平衡且波动较大时,此法不准确。

上述几种方法用于无专用测试设备时的快速判断,且只能确定电能表接线是否正确,而无法判断错误接线的具体方式。

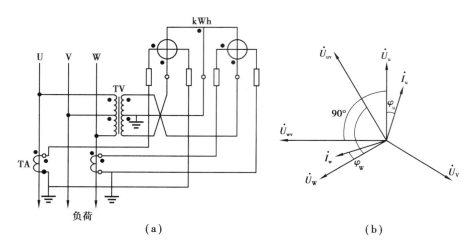

(a)   (b)

图 5-3   三相三线有功电能表 U、W 相电压交叉

(4)相量图分析法

相量图分析法是指根据现场采集或测试的电能计量装置有关运行参数(电压、电流、相序、相位差等)绘制其实际运行状态下的相量图,与正确接线方式下的标准相量图对照分析,从而判断出计量装置实际接线方式的一种方法。

因单相电能表和三相四线电能表接线相对简单,加之电能表接线采用分相接线后,出现错误的几率较低且容易发现,所以此处以三相三线高压电能计量装置为例进行分析。

1)三相三线有功计量装置正确接线方式下的标准相量图(六角图)

三相三线两元件有功电能计量装置的正确接线图和相量图如图 5-4 所示,接线方式记为 $[\dot{U}_{uv},\dot{I}_u]$,$[\dot{U}_{wv},\dot{I}_w]$。

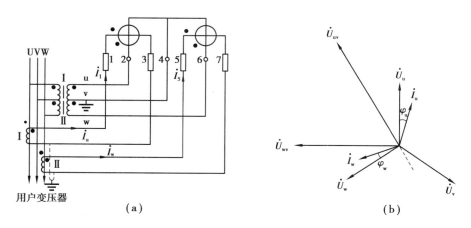

(a)   (b)

图 5-4   三相三线两元件有功电能计量装置的正确接线图和相量图

三相三线电路中各线电压在相量图中的正确位置如图 5-5(a)所示,图中 6 个线电压相互间的相位差均为 60°,把各线电压的箭头端用虚线连接起来,就形成一个六角图。在图 5-4 所示电路中,$\dot{I}_1 = \dot{I}_u$,$\dot{I}_5 = \dot{I}_w$,$\dot{U}_{24} = \dot{U}_{uv}$,$\dot{U}_{64} = \dot{U}_{wv}$,$\dot{U}_{62} = \dot{U}_{wu}$。设负载为感性、功率因数角 $\varphi = 30°$,

则 $\dot{I}_1(\dot{I}_u)$ 与 $\dot{U}_{uw}$ 同相,$\dot{I}_5(\dot{I}_w)$ 与 $\dot{U}_{wv}$ 同相,以 $\dot{I}_1$ 为参考相量,将各电压、电流相量画入六角图中,得到三相三线两元件有功电能计量装置正确接线方式下的六角图,如图 5-5(b) 所示。

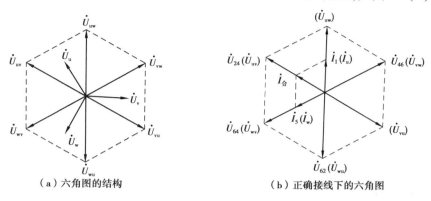

图 5-5　正确六角图的概念

2)三相三线有功计量装置的典型错误接线类型

①TV 一次或二次断线。

正常情况下,二次侧三个线电压都是 100 V。当 TV 一次或二次断线时,二次侧三个线电压不相等且数值相差较大,具体与互感器的接线方式和二次负荷的连接方式有关,没断的两相之间的电压值总为 100 V,其他两个线电压大小按负载阻抗分配,理论上可能出现 0 V、50 V、57.7 V、33.3 V、66.7 V 等情况。

在实际工作中,如果 TV 一次侧熔断器熔断,在二次测量的线电压可能既不会出现理论分析中的 0 V,也不会出现 50 V。这是由于一次侧熔断器熔断后,其熔断电弧的游离物在高电压作用下,本应呈现的无穷大阻抗存在不确定性,可能存在即使熔断也不会呈现绝对断开的状态,但无论如何,如果测得电压值仅为几十伏,有很大可能是 TV 一次侧断线。

此外,当前电网大量运用电子式多功能电能表,其内部接线除了电压采样电路外,还有一套电能表工作电源电路并联在电能表的电压回路上。"电源"电路与"电压采样网络"电路的并联关系可能会导致发生电压断线故障后,电能表端该相电压并不会因为该相外部电压断路为零,而是通过电源并联电路,将正常相电压串到电能表故障相端,故其电压数值与各种表型"电源"电路设计方式有关。

表 5-2 中列出了四种不同厂家电能表在不同电压断路的情况下表端电压的实测数值。

表 5-2　电子式多功能电能表断压实测数据表

被测表铭牌参数	(1)DSSD71　3×100 V　3×1.5(6)A	
电压回路正常电压值	$U_{UV} = 99.94$ V	$U_{WV} = 100.10$ V
断 U 相	47.09 V	100.59 V
断 V 相	51.91 V	49.44 V
断 W 相	99.88 V	45.76 V

续表

被测表铭牌参数	(2) DSSD71　3×100 V　3×1.5(6)A	
电压回路正常电压值	U_{UV} = 99.94 V	U_{WV} = 100.10 V
断 U 相	41.19 V	100.08 V
断 V 相	50.71 V	50.67 V
断 W 相	99.89 V	40.28 V
被测表铭牌参数	ABB　3×100 V　3×1.5(6)A	
电压回路正常电压值	U_{UV} = 99.94 V	U_{WV} = 100.10 V
断 U 相	2.65 V	100.06 V
断 V 相	44.57 V	59.39 V
断 W 相	99.89 V	2.72 V
被测表铭牌参数	DSSD719　3×100 V　3×1.5(6)A	
电压回路正常电压值	U_{UV} = 99.94 V	U_{WV} = 100.10 V
断 U 相	1.44 V	100.51 V
断 V 相	48.36 V	52.22 V
断 W 相	100.34 V	1.40 V
被测表铭牌参数	DSSD5　3×100 V　3×1.5(6)A	
电压回路正常电压值	U_{UV} = 99.94 V	U_{WV} = 100.10 V
断 U 相	38.68 V	100.06 V
断 V 相	48.16 V	52.02 V
断 W 相	99.89 V	36.78 V

如判断 TV 一次、二次的断线情况,一是检查 TV 一次、二次熔断器,二是检查户外、户内所有接线端子,排除 TV 一次、二次熔断器和端子接触不良造成的电能计量装置失压故障。消除 TV 一次、二次熔断器和因端子接触不良隐患后,如二次电压仍不正常,则需要停电进行认真检查。

②TV 二次侧极性接反。

当 TV 二次侧极性接反,电压相量图和二次电压值有不同的表现,表5-3列出了两台单相电压互感器 Vv 接线极性接反时的相量图和二次输出线电压的大小。读者可自行分析 Yy 接线的 TV 二次侧极性接反时的情况。

表 5-3　Vv 接线极性接反时二次输出的线电压及其相量图

序号	极性接反相别	接线图	相量图	二次线电压(V)
1	U 相极性接反	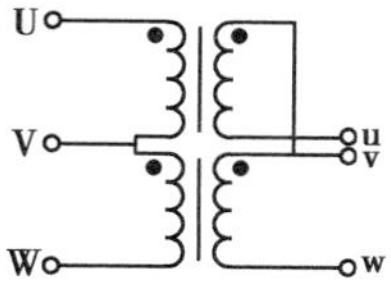	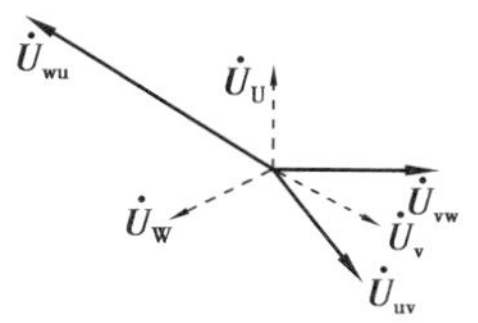	$U_{uv} = 100$ V $U_{vw} = 100$ V $U_{wu} = 173$ V
2	W 相极性接反	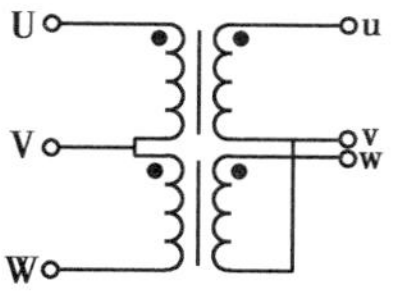	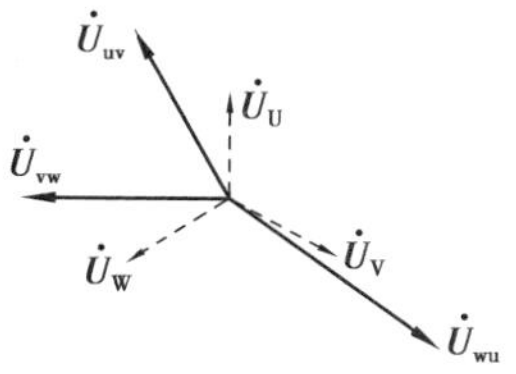	$U_{uv} = 100$ V $U_{vw} = 100$ V $U_{wu} = 173$ V
3	U、W 相极性均接反	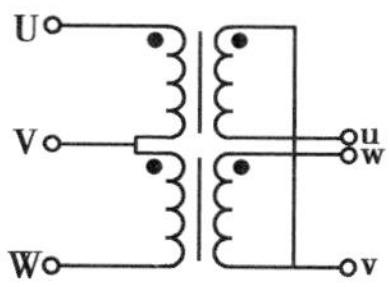	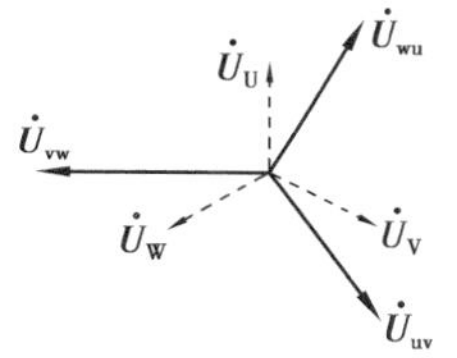	$U_{uv} = 100$ V $U_{vw} = 100$ V $U_{wu} = 100$ V

③电能表三个电压输入端的相别接错。

电能表三个电压输入端 2、4、6 接错相别可分为图 5-6(b)、(c)所示的轮换接错和图 5-6(d)、(e)、(f)所示的交叉接错两大类,交叉接错使电压变为负序。

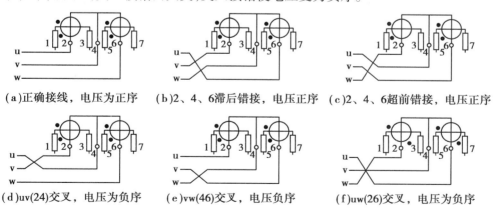

（a)正确接线,电压为正序　　（b)2、4、6滞后错接,电压正序　　（c)2、4、6超前错接,电压正序

（d)uv(24)交叉,电压为负序　　（e)vw(46)交叉,电压负序　　（f)uw(26)交叉,电压为负序

图 5-6　电能表三个电压输入端接入不同相别

④TA 输出端至电能表电流输入端之间的二次错误接线。

图 5-7 概括了 TA 输出端至电能表电流输入端之间的二次接线可能出现的 8 种常见接线,虚线右边两图的 4 个接线端子可分别与左图的 4 个端子配接,使得 $\dot{i}_1$、$\dot{i}_5$ 与 $\dot{i}_u$、$\dot{i}_w$ 间的

关系有如表5-4所示的8种组合,其中只有第一种是正确接线。

表5-4 $\dot{I}_1$、$\dot{I}_5$ 与 $\dot{I}_u$、$\dot{I}_w$ 间的8种组合

$\dot{I}_u$进第一元件	$\dot{I}_1 = \dot{I}_u$	$\dot{I}_1 = -\dot{I}_u$	$\dot{I}_1 = \dot{I}_u$	$\dot{I}_1 = -\dot{I}_u$
$\dot{I}_w$进第二元件	$\dot{I}_5 = \dot{I}_w$	$\dot{I}_5 = \dot{I}_w$	$\dot{I}_5 = -\dot{I}_w$	$\dot{I}_5 = -\dot{I}_w$
$\dot{I}_w$进第一元件	$\dot{I}_1 = \dot{I}_w$	$\dot{I}_1 = \dot{I}_w$	$\dot{I}_1 = -\dot{I}_w$	$\dot{I}_1 = -\dot{I}_w$
$\dot{I}_u$进第二元件	$\dot{I}_5 = \dot{I}_u$	$\dot{I}_5 = -\dot{I}_u$	$\dot{I}_5 = \dot{I}_u$	$\dot{I}_5 = -\dot{I}_u$

分析易知,如果出现单台 TA 极性反接,那么合并测量流入 1、5 两个端子的电流 $\dot{I}_合 = \dot{I}_1 + \dot{I}_5$ 会上升为 $\sqrt{3}I_l$,这可给判断单台 TA 极性反接提供依据。

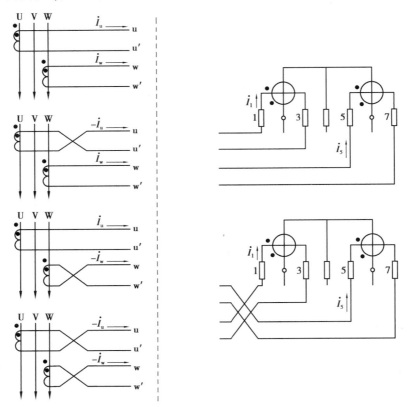

图5-7 TA 输出端与电能表电流输入端之间可能出现的各种接线

上述各种错误接线可任意组合,演变出三相三线电能计量装置种类繁多的错误接线方式。

3)现场运行参数测试步骤

测试设备采用数字相位伏安表,有各种表型,其中一款的面板布置如图5-8所示。它有左右两个输入通道,每个输入通道都分别有一对电流输入端、一对电压输入端,可单独测量电

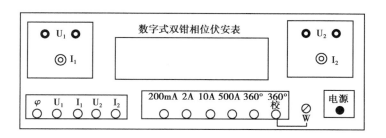

图 5-8　数字相位伏安表的面板布置

压、电流的有效值;只能测量两个输入通道间电量的相位差,并且以左通道的电流为参考相量。因此可将 $\dot{I}_1$ 固定输入到左通道的电流输入端上,而将 $\dot{I}_5$、$\dot{I}_合$、$\dot{U}_{24}$、$\dot{U}_{64}$、$\dot{U}_{62}$ 分别输入到右通道的电流或电压输入端,测量出它们滞后于 $\dot{I}_1$ 的相位差角。设施加至电能表上的电流、电压为额定值,测试过程如下:

①观察表盘转向、转速(或电子式电能表脉冲指示灯的闪速),初步判断电能表的运行状态是否正常(实负荷比较法)。

②测量接入电能表 2、4、6 三个电压输入端间的电压 U_{24}、U_{64}、U_{62},正常情况均为 100 V 左右。若某个电压值上升为 $\sqrt{3}U_l$,应判定有一相电压互感器二次同名端极性接反。

③测量流入电能表 1、5 两个电流输入端的电流 I_1、I_5,正常情况均为 5 A 左右。合并测量接入 1、5 两个电流输入端的 $I_合$(即 $\dot{I}_v$ 的有效值),正常也为 5 A。$I_合$ 若为 $\sqrt{3}I_l$,应判定有一相电流互感器二次同名端极性接反。

测量电流可用数字相位伏安表附带的钳形电流互感器,互感器的钳口一定要夹紧,钳面上的极性标志要面对电流流进的方向。

④测量电能表电压输入端 2、4、6 的对地电压,判断 2、4、6 中哪端接地,其结果作为确定错误接线的参考信息。正常情况应为 $U_{2地}=U_{6地}=100$ V,$U_{4地}=0$ V,即端子 4 与 TV 二次侧出线端的 v 点相连,v 点要可靠接地。但若 TV 二次侧的三根连线间出现交叉或轮换,则会出现不同的测量结果。

⑤将相序表的 U、V、W 三端钮接至电能表的 2、4、6 三个端子,测量电压相序,相序表正转时 $\dot{U}_{24}$、$\dot{U}_{46}$、$\dot{U}_{62}$ 三个线电压为正相序,反转时为负相序。下列几种情况会影响相序表的测量结果:①TV 二次侧与电能表电压输入端 2、4、6 的三根连线中任意两根交叉,结果为负序;②有一相 TV 二次侧同名端极性接反,结果为负序;③TV 二次侧与电能表电压输入端 2、4、6 的三根连线中任意两根交叉,且同时有一相电压互感器二次侧同名端极性接反时,因为有两个使相序变反的因素存在,结果为正序。

⑥测量 $\dot{I}_5$、$\dot{I}_合$、$\dot{U}_{24}$、$\dot{U}_{64}$、$\dot{U}_{62}$ 滞后于 $\dot{I}_1$ 的相位差角。

4)相量图分析法实例

【例 5-1】　对现场某三相三线有功电能计量装置的测试结果见表 5-5。请根据测试结果画出相量图并分析判断其错误接线方式,然后作出其实际接线图,计算出该方式下电能表反

映的功率。(设负载为感性 $\varphi = 30°$)(括号中的相位差是修正后的理想值)

表 5-5 测试数据

二次线 电压/V	U_{24}	U_{46}	U_{62}	相序表正转	铝盘慢速反转
	100	101	98.5	$\dot{I}_1$ 超前其他相量的角度/(°)	
二次线 电流/A	I_1	I_5	$I_合$	$\dot{I}_5$	63(60)
	5.01	5.05	8.67	$\dot{I}_合$	30(30)
对地 电压/V	2→地		100	$\dot{U}_{24}$	296(300)
	4→地		0	$\dot{U}_{64}$	237(240)
	6→地		101	$\dot{U}_{62}$	177(180)

解 (1)分析:铝盘慢速反转——接线有误?

$U_{24} \approx U_{64} \approx U_{62} \approx 100$ V,说明 TVI、TVII 接线正常(现场两台 TV 极性均接反的情况极少,故此处不作分析);

$U_{2地} = U_{6地} = 100$ V,$U_{4地} = 0$ V,说明电能表的电压输入端子 4 接 TV 二次侧公共端 v 点,又相序表正转,可确定电能表电压输入端 2、4、6 接入的电压相别为 u-v-w。

$I_1 \approx I_5 \approx 5$ A,$I_合 = 8.67A = \sqrt{3}I_l$,说明一台 TA 二次极性接反。

(2)据表中测试数据画出相量图如图 5-9(a)所示。

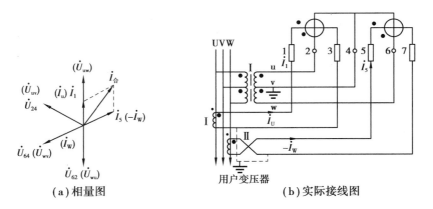

(a)相量图　　　　(b)实际接线图

图 5-9 【例 5-1】附图

(3)判定。电能表的三个电压输入端 2、4、6 接入的电压相别为 u-v-w,正常,那么 $\dot{U}_{24} = \dot{U}_{uv}$,$\dot{U}_{64} = \dot{U}_{wv}$,$\dot{U}_{62} = \dot{U}_{wu}$,与标准相量图相符,该计量装置电压回路接线无误。

由相量图知 $\dot{I}_1$ 与 $\dot{U}_{uw}$ 同相,与标准相量图相符,则 $\dot{I}_1 = \dot{I}_u$;而 $\dot{I}_5$ 与 $\dot{U}_{wv}$ 反相,可见 TAII 极性接反,$\dot{I}_5 = -\dot{I}_w$。

故判定该三相三线有功电能计量装置的错误接线方式为:$[\dot{U}_{uv},\dot{I}_{u}]$ 和 $[\dot{U}_{wv},-\dot{I}_{w}]$。实际接线图如图 5-9(b)所示。

(4)计算。该接线方式下电能表实际反映的功率为

$$P_{计}=U_{24}I_1\cos 60°+U_{64}I_5\cos 180°=-\frac{1}{2}U_LI_L=-250\ \text{W}$$

说明:如果出现 TV 二次侧有极性接反情况,应停电认真检查方能作出准确判断。分析时,为方便起见可先假设。上例中先确定电压再判定电流,也可先确定电流再判定电压,如下例。

【例 5-2】　对现场某三相三线有功电能计量装置的测试结果如表 5-6 所示,试根据测试结果画出相量图分析判断其错误接线方式,并作出其实际接线图。(设负载感性为 $\varphi=30°$。)

表 5-6　【例 5-2】测试数据

二次线电压(V)	U_{24}	U_{46}	U_{62}	相序表正转	脉冲灯快速闪烁
	100	173	100	$\dot{I}_1$ 超前其他相量的角度(°)	
二次线电源(A)	I_1	I_5	$I_合$	$\dot{I}_5$	240
	5	5	5	$\dot{I}_合$	300
对地电压(V)	2→地	0		$\dot{U}_{24}$	300
	4→地	100		$\dot{U}_{64}$	270
	6→地	100		$\dot{U}_{62}$	240

解

(1)分析:脉冲灯快速闪烁——接线是否有误?

$U_{64}=173\ \text{V}=\sqrt{3}\,U_1$,说明一台 TV 极性接反,但相序表正转,说明还有另一致相序表反转因素;

$U_{4地}=U_{6地}=100\ \text{V},U_{2地}=0\ \text{V}$,说明电能表的电压输入端子 2 错接 TV 二次侧公共端 v 点,又因相序表在一台 TV 极性接反情况下仍正转,故电能表电压输入端子存在交叉接错,可确定电能表电压输入端 2、4、6 接入的电压相别为 u-u-w。

$I_1=I_5=I_合=5\ \text{A}$,表明 TA 极性连接正确。

(2)据表中测试数据画出相量图如图 5-10(a)所示。

(3)判定:测试表明 TA 极性连接正确且由相量图可见 $\dot{I}_5$ 超前 $\dot{I}_1$ 120°,符合正序原则,所以 $\dot{I}_1=\dot{I}_u,\dot{I}_5=\dot{I}_w$。

由相量图可见 $\dot{U}_{62}$ 与 $\dot{I}_5=\dot{I}_w$ 同相,则 $\dot{U}_{62}=\dot{U}_{wv}$,$\dot{U}_{24}$ 超前 $\dot{I}_u$ 60°表明 $\dot{U}_{24}=\dot{U}_{uv}$,结合前已判明的 TV 二次侧 v-u 交叉接入电能表的电压输入端子 2、4 可判定:TV Ⅰ 极性反,TV Ⅱ 极性连接无误。由此可画出其实际接线图如图 5-10(b)所示,由相量图可见 $\dot{U}_{64}=\dot{U}_{wv}+\dot{U}_{uv}$ 和接线图相符。

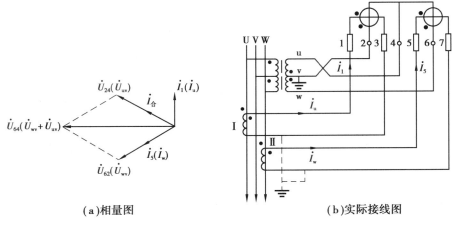

（a）相量图　　　　　　　　　　　　（b）实际接线图

图 5-10　【例 5-2】附图

故判定该三相三线有功电能计量装置的错误接线方式为 $[\dot{U}_{\mathrm{uv}},\dot{I}_{\mathrm{u}}]$ 和 $[\dot{U}_{\mathrm{wv}}+\dot{U}_{\mathrm{uv}},\dot{I}_{\mathrm{w}}]$。

【例 5-3】　对现场某三相三线有功电能计量装置的测试结果见表 5-7 所示,试根据测试结果画出相量图分析判断其错误接线方式,并作出其实际接线图、计算出该方式下电能表反映的功率。（设负载为感性 $\varphi=30°$。）

表 5-7　测试数据

二次线电压/V	U_{24}	U_{46}	U_{62}	相序表反转	铝盘慢速正转
	173	100	100	$\dot{I}_1$ 超前其他相量的角度/(°)	
二次线电流/A	I_1	I_5	$I_{合}$	$\dot{I}_5$	300
	5	5	8.66	$\dot{I}_{合}$	330
对地电压/V	2→地	100		$\dot{U}_{24}$	30
	4→地	100		$\dot{U}_{64}$	60
	6→地	0		$\dot{U}_{62}$	180

解　（1）分析:铝盘慢速正转——接线是否有误?

$U_{24}=173$ V $=\sqrt{3}U_l$,说明一台 TV 极性接反,且此因素致相序表反转;

$U_{2地}=U_{4地}=100$ V,$U_{6地}=0$ V,说明电能表的电压输入端子 6 错接 TV 二次侧公共端 v 点,又因相序表反转为 TV 极性接反所致,故电能表电压输入端子存在轮换接错,可确定电能表电压输入端 2、4、6 接入的电压相别为 w-u-v。

$I_1=I_5=5$ A,$I_{合}=8.66$ A $=\sqrt{3}I_l$,表明有一台 TA 二次极性接反。

（2）据表中测试数据画出相量图,如图 5-11（a）所示。

（3）判定。一台 TA 二次极性接反,由表 5-4 可知 $\dot{I}_1$、$\dot{I}_5$ 与 $\dot{I}_{\mathrm{u}}$、$\dot{I}_{\mathrm{w}}$ 间有 4 种可能组合——

① $\dot{I}_1=\dot{I}_{\mathrm{w}}$,$\dot{I}_5=-\dot{I}_{\mathrm{u}}$;② $\dot{I}_1=-\dot{I}_{\mathrm{w}}$,$\dot{I}_5=\dot{I}_{\mathrm{u}}$;③ $\dot{I}_1=\dot{I}_{\mathrm{u}}$,$\dot{I}_5=-\dot{I}_{\mathrm{w}}$;④ $\dot{I}_1=-\dot{I}_{\mathrm{u}}$,$\dot{I}_5=\dot{I}_{\mathrm{w}}$。

结合相量图分析可见③④两种组合不符合正序原则,故舍去。

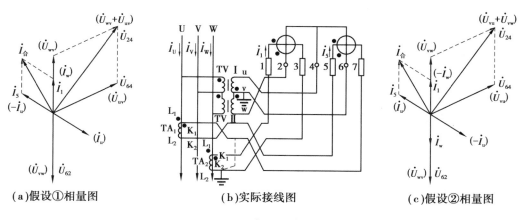

(a)假设①相量图　　(b)实际接线图　　(c)假设②相量图

图 5-11　【例 5-3】附图

①设 $\dot{I}_1 = \dot{I}_w$，$\dot{I}_5 = -\dot{I}_u$。

由相量图可见 $\dot{U}_{62}$ 与 $\dot{I}_1 = \dot{I}_w$ 反相，则 $\dot{U}_{62} = \dot{U}_{vw}$，$\dot{U}_{64}$ 超前 $\dot{I}_u 60°$ 表明 $\dot{U}_{64} = \dot{U}_{uv}$。结合前已判明的 TV 二次侧 w-u-v 依次轮换接入电能表的电压输入端子 2、4、6 可判定：TVI 极性反，TVII 极性连接无误。由此可画出其实际接线图如图 5-11(b)所示，由相量图可见 $\dot{U}_{24} = \dot{U}_{wv} + \dot{U}_{uv}$ 和接线图相符。

故判定该三相三线有功电能计量装置的错误接线方式为：$[\dot{U}_{wv} + \dot{U}_{uv}, \dot{I}_w]$ 和 $[\dot{U}_{uv}, -\dot{I}_u]$。

②设 $\dot{I}_1 = -\dot{I}_w$，$\dot{I}_5 = \dot{I}_u$，如图 5-11(c)所示。

由相量图 5-11(c)可见 $\dot{U}_{62}$ 与 $\dot{I}_1 = -\dot{I}_w$ 反相，即与 $\dot{I}_w$ 同相，则 $\dot{U}_{62} = \dot{U}_{wv}$。结合前已判明的 TV 二次侧 w-u-v 依次轮换接入电能表的电压输入端子 2、4、6 可判定：TVII 极性反，TVI 极性连接无误，由此可得 $\dot{U}_{64} = \dot{U}_{vu}$，$\dot{U}_{24} = \dot{U}_{vw} + \dot{U}_{vu}$。故判定该三相三线有功电能计量装置的错误接线方式为：$[\dot{U}_{vw} + \dot{U}_{vu}, -\dot{I}_w]$ 和 $[\dot{U}_{vu}, \dot{I}_u]$。读者可自行画出其实际接线图。

(4)计算。该接线方式下电能表实际反映的功率为

$$P_{计} = U_{24}I_1 \cos 30° + U_{64}I_5 \cos 120° = \sqrt{3} U_l I_l \cos 30° + U_l I_l \cos 120°$$

$$= 100 \times 5 \times \left(\sqrt{3} \times \frac{\sqrt{3}}{2} - \frac{1}{2}\right) = 500 \text{ W}$$

本例出现 TV、TA 二次极性均接反，经分析有两种可能，应停电仔细检查方可作出准确判断。

(5)带电检查的注意事项

①带电检查接线应遵照有关规程的组织措施、安全措施和技术要求进行，特别要注意 TA 二次回路不能开路，TV 二次回路不能短路，防止发生人身、设备事故。

②检查接线前应了解负载性质是感性还是容性、功率因数的大致范围以及现场是否安装无功补偿装置等。

③不得在测量过程中拔插电压、电流测量线。

④电流、电压的输入端与电能表的电流、电压极性端必须对应接线,实际电压、电流不能超出挡位量程。

⑤检查接线中应认真细致,对测量数据及电子式电能表显示情况做好详细记录,为分析判断实际接线及退补电量的计算提供参考依据。

⑥测量过程中负荷应尽量保持不变,电流、电压及功率因数应基本保持稳定。

5.2.3　退补电量的计算

(1)退补电量的目的意义和计算依据

电能计量装置超差(差错)涉及供用电双方的经济利益,因此在进行电费结算时,就必须进行电量的退补,通过对超差的计量装置进行分析,判定实际的计量电量,推导出计量装置在故障时所计量的电能,从而推导出实际电能值,最终使差错电量得到退补,确保供用电双方的公平交易。

《供电营业规则》第八十条规定:"由于计费计量的互感器、电能表的误差及其连接线电压降超出允许范围或其他非人为原因致使计量记录不准时,供电企业应按下列规定退补相应电量的电费:

1. 互感器或电能表误差超出允许范围时,以"0"误差为基准,按验证后的误差值退补电量。退补时间从上次校验或换装后投入之日起至误差更正之日止的二分之一时间计算。

2. 连接线的电压降超出允许范围时,以允许电压降为基准,按验证后实际值与允许值之差补收电量。补收时间从连接线投入或负荷增加之日起至电压降更正之日止。

3. 其他非人为原因致使计量记录不准时,以用户正常月份的用电量为基准,退补电量,退补时间按抄表记录确定。

退补期间,用户先按抄见电量如期交纳电费,误差确定后,再行退补。"

《供电营业规则》第八十一条规定:"用电计量装置接线错误、保险熔断、倍率不符等原因,使电能计量或计算出现差错时,供电企业应按下列规定退补相应电量的电费:

1. 计费计量装置接线错误的,以其实际记录的电量为基数,按正确与错误接线的差额率退补电量,退补时间从上次校验或换装投入之日起至接线错误更正之日止。

2. 电压互感器保险熔断的,按规定计算方法计算补收相应电量的电费;无法计算的,以用户正常月份用电量为基准,按正常月与故障月的差额补收相应电量的电费,补收时间按抄表记录或按失压自动记录仪记录确定。

3. 计算电量的倍率或铭牌倍率与实际不符的,以实际倍率为基准,按正确与错误倍率的差值退补电量,退补时间以抄表记录为准确定。

退补电量未正式确定前,用户应先按正常月用电量交付电费。"

(2)计算退补电量的常用方法

电能计量装置超差(差错)的退补方法一般有计算法、估算法和测试法三种。

1)计算法(更正系数法)

用计算法求退、补电量,必须首先求出更正系数 K_G,故计算法又称更正系数法。更正系数为正确电量与错误电量(即错误接线期间计量装置的抄见电量)之比,可表示为

$$K_G = \frac{W_0}{W} \tag{5-4}$$

式中　W_0——正确电量,kW·h;

　　　W——错误接线期间计量装置的抄见电量,kW·h。

由式(5-4)可见,若 $K_G > 1$,表明计量装置少计电量;$0 < K_G < 1$,表明计量装置多计电量;$K_G < 0$,表明计量装置倒计。而且只要能求出更正系数 K_G,便可根据错误接线期间的抄见电量求出用户消耗的真实电量,即

$$W_0 = K_G W \tag{5-5}$$

而更正系数可通过实际测量求得,也可从对错误接线的分析中求得。因为电能表计量的电量是与通过它的功率成正比,所以,只要能找到电能表在错误接线下反映的功率,便可求出 K_G,即

$$K_G = \frac{W_0}{W} = \frac{P_0}{P} \tag{5-6}$$

式中　P_0——正确接线下电能表反映的功率;

　　　P——错误接线下电能表反映的功率。

其中,正确接线方式下电能表反映的功率是固定不变的,三相三线两元件有功电能表的功率可由公式 $P = \sqrt{3} U_l I_l \cos\varphi$ 算得,三相四线三元件有功电能表的功率一般可由公式 $P = 3U_p I_p \cos\varphi$ 算得,而错误接线下的功率 P 可根据作出的相量图求得。

例如:当检查确定三相三线有功计量装置发生 w 相 TA 极性接反的错误时,作出其相量图如图5-12所示,由图可算得在该错误接线方式下电能表反映的功率为

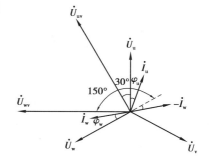

$$\begin{aligned}
P &= P_1 + P_2 \\
&= U_l I_l \cos(30° + \varphi) + U_l I_l \cos(150° + \varphi) \\
&= -U_l I_l \sin\varphi
\end{aligned}$$

所以更正系数为 $K_G = \dfrac{P_0}{P} = \dfrac{\sqrt{3} U_l I_l \cos\varphi}{-U_l I_l \sin\varphi} = -\dfrac{\sqrt{3}}{\tan\varphi}$。

图5-12　w 相 TA 极性反接时的相量图

由上述结果可知,对同一种错误接线,在不同的功率因数下更正系数是各不相同的。因此,确定负载的功率因数是求更正系数的关键。一般是根据改为正确接线后,用运行一段时间的有功电能表示数和无功电能表示数求出平均功率因数,再与其他有关仪表求出(或测出)的功率因数加以核对,最后选定一个符合实际的平均功率因数作为计算功率因数的依据。

确定 K_G 值后,便可根据抄见电量,据式(5-5)求出用户的实际(正确)电量,进而求出退补电量为

$$\Delta W = W - W_0 = (1 - K_G) W \tag{5-7}$$

当 $\Delta W > 0$,表示应向用户退还多计的电量费用;当 $\Delta W < 0$,表示应让用户补交少计的电量费用。

当考虑电能表在错误接线下的相对误差时,根据相对误差的定义,不难写出这时的实际用电量为

$$W_0 = \frac{K_G W}{1 + \gamma} \tag{5-8}$$

式中　γ——电能表错误接线下的相对误差。

考虑电能表相对误差后的退补电量为

$$\Delta W = W - \frac{K_G W}{1 + \gamma} = \left(1 - \frac{K_G}{1 + \gamma}\right) W \tag{5-9}$$

利用上述更正系数法计算退补电量时,所利用的平均功率因数常常与错误接线期间的平均功率因数有出入,会影响计算的准确性,这是它的缺点。此外,错误接线下的功率计算结果为零时,更正系数无法求出,此时应实地现场分析,确定错误接线发生起始时间,结合用户生产的实际负荷,考虑历史月平均电量,与用户充分沟通协商来进行电量退补工作。

2)估算法(比较法)

在难以推导出电量更正系数的情况下,利用此方法推算出需退补的电量值。具体可采用以下几种方式:

①以电能量采集系统的有关数据为参考,并综合考虑正常时期电力线路同此功率时的计量状况,推算出需退补的电量值。

②以下一级或对侧电能计量装置所计电量,并考虑相应的损耗等情况。

③以计量正常月份电量或同期正常月份电量为基准,根据用户值班记录、用电负荷等情况进行综合考虑,推算出需退补的电量值。

④以更正后的计量装置所计电量(一般为一个抄表周期)为基准,根据用电负荷等情况进行综合考虑,推算出需退补的电量值。

⑤以同一计量装置中其他正确计量单元(设备)或以主(副)计量装置正确计量的电量为基准,根据用户值班记录、用电负荷等情况进行综合考虑,推算出需退补的电量值。

3)测试法

通过在保持电能计量装置错误计量的同时,在该计量回路中另按正确接线接入正确的电能计量装置,并选取具有代表性的负载运行计量一段时间,然后用正确接线电能表所计电能量 W_0 除以同时间内错误计量的电能量 W,推导出电量更正系数,计算出需退补的电量值。

(3)**注意事项**

①电能表误差的确定。电能表误差一般按实际负荷点确定,实际负荷难以确定时,应以正常月份的平均负荷确定误差。当平均负荷难以确定时,按电能表加入参比电压,负荷电流为 I_{max}、I_b、$0.2I_b$,功率因数为 $\cos\varphi = 1.0$ 时的检定误差值,按下式计算其误差值

$$\gamma_b(\%) = \frac{\gamma_{b1} + \gamma_{b2} + \gamma_{b3}}{5} \tag{5-10}$$

②当电子式电能表无法读取电能表内部数据信息或计量元件故障时,可按估算法进行差错电量的计算。

③退补时间的确定。当计量装置发生故障时应根据实际发生故障现象的持续时间进行电量退补,无法确定故障发生时间时,以最近一次现场工作发现的时间为起始,结束时间为装置更正后投运时的时间。

④在现场处理计量装置差错或故障时,要及时正确地确定差错或故障类型,并将现场资料收集完整,如差错或故障时间、计量装置的变比、底码、该用户用电规律、月平均用电量多少等,以便于作为退补电量计算的参考依据。

⑤要及时恢复或处理差错、故障,尽快恢复正常,最后是要有用户或运行维护人员在场,以便于证实差错或故障存在和恢复后双方就今后退补电量等相关工作的签字认可。

5.2.4　低压电能计量装置的检查与故障处理流程

低压电能计量装置分为直接接入式单相电能表、直接接入式三相四线电能表和经电流互感器(以下简称 TA)接入的低压三相四线电能计量装置,其接线图分别如图 5-13(a)(b)、5-14 所示。

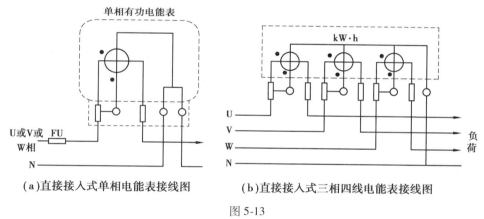

(a)直接接入式单相电能表接线图　　**(b)直接接入式三相四线电能表接线图**

图 5-13

低压三相四线电能计量装置一般安装在客户端,由于安装环境的多样化,此类计量装置的运行环境复杂,在安装和运行中会发生一些常见的故障,如:电能表接线开路、短路、接错、接线盒烧坏;电能计量装置三相电压与电流不同相,二次电流回路短路、开路、极性反接,电压开路;互感器变比错误等,造成电能表故障,影响正确计量。

(1)作业人员、使用设备和安全措施

1)作业人员组成

工作班成员至少 2 人,其中工作负责人 1 人,工作班成员 1 人,客户相关人员等。

2)使用设备

相位伏安表、钳形电流表、相序表、万用表、秒表等。

3)安全措施

本工作属于带电作业,进行低压电能计量装置接线检查时应根据《国家电网公司电力安

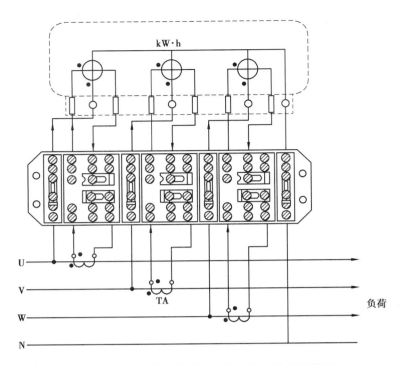

图 5-14 经 TA 接入的低压三相四线电能表接线图

全工作规程》要求做好安全措施,办理工作票(作此书)。还要特别注意:

①现场查勘电能计量装置安装位置及工作环境,保持与带电部位的安全距离。谨防误碰其他带电体,威胁人身安全。如果 TA 安装在变压器出线侧(桩头),则必须将变压器停电,做好安全措施,再进行检查工作。

②使用梯子时,要检查其安全性,应有专人扶护,有防止梯子滑动措施。

③使用登高工具(如脚扣、踏板等)时,检查登高工具是否完好并正确使用。

④高处作业应戴好安全帽,系好安全带,防止高空坠落。

⑤工作所使用的工具和仪表笔等,其金属裸露部分应做好绝缘处理,防止误碰带电体,以保证工作人员的人身安全。

⑥工作人员按规定着装,穿绝缘鞋,并站在绝缘垫上工作。

⑦当电能计量装置元件或回路上有过热、绝缘碳化痕迹时,要小心谨慎,防止因检查动作引起碳化点发生接地、短路事故。

(2)作业项目和内容

1)办理工作许可手续

根据"安全管理"有关规定办理工作许可手续,做好现场安全措施。按要求规范着装,戴安全帽,着棉质工作服,穿绝缘鞋,戴棉质线手套。

2)现场直观检查

观察客户进户接线是否正常,排除私拉乱接等不规范用电,了解客户实际负荷情况,以便核对电能表运行状况。

3）电能计量装置箱（柜）外观及铅封检查

检查电能表外观是否完好,封铅数量、印迹等是否完好,核对铅封标记与原始记录是否一致,做好现场记录,排除人为破坏和窃电。

4）电能计量装置箱（柜）内铅封及接线检查

检查电能表进出线排列是否正确,接线有无松动、发热、锈蚀、碳化等现象。检查电能表接线盒封印、电能表封印（有其他功能的电能表还要检查功能设置、编程部分封印）是否完好,并详细记录异常现象及封印数量、印痕质量等。

5）电能表接线盒内检查

检查电能表电压连片（挂钩）及接线端子螺丝有无松动等现象,进出线有无短路过桥等异常现象。

6）电能表运行状态及功能记录检查

对感应式电能表,观察电能表转盘转速,用秒表测定当前负荷下电能表每转所用时间;对电子式电能表,观察电能表脉冲闪烁频率,用秒表测定 10 个或更多脉冲所用时间。用瓦秒法判断电能表运行是否正常。

此外,还应检查有无异常报警信息,失压、失流记录、电能表当前运行时段、日历时钟、电量示数等信息。

7）电能计量装置接线带电检查

使用万用表、钳形电流表等仪表,在电能表接线端子测量电能表电压、电流等参数,用秒表记录电能表走字时间,分析判断接线是否正确。

对经 TA 接入的低压三相四线电能计量装置还应有后面的检查项目。

8）检查 TA 变比

①检查三只 TA 铭牌变比是否一致,若不一致,应根据 TA 实际变比分别计算三相计费倍率。

②检查 TA 实际变比是否与铭牌变比相符。先根据运行中 TA 一次、二次电流大小,选择两只合适的钳形电流表,然后分别测量 TA 一次、二次电流,将测得的 TA 一次、二次电流数值之比与 TA 铭牌变比核对,判断是否一致。

③如发现 TA 实际变比与铭牌变比不一致,应查证 TA 更换时间,确认故障时间和故障期间用户负荷情况,按实际变比和已计收电量进行电量退补。

④如发现 TA 实际变比或铭牌变比与用户档案资料不符,应初步判断不符的原因,并立即向主管部门报告,工作人员在现场守候,等待相关部门共同处理。现场如果有人为更换 TA 变比痕迹,应启动窃电等相关程序查证处理。

⑤当 TA 为穿芯式多变比时,一次导线实际穿芯匝数与铭牌不一致,会导致计量倍率差错,因此对此类 TA 还要检查一次导线匝数是否正确,要注意数导线穿过 TA 圆心的根数而不是 TA 外导线根数。

9）TA 接线端子检查

检查 TA 一次、二次接线端子以及二次回路电流、电压端子连接是否可靠，如果发现明显缺陷点，应保全现状，待按照营销管理相关程序确认，差错电量处理程序完成后，再开展计量故障处理。

10）检查 TA 与电能表电压线连接方式

检查电能表电压线是否接在 TA 的一元件侧，接触是否良好。如接在 TA 的二元件侧，由于 TA 一次绕组两侧存在电位差（理论上二元件侧电位低于一元件侧电位），因此有可能增大电能表电压附加误差。

11）检查 TA 与电能表元件的对应关系

将钳形电流表置于适当的电流挡位，电流钳夹在三相四线有功电能表某一相电流输入端子引入线上，同时使用专用短接线，可靠短接 TA 二次侧输出端子 K1、K2。当短接某一相 TA 二次端时，钳形电流表指示值发生明显变化（比如趋于零），说明该相 TA 接入该元件电流，做好标记后用同样的方法确定另外两相的对应关系。

12）检查 TA 与电能表电流极性的对应关系

这里只需要检查 TA 与电能表电流端子极性是否一致。在电压接入正确、三相电流对称平衡前提下，若三相电流相量和为零，说明三相二次电流方向一致。因此，在电能表侧将 TA 二次三根电流进线同时卡入钳形电流表，测量三相电流相量相加后的值。在三相电流相量和为零的前提下，若电能表正转，说明电流无反接情况；若电能表反转，说明 TA 二次三相都反向接入电能表或 TA 一次潮流方向为"L2 流进，L1 流出"。若出现其他情况或前提条件不成立，最好采用相量图法进行检查。

13）联合接线盒（二次试验端子）检查

检查联合接线盒到电能表接线端连接导线是否规范（如按黄、绿、红排列）和正确，电流极性是否正确，三相工作电压和电流是否同相。接线盒螺丝是否紧固，电流回路连片（试验连片、旋钮）位置是否正确可靠。联合接线盒规范接线图如图 5-15 所示。

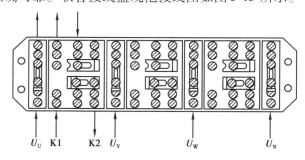

U_U K1   K2 U_V U_W U_N

图 5-15　联合接线盒规范接线图

14）电能表各元件电压与电流同相接入检查

将万用表置于交流 500 V 挡位，表笔一端接在某相 TA 一次的电源侧，另一只表笔分别连接三相四线有功电能表三个电压输入端子，应得到两个 380 V 左右，一个 0 V，示值为 0 的相，表笔两侧为同相。再结合电流回路的判定,确认电能表元件是否接入同一相电压、电流。

15)检查电能表各元件电压与电流的相位关系

用相位伏安表在电能表接线端子处测量电能表电压、电流及相位,分析判断接线是否正确。

16)检查电能表接入电压相序

将相序表的三个表笔按固定次序,分别接到电能表表尾电压端,相序表正转或显示"正",表明为正相序,反之为负相序。对于电子式多功能表,则会引起感性无功和容性无功象限记录错误,需要根据该表的设置进行具体分析。

17)电能计量装置故障处理

如发现电能计量装置有故障,首先分析造成故障原因,确定故障性质、范围,提出初步处理意见,经客户认可签字,报相关管理人员审核处理。如需现场改正错误接线,应报有关部门批准,批准后先申请停电,按规定办理有关手续并采取安全措施后方能进行作业。

对于经联合接线盒接入的电能计量装置,如需现场改正错误接线,可采用不停电方式进行接线更正。

18)电量追补

如发现电能计量装置接线错误,需进行电量退补,以其实际记录的电量为基数,按正确与错误接线的差额率退补电量。退补时间是从上次校验或换装投入之日起,至接线错误更正之日止。对于无法获得电量数据的,以客户正常用电时月平均电量为基准进行追补。

(3)案例分析

【例5-4】　某低压用户安装一只 $3 \times 380/220$ V,$3 \times 5(20)$ A 的三相四线有功电能表,一个抄表周期电能表记录电量 300 kW·h。供电公司工作人员发现该电量明显低于该用户正常平均用电量,并了解到该用户用电负荷无减少,故要求计量维护人员进行现场检查和故障处理。

解　现场检查情况如下:

①工作人员现场检查,表计封印完好,但发现 U 相电压连片松脱,导致电能表 U 相无工作电压。

②检查表明三相负荷基本平衡。

③工作人员现场人为打开 W 相电压挂钩,观察电能表脉冲闪烁速度比打开前慢一半左右,表明 V、W 相正常。

④现场恢复 U 相电压挂钩,观察电能表脉冲闪烁频率比打开前快约 1/3,说明电能表恢复正常。

现场处理程序如下:

①抄读电量示数,现场恢复 U 相电压连片,按规定对电能计量装置或电能计量箱等进行加封。

②计算:

$$K_{\mathrm{G}} = \frac{P_0}{P} = \frac{3U_P I_P \cos\varphi}{2U_P I_P \cos\varphi} = \frac{3}{2}$$

$$W_0 = K_{\mathrm{G}}W = 3/2 \times 300 = 450(\mathrm{kW \cdot h})$$

$$\Delta W = 300 - 450 = -150(\mathrm{kW \cdot h})$$

故应向该客户追收 150 kW·h 的电量电费。

③完成相应工作记录,客户签字认可。

【例 5-5】 一经 TA 接入的低压三相四线电能计量装置,已知电能表起始数为 000 015,止数为 000 045,TA 变比为 150/5 A,负荷功率因数为 0.916,三相电压、电流基本对称平衡,试进行现场检查判断接线是否正确并进行电量退补。

解 (1)测量。

①测量电压:相位伏安表置于 500 V 电压挡,分别测量电能表表尾接线盒处的三个电压接入端对 N 端子的电压。测得数据为:$U_1 = 219$ V,$U_2 = 220$ V,$U_3 = 221$ V。

②测量电流:相位伏安表置于 10 A 电流挡,将电流钳分别夹在电能表表尾接线盒处三根电流进线上测量电流。测得数据为:$I_1 = 2.49$ A,$I_2 = 2.50$ A,$I_3 = 2.51$ A。

③测定接入电压的相序:将相序表测试笔按照排列顺序分别接入电能表的三个电压接入端,相序表上显示电压相序为负相序。

④测量相位:相位伏安表置于相位角测量挡位,分别测量各元件电压与电流间的相位角。测量时应确认电压表笔和电流钳的极性端符合要求(注意:不同厂家电流钳的极性标志可能有不同定义,以使用说明书为准),否则相位测量结果会出错,导致分析出现原则性错误。测得数据为:$\varphi_1 = 25°$,$\varphi_2 = 265°$,$\varphi_3 = 325°$。

(2)确定接入电能表的电压相别。由于电压相别对电能表计量没有影响,可假定 $\dot{U}_1 = \dot{U}_{\mathrm{U}}$,则负相序接入时其余两相分别为 $\dot{U}_2 = \dot{U}_{\mathrm{W}}$,$\dot{U}_3 = \dot{U}_{\mathrm{V}}$。

(3)绘制电压、电流相量图如图 5-16 所示。

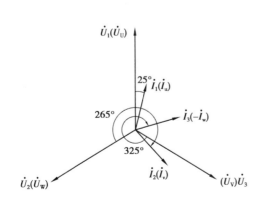

图 5-16 【例 5-5】相量图

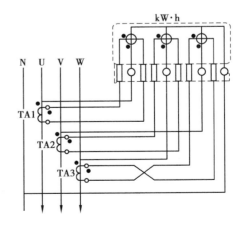

图 5-17 【例 5-5】实际接线图

(4)判断实际接线情况。

由图 5-16 所示的相量图据就近相原则可知:$\dot{I}_1 = \dot{I}_{\mathrm{u}}$,$\dot{I}_2 = \dot{I}_{\mathrm{v}}$,$\dot{I}_3 = -\dot{I}_{\mathrm{w}}$,即该计量装置

的实际接线方式为 $[\dot{U}_\text{U},\dot{I}_\text{u}]$，$[\dot{U}_\text{W},\dot{I}_\text{v}]$，$[\dot{U}_\text{V},-\dot{I}_\text{w}]$，其实际接线图如图 5-17 所示。

（5）计算更正系数和退补电量。

$$K_\text{G} = \frac{P_0}{P} = \frac{3U_P I_P \cos\varphi}{U_\text{U} I_\text{u} \cos\varphi + U_\text{W} I_\text{v} \cos(240° + \varphi) + U_\text{V} I_\text{w} \cos(300° + \varphi)}$$

$$= \frac{3}{1 - \sqrt{3}\tan\varphi} = 1.66$$

$$W = (000045 - 000015) \times 150/5 = 900(\text{kW} \cdot \text{h})$$

$$W_0 = K_\text{G} W = 1.66 \times 900 = 1\,494(\text{kW} \cdot \text{h})$$

$$\Delta W = W - W_0 = 900 - 1\,494 = -594(\text{kW} \cdot \text{h})$$

思考与讨论

1. 电能计量装置的带电检查有哪些注意事项？

2. 一居民用户的电能表常数为 3 600 imp/kW·h，测试负荷为 100 W，如果测得电能表脉冲灯闪烁 5 次所需的时间为 58 s，其误差应是多少？

3. 对现场某三相三线有功电能计量装置的测试结果如表 5-8 所示，试根据测试结果画出相量图分析判断其错误接线方式，并作出其实际接线图、计算出该方式下电能表反映的功率。（$\varphi = 30°$，感性）

表 5-8　测试数据

二次线电压/V	U_{24}	U_{46}	U_{62}	相序表反转	脉冲灯不闪烁
	100	100	100	$\dot{I}_1$ 超前其他相量的角度(°)	
二次线电流/A	I_1	I_5	$I_合$	$\dot{I}_5$	120
	5	5	5	$\dot{I}_合$	60
对地电压/V	2→地	100		$\dot{U}_{24}$	120
	4→地	100		$\dot{U}_{64}$	180
	6→地	0		$\dot{U}_{62}$	240

4. 一经 TA 接入的低压三相四线电能计量装置，现场检查发现其 W 相 TA 极性接反达一年之久，累计电量 5 500 kW·h，该用户三相负荷基本对称，计算其错误接线期间的退补电量。

任务 5.3　高压电能表现场实负荷检验与更换

电能表是电能计量装置的重要组成部分，运行中的误差变化会直接影响电能计量的准确性。为保证电能计量装置现场运行合格率，按 SD 109—1983《电能计量装置检验规程》、JJG 1055—1997《交流电能表现场校准技术规范》的规定，应在现场具有一定负荷条件下对电能表进行误差测试。鉴于计量装置的数量众多,按照 DL/T 448—2000《电能计量装置技术管理规程》的要求,应在规定的时间周期内对Ⅰ~Ⅳ类高压电能计量装置中的电能表开展现场实负荷检验。

①新投运或改造后的Ⅰ~Ⅳ类高压电能计量装置,应在 1 个月内进行首次现场检验。

②Ⅰ类电能表至少每 3 个月现场检验一次;Ⅱ类电能表至少每 6 个月现场检验一次;Ⅲ类电能表至少每年现场检验一次;Ⅳ类高压电能表至少每两年现场检验一次。

5.3.1 检验与更换电能表时的安全要求

"安全第一,预防为主"是电力系统的方针,也是系统中各项工作的基本保证。如果不执行安全规定违章操作,既可能对人员和设备造成伤害与损害,还会对系统的安全运行带来威胁。因此,工作时严格按规范操作是十分必要的。检验与更换电能表时的安全要求如下:

①根据电能计量装置安装位置办理第二种工作票或现场标准化作业指导书。

②至少有 2 人一起工作,其中 1 人进行监护。

③在工作区范围设立标示牌或护栏。

④工作时,按规定着装,戴绝缘手套,穿绝缘鞋,并站在绝缘垫上,操作工具绝缘良好。

⑤在接通和断开电流端子时,必须用仪表进行监视。

⑥在运行中的电能计量装置二次回路上工作时,电压互感器二次严格防止短路和接地,电流互感器二次严禁开路。

第二种工作票是电力系统运行中不停电的情况下在二次回路上工作所使用的。这种工作票在《国家电网公司安全工作规程》中有统一的格式,但是目前各供电企业所使用的工作票格式也是大同小异。内容包括有:编号;日期;单位及工作班组;工作负责人及工作班人员姓名;人数;工作的变配电站名称及设备双重名称;工作条件及计划工作时间;安全措施;工作票签发人及时间;工作许可时间及许可人和工作负责人签名;在确认了工作负责人布置的任务和工作项目安全措施后,工作班人员签名。另外还有工作延期及工作终结后工作许可人和工作负责人双方的签名。在运行的电力系统中无论进行哪种工作,办理工作票都是必须履行的制度。若不办理工作票随意进行工作,会给系统的安全运行和人员设备的安全带来严重的威胁和隐患,属于严重违章行为。

图 5-18　标示牌图例

悬挂或放置标示牌是对变配电值班人员、巡视人员和现场工作人员,在进行工作和巡视时对现场的工作范围和设备状态起到安全警示和提示作用,防止走错工作地点或触及带电设备。目前采用的安全标示牌有 8 种,规格、内容和颜色各不相同,图 5-18 所示标示属于其中一种。有 250 mm × 250 mm 和 80 mm × 80 mm两个规格,衬底为绿色,中有直径 200 mm 和 65 mm 白圆圈,黑字写于白圈中。

5.3.2 现场检验的工作条件

在现场检验时,工作条件应满足下列要求:

①环境温度:0 ~ 35 ℃;相对湿度≤85%。

②频率对额定值的偏差不应超过 ±2%。

③电压对额定值的偏差不应超过 ±10%。

④现场负荷功率应为实际常用负荷,当负荷电流低于被检电能表标定电流的 10%(s 级的电能表为 5%)或功率因数低于 0.5 时,不宜进行现场误差检验。

⑤负荷相对稳定。

5.3.3　现场检验常用仪器

电能表现场检验标准广泛采用电能表现场校验仪(以下简称现校仪)。现校仪应满足下列要求:

①现校仪准确度等级至少应比被检电能表高两个准确度等级。现校仪的电压、电流、功率测量的准确度等级应不低于 0.5 级。

②现校仪应至少每 3 个月在试验室比对一次,每一年送标准检定机构进行周期检定。允许使用标准钳形电流互感器(以下简称电流钳)作为现校仪的电流输入组件。校准时,现校仪与电流钳应整体校准;在现场校验 0.5 级及以上精度电能表时,现校仪电流回路应采用直接接入方式串入电能计量装置二次电流回路,避免电流钳自身的误差影响检验结果。

③现校仪应适用各种接线方式:Y 形、V 形;单相、三相三线、三相四线。

④现校仪必须按固定相序使用,且有明显的相别标志。

⑤现校仪和被检电能计量装置之间的连接导线应有良好的绝缘,中间不允许有接头,并应有明显的极性和相别标志。其中,现校仪的电流连接端子应具有自锁功能。

⑥现校仪接入电路的通电预热时间,应遵照仪器使用说明的要求。

⑦现校仪必须具备运输和保管中的防尘、防潮和防震措施。

5.3.4　现场检验项目

运行中电能表的检验项目见表 5-9。表中 1、3 项属于外观检查;2、4 项用现场校验仪检测;5、6、7、8 项则可在电能表存储器中调取检查。

表 5-9　运行中电能表的检验项目

1	计量柜(箱)的封印检查	5	多费率电能表内部时钟校准
2	计量二次回路接线检查	6	电池检查
3	计量方式及计量差错的检查	7	失压记录检查
4	实际负荷下电能表的误差校验	8	费率时段设置检查

5.3.5　现场检验原理接线图

现场实负荷测定电能表误差时,采用标准电能表法(即现校仪)。使现校仪与受检电能表同时工作在连续条件下处于同一运行状态,同一计量元件取同一电压、电流,利用光电采样控制或被检表校表脉冲输出控制等方式,将受检电能表转数(脉冲数)转换成脉冲数,控制现校仪计数来确定受检电能表的相对误差。

现场运行中的高压电能计量装置接线方式有三相三线和三相四线两种,大部分电能表已经采用了电子式多功能电能表,检验接线原理如图 5-19 和图 5-20 所示。

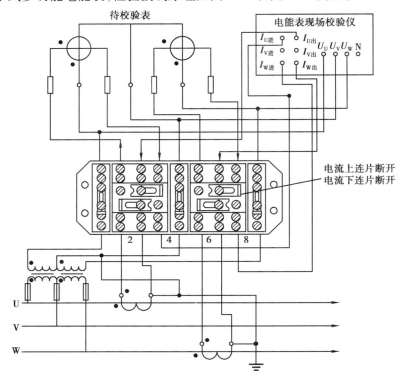

图 5-19　三相三线电能表现场实负荷检验接线图

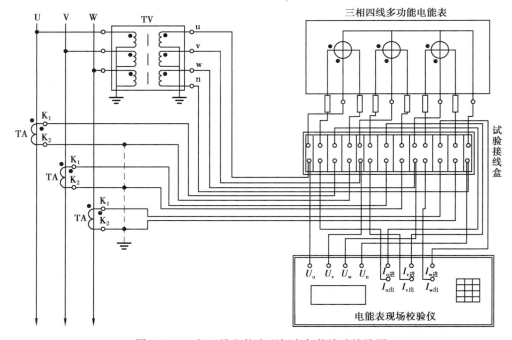

图 5-20　三相四线电能表现场实负荷检验接线图

5.3.6　现场检验电能表的操作步骤(以全电子多功能电能表为例)

检验工作开始前,工作负责人(同时也是工作的监护人)首先应向参加检验的工作人员宣读已被批准的工作票,交代工作项目和安全注意事项,检查值班人员所做的安全措施是否完备。

检验工作开始前,先查看计量装置的封印情况,确认专用计量柜(箱)的加封完好后方可摘除封印打开柜门。检验的步骤如下:

①检查计量方式是否合理,用万用表和相序表检查电能表的电压值、电压相序是否正确,调取表内电压、电流及二次功率查看电能表运行状态是否正常。

②现校仪引出线检查。引出线应是专用分相色测试软线,导线两端固化有通用插接头,插接头插入部分应有锁紧装置(或钢丝应力针)。在使用前,应检查导线绝缘良好无破损。

③打开被检电能表接线盒、试验端子盒盖,检查所有端子与导线连接应紧密、牢固。

④检查现校仪电源设置开关位置,应与选择的仪器电源方式匹配。可选择外接 220 V 电源或内接电源(100 V),接通现校仪电源。

⑤按规定顺序接连接测试导线,安全可靠地从接线盒(试验端子)接入与被检表相同的电流、电压回路,满足"电流回路串联,电压回路并联"的原则。经联合试验盒接入现校仪前后的接线图如图 5-19 和图 5-20 所示。

如果仪器选择内接电源,则应先将仪器电压测试线接入电能计量装置,然后开启仪器电源开关,再接入电流测试信号。

⑥根据被校表型式设置校验仪工作参数。

⑦打开电流试验端子连接片,用现校仪的电流指示值界面进行监视,接线人员、监视仪表人员要前后呼唤应答。现校仪的电流指示应为流经被检电能表电流线圈的电流值。

⑧在校验仪界面上检查电能计量装置的相量关系和实负荷下各项参数是否满足技术要求。

⑨在负荷相对稳定的状态下,采用光电采样控制或脉冲信号控制进行误差测试并记录校验条件参数和误差数据。

⑩电能表日期、时间检查。

a. 电能表内部时钟的要求。依据 DL/T 614—2007《多功能电能表》的规定,参比温度下,电能表内部时钟计时准确度应不大于 0.5 s/d,现场运行 36 h 后,计时准确度应优于 1 s/d,现场运行的电能表内部时钟与北京时间相差原则上每次不得大于 5 min。

b. 电能表内部时钟的校正。检查被试电能表内的日历时钟:如与北京时间相差在 5 min 及以内,现场调整时间;与北京时间误差在 5 min 以上,分析原因,必要时更换表计。

电能表内部时钟校准方法有以下两种:

第一种是采用 GPS 法校对电能表内部时钟。将 GPS 的通信接口(串口)接至便携式电脑的一个通信接口,电能表通信接口接便携式电脑的另一个通信接口。校对时钟前,首先使GPS 处于有效接收状态(工作现场注意 GPS 接收天线摆放位置和接收电缆的屏蔽),校对便携式电脑的时钟后,再用便携式电脑中的电表校时软件对电能表内部时钟进行校对,校对时记录电能表时差,校对后检查电能表时钟。

第二种是采用北京时间校对法校准电能表内部时钟。将便携式电脑与北京时间校对后,再用便携式电脑中的电表校时软件对电能表内部时钟进行校对,校对前记录电能表时差,校对后检查电能表时钟。当电表具备硬件校时功能时,可采用手动方式。

⑪内部电池检查。

DL/T 614—2007 规定,多功能电池寿命应不少于 10 年,且应保证在工作储备启动后至少工作 10 000 h。通过电能表键显或便携式电脑检查电能表内部用电池的使用时间或使用情况的记录,当发现异常情况时,应及时更换并作相应的记录。

⑫失压记录检查。

通过电能表键显或便携式电脑操作软件检查多功能电能表事件记录寄存器,并记录所记的失压次数和发生、恢复的起止时间、相别等。

⑬有功电量组合误差检查。

对多功能表应检查各费率电量之和与总电量是否相等,计算公式按 DL/T 614—2007 的规定。对于电子式多功能电能表,其组合误差的要求为

$$| \Delta W_{D0} - (\Delta W_{D1} + \Delta W_{D2} + \cdots + \Delta W_{Dm}) | \leq (n - 1) \times 10^{-\beta} \qquad (5\text{-}11)$$

式中　　ΔW_{D0}——某时间段内电子式电能表总电能的电能增量;

　　　　ΔW_{D1}、ΔW_{D2}、$\cdots \Delta W_{Dm}$——某时间段内对应的费率电能的电能增量;

　　　　n——n 个费率;

　　　　β——电能表显示总电能小数位数。

⑭费率时段设置检查。

检查运行电能表的费率时段设置是否符合规定,如有疑问,可进一步检查电能表费率时段的设置是否正确,分析原因,必要时更换表计。

⑮在现场检验电能表时,应检查下列计量差错:电能表倍率差错;电压互感器熔断器熔断或二次回路接触不良;电流互感器二次回路接触不良或开路;电流回路极性不正确;电压相序反。

⑯在现场检验电能表时,还应检查是否存在下列不合理的状况:电流互感器的变比过大,致使电流互感器经常在 20%(s 级 5%)额定电流以下运行;电能表接在电流互感器的非计量绕组上的;电压互感器与电流互感器分别接在电力变压器不同侧;电能表电压回路未接在相应母线电压互感器二次回路中;无感性、容性双计度器的感应式无功电能表和双向计量的感应式有功电能表无止逆器。

⑰检验结束,短接电流试验端子。用现场校验仪电流指示值界面监视并确认短接良好,流经校验仪的电流趋于零值。接线人员、监视仪表人员要前后呼唤应答。

⑱从电能计量装置二次回路拆除试验导线。关闭校验仪电源开关,盖好试验接线盒盖,紧固所有的封装螺丝。

⑲粘贴现场检验证,给被检表接线盒盖及装置加装封印。

⑳清理现场,恢复原状。请客户对现场检验记录、检验结果和现场电能计量装置恢复确认签字。

5.3.7　注意事项

①现校仪的接线要核对正确、牢固,特别要注意电压与电流不能接反。

②现校仪的接入和拆除不应影响被检电能表的正常工作。

③现校仪与被检电能表对应的元件接入的是同一相电压和电流。

④接线过程中,严禁电压回路短路或接地,电流回路开路。

⑤现场检验时,本工种人员无权打开电能表大盖。

⑥在打开电流端子的过程中,动作要慢,发现异常应立即停止并进行还原操作。

⑦采用校表脉冲信号控制线测试误差时,控制线在连接被检表校表脉冲输出端时,应小心谨慎,避免与其他带电体接触。控制线如有多余的金属线头,应进行绝缘处理。

⑧测试线连接完毕后,应有专人检查,确认无误后方可进行检验。

⑨现场检验三相三线电能表时,应将捆扎成束的测试线中的空置导线进行临时绝缘处理,避免误碰带电体造成事故。

⑩电能表现场校验过程中不应插、拔电流钳插头。

⑪电流钳使用前应检查钳口结合部是否清洁,如有污垢杂质应仔细清理后再使用,否则会带来较大的测量误差。使用时钳口闭合接触应良好,测量时不要用手挪动钳口,或用手施力夹紧钳头。

⑫与现校仪配用的标准电流钳在出厂前已与现校仪一起做配对调试,使用中,必须按照原配相色使用,更不能与另外的仪器互换,否则会带来额外的测量误差。

5.3.8　现场检验结果处理

(1)电能表现场检验误差限的管理

电能表现场检验的外部条件达不到试验室规定的检定条件,因此判定现场运行的电能表是否超差,以电能表室内检定标准规定的误差限判定是不合适的。JJG 1055—1997《交流电能表现场校准技术规范》中规定,现场校验时,运行中电能表检验误差均做适当放大,电能表现场检验允许误差限参见表5-10。

按照 JJG 1055—1997《交流电能表现场校准技术规范》的定义,对于用于重要贸易结算和经济核算的电能表,经供用电双方同意,在现场校验时的工作误差,在满足现场校验条件下,可按照表5-11判断是否合格。

在各网省公司的电力营销管理标准中,也制订有相关的现场检验标准,表5-10 和表5-11 中列出的现场检验时允许的工作误差限供参考。

(2)电能表现场检验误差的处理

按照 JJG 1055—1997《交流电能表现场校准技术规范》的规定,现场校准的结果应进行修约化整处理并出具校准证书。在实际运用中,由于现场检验的条件不可控,按趋势性判定检定结果更符合实际,因此,对于电能表现场检验(不是检定或校准)结果不作化整修约,不出具证书,只记录检测误差数据。原始记录填写应用签字笔或钢笔书写,不得任意修改。

表 5-10 电子式电能表现场检验时允许的工作误差限

类　别	负荷电流	功率因数②	工作误差限（%）			
			0.2 级	0.5 级	1 级	2 级
安装式有功电能表	0.1 ~ I_{max}①	$\cos\varphi = 1.0$	±0.3	±0.7	±1.5	±3.0
	0.1I_b	$\cos\varphi = 0.5$（感性）	±0.5	±1.0	±2.5	±4.0
		$\cos\varphi = 0.8$（容性）	±0.5	±1.0	±2.5	±4.0
	0.2I_b ~ I_{max}	$\cos\varphi = 0.5$（感性）	±0.5	±1.0	±2.0	±3.4
		$\cos\varphi = 0.8$（容性）	±0.5	±1.0	±2.0	±3.4
安装式无功电能表	0.1 ~ I_{max}	$\sin\varphi = 1.0$（感性或容性）			±1.5	±3.0
	0.1I_b	$\sin\varphi = 0.5$（感性或容性）			±2.0	±4.0
	0.2I_b ~ I_{max}	$\sin\varphi = 0.5$（感性或容性）			±1.7	±3.4
	0.5I_b ~ I_{max}	$\sin\varphi = 0.25$（感性或容性）			±2.0	±4.0

注　表中未给定值[如 1.0 > $\cos\varphi$ > 0.5(L)]用内插法求出。

①I_b—标定电流,I_{max}—额定最大电流。

②角 φ 是指相电压与相电流之间的相位差。

③包括由电子测量单元组成的电能表。

表 5-11 用于重要贸易结算 Ⅰ ~ Ⅲ 类电能表现场检验时允许工作误差限

类　别	负荷电流	功率因数②	工作误差限（%）		
			0.2 级	0.5 级	1 级
安装式有功电能表	0.1 ~ I_{max}①	$\cos\varphi = 1.0$	±0.2	±0.5	±1.0
	0.1I_b	$\cos\varphi = 0.5$（感性）	±0.5	±1.3	±1.5
		$\cos\varphi = 0.8$（容性）	±0.5	±1.3	±1.5
	0.2I_b ~ I_{max}	$\cos\varphi = 0.5$（感性）	±0.3	±0.8	±1.0
		$\cos\varphi = 0.8$（容性）	±0.3	±0.8	±1.0
安装式无功电能表	0.1 ~ I_{max}	$\sin\varphi = 1.0$（感性或容性）			±1.5
	0.2I_b ~ I_{max}	$\sin\varphi = 1.0$（感性或容性）			±1.0
	0.2I_b	$\sin\varphi = 0.5$（感性或容性）			±2.0
	0.5I_b ~ I_{max}	$\sin\varphi = 0.5$（感性或容性）			±1.0
	0.5I_b ~ I_{max}	$\sin\varphi = 0.25$（感性或容性）			±2.0

①I_{max}——额定最大电流。

②角 φ 是指相电压与相电流之间的相位差。

　　电能表现场检验误差测定次数一般不得少于 2 次,取其平均值作为实际误差,对有明显错误的读数应舍去。当实际误差在最大允许值的 20% ~120% 时,至少应再增加 2 次测量,取多次测量数据的平均值作为实际误差。当现场检验电能表的相对误差超过规定值时,不允许现场调整电能表误差,应在3个工作日内换表。

需要特别指出的是,按照《供用电营业规则》的规定,电能表现场检验获得的误差数据不得作为计算退补电量的依据。

5.3.9 更换电能表的步骤及方法

检验工作结束后确认电能表需要更换时,在电能表资产室领取所需型号的电能表,并在检定室进行日期和时段设置。高压电能表的更换工作应在现场办理第二种工作票。

操作程序如下:

①确认更换前已对被换表进行过现场实际负荷下的检验,记录被换表的户名、型号、厂号、底度、电压互感器和电流互感器的变比以及工作日期。

②在被换电能表试验接线盒的电流端子处用短接线(片)将计量二次电流回路短接,用钳形电流表测量证实短路后的电能表已无电流流过。

③确认短接可靠后,记录停止计量的时间。

④打开试验接线盒上电压回路的连接片,使被换表脱离二次电压,用万用表测量被换表电压端钮;确认被换表无电压后,旋开电能表接线盒中的压线螺丝,抽出被换电能表端钮中的电流、电压二次线并做好标记。

⑤拆下被换电能表,安装新电能表。

⑥按照拆线时的标记将二次回路电压、电流线对应接入电能表接线端钮中,由上至下旋紧压线螺丝(上螺丝时要注意用力适当,防止用力过大压坏导线或因用力过轻导致接触不良)。

⑦检查接线是否压紧、牢靠,合上试验端子上的电压连片,用万用表测量电能表端钮处的电压是否正常。

⑧拆除试验端子上的电流短接线,使电能表处于运行状态。

⑨记录恢复计量的时间,重新进行现场实际负荷下的接线检查及误差测定,确认新换表工作正常。

更换电能表的工作完成后,工作人员对电能表及计量柜(箱)重新进行加封。然后清理工作现场,工作负责人协同值班人员共同检查现场情况及计量装置封铅个数并签字。工作负责人结束工作票,在检验更换记录上填写更换与检验结果,并且填写更换前后表计的起止读数后方可撤离现场。

无论是现场检验电能表还是现场更换电能表,返回后都要将表计校验结果录入计算机的电能计量信息管理系统,填写更换电能表的工作凭证,并在三个工作日内将该工作凭证传递至电费核算部门,以便及时计算电费,还要将更换回的电能表在资产室办理退库手续。

思考与讨论

1. 现场检验电能表时,除了测试误差外,还应检查什么项目?

2. 画出用标准表对三相三线电能表进行现场校验的原理接线图。

技能实训一 电压断开法和交叉法检查三相电能表的接线

一、实训目的

1. 掌握三相有功电能表的标准接线方式并熟练规范接线。
2. 学习并掌握如何利用电压断开法快速判断三相电能表接线是否正确。
3. 学习并掌握如何利用交叉法快速判断三相电能表接线是否正确。

二、实训设备

表 5-12 实训设备表

序　号	名　　称	型号与规格	数　量	备　注
1	三相三线电能表	5(20)A	1	可据实选用
2	三相四线电能表	5(20)A	1	可据实选用
3	交流电压表	0~600 V	1	可据实选用
4	交流电流表	0~10 A	1	可据实选用
5	三相调压器		1	可据实选用
6	灯箱		1	可据实选用

三、实训原理

1. 电能表带电检查之电压断开法,详见任务 5.2。
2. 电能表带电检查之电压(或电流)交叉法,详见任务 5.2。

四、实训内容及操作方法

1. 利用电压断开法快速判断三相电能表接线。

(1)参照图 1-13(a)设计画出测量三相三线电路有功电能的标准接线图,要求图中接入监测用电压表、电流表各一只,灯箱灯泡平分为三组且作 Y 形连接。

(2)经老师检查接线图正确后按图接线,注意接线前确定电源开关处于断开状态且调压器输出调在零位。

(3)线路经指导教师检查无误后记录电能表的信息参数:型号,编号,标定电流 I_b,额定电压 U_N,电能表常数 C,准确度。

(4)合上电源开关并平稳缓慢调节调压器输出至电压表指示为 380 V,待电能表稳定运行后用秒表测定电能表发出 10 个脉冲所需时间 t_1。

(5)调节调压器输出降至电压表指示为 0 V 并断开电源开关后,断开电能表的第 4 个接线端子(电压公共端),重复步骤(4),用秒表测定并记录电能表发出 10 个脉冲所需时间 t_1'。

(6)调节调压器输出降至电压表指示为 0 V 并断开电源开关后,拆除所有接线,比较 t_1 和 t_1' 得出结论。

(7)换三相四线电能表自行设计方案完成接线检查并记录实验过程。

2. 利用电压交叉法快速判断三相电能表接线。

(1)重复上面步骤(1)~(4)并记录电能表发出 10 个脉冲所需时间 t_2。

(2)调节调压器输出降至电压表指示为 0 V 并断开电源开关后,断开电能表的第 2、6 两个接线端子重新交叉连接,然后重新合上电源开关并平稳缓慢调节调压器输出至电压表指示为 380 V,待电能表稳定运行后用秒表测定电能表发出 10 个脉冲所需时间 t_2'。

(3)调节调压器输出降至电压表指示为 0 V 并断开电源开关后,拆除所有接线,比较 t_2 和 t_2' 得出结论。

五、实训注意事项

1. 严格遵守实训室安全操作规程。

2. 参加实验的学员应进行分工并交换,对接线、检查、监护、记录要落实到人头,保证课题安全有序地完成。

3. 使用的仪器、仪表摆放正确、合理,仪表读数正确,记录的数据有效,接线工艺符合要求,以确保测量的准确性。

4. 实验中用到 220 V 强电,操作时应注意安全。学员自己接好线路检查后,再请指导教师检查,接线正确后,方可合闸通电;凡需改动接线,必须切断电源,接好线并检查无误后才能通电。

六、实训记录及结论

请自行设计表格记录实验数据并完成实验报告,得出实验结论。

思考与讨论

1. 电压断开法判断三相电能表接线是否正确的标准是什么?

2. 电压交叉法判断三相电能表接线是否正确的标准是什么? 是否可采用电流交叉呢?

技能实训二　间接接入式三相三线有功电能表的接线检查

一、实训目的

1. 掌握带 TA、TV 的三相三线有功电能表的标准接线方式并能按正确规范熟练接线。

2. 学习并掌握钳形表、相序表的正确使用。

3. 熟练掌握三相三线有功计量装置的典型错误接线类型和特点。

二、实训设备

表 5-13　实训设备表

序　号	名　称	型号与规格	数　量	备　注
1	三相三线有功电能表	5(20)A	1	可据实自选
2	单相 TV	380 V/100 V	2	可据实自选
3	单相 TA	50 A/5 A	2	可据实自选
4	交流电压表	0～600 V	1	可据实自选
5	三相调压器		1	可据实自选
6	灯箱		1	可据实自选
7	相序表		1	可据实自选
8	钳形表		1	可据实自选

三、实训原理

1. 三相三线有功计量装置的标准接线方式和相量图,详见任务 5.2。

2. 三相三线有功计量装置的典型错误接线类型,详见任务 5.2。

四、实训内容及操作方法

1. 三相三线有功计量装置的标准接线及测试。

(1)参照图5-4(a)设计画出三相三线有功电能计量装置接线图,要求图中接入监测用电压表一只,灯箱灯泡平分为三组且作 Y 形连接。

(2)经老师检查接线图正确后按图接线,注意接线前确定电源开关处于断开状态且调压器输出调在零位。

(3)线路经指导教师检查无误后,先读出电能表及互感器的主要参数并记录下来。

(4)合上电源开关并平稳缓慢调节调压器输出至电压表指示为 380 V,观察电能表脉冲指示灯的闪速直至其稳定运行。

(5)用电压表测量接入电能表 2、4、6 三个电压输入端子间的电压 U_{24}、U_{64}、U_{62}并将其记录下来。

(6)用钳形表测量流入电能表 1、5 两个电流输入端的电流 I_1、I_5,合并测量接入 1、5 两个电流输入端的电流 $I_合$ 并记录下来。

(7)将相序表的 U、V、W 三端钮接至电能表的 2、4、6 三个端子,测量电压相序并记录测量结果。

(8)调节调压器输出降至电压表指示为 0 V,然后断开电源开关。

2. 三相三线有功计量装置的典型错误接线及测试。

(1)将其中一台 TV 二次侧两个接线端交换(即两台 TV 二次同名端短接在一起),其余接线方式不变。

（2）重复上面步骤(4)～(8)。

（3）将其中一台 TA 二次侧两个接线端交换,其余接线方式不变。

（4）重复上面步骤(4)～(8)。

（5）将其中一台 TV 二次侧两个接线端交换(即两台 TV 二次同名端短接在一起),电能表的两个电压接线端子 4 和 6 交换接线,其余接线方式不变。

（6）重复上面步骤(4)～(8)。

五、实训注意事项

1. 严格遵守实训室安全操作规程。

2. 参加实验的学员应进行分工并交换,对接线、检查、监护、记录要落实到人头,保证课题安全有序地完成。

3. 使用的仪器、仪表摆放正确、合理,仪表读数正确,记录的数据有效,接线工艺符合要求,以确保测量的准确性。

4. 实验中用到 220 V 强电,操作时应注意安全。学员自己接好线路检查后,再请指导教师检查,接线正确后,方可合闸通电;凡需改动接线,必须切断电源,接好线后,检查无误后才能通电。

六、实训记录及结论

请自行设计表格记录实验数据并完成实验报告,得出实验结论。

思考与讨论

1. 三相三线有功计量装置中一台 TV 或 TA 极性接反后测试结果有何特点?

2. 电能表 2、4、6 三个电压输入端子间的电压 $\dot{U}_{24}$、$\dot{U}_{46}$、$\dot{U}_{62}$ 在哪些情况下会变为负序?

项目 **6**

电能计量资产的全寿命周期管理

知识要点

➤ 了解电能计量资产全寿命周期管理的工作流程及指标。

➤ 熟悉资产管理的几个主要业务。

➤ 了解"四线一库"系统及运行与维护管理要求。

➤ 清楚电能计量资产全寿命周期管理的相关信息系统。

技能目标

➤ 知道省级计量中心生产调度平台(MDS)的初步应用。

➤ 会简单操作常用营销业务应用系统软件

任务6.1 电能计量资产全寿命周期管理简介

6.1.1 电能计量资产全寿命周期管理概述

电能计量一直是社会关注的热点,直接关系到电力客户和供电部门双方的利益,保证计量准确,确保贸易公平是取信于民的大事。电能计量管理和其他业务管理一样,它不但具有管理的职能,还具有生产的职能,而且生产是第一位的,管理是保证生产顺利进行的手段。供电企业销售的电能是靠安装在用户的大批量的电能计量器具来计量的,一般给用户配备安装的计量装置有:电能表、电流互感器、电压互感器、组合互感器和负控终端等,有些用户还配备失压计时仪(记录无电时间的)。新增用户需要安装电能计量器具,老用户需要定期校验和更换电能计量器具,对电能计量管理部门来说,这些都属于生产性的工作。而安装在用户的大批量电能计量器具又需要在供电企业内建立档案进行管理,何时校验、何时更换以及各种误

差的计算,这都属于管理性工作。体现在以下方面:

①实时掌握资产的需用情况,为资产需用提供依据。按照资产类别,根据轮换计划、同期工作单数量,掌握资产的使用情况,系统辅助生成本期的资产需用情况,为计量中心提供资产配送依据;按照资产类别,根据仓库情况和需用情况,辅助形成各类资产购置的需用计划。

②实时掌握资产的质量情况,为资产的更换、选用提供依据。实时掌握资产的服役期长短、资产寿命、资产装拆履历、修校履历、故障次数等情况,为资产的更换、资产的采购选型提供依据。

③实时掌握资产的库存情况,实现动态仓储。实时掌握资产的库存情况,对于达到库存的最小时,给予提醒,实现动态仓储,降低成本。

④扩展计量资产管理范围,将计量箱、封印等全部纳入资产的全生命周期管理。对计量封印、计量箱提供单独的、完整的流程,包括:购置计划、入库、领用、归还、遗失、销毁、运行,封印的拆封、装封、检定拆封、检定加封、封印台账管理、封印装拆记录查询、用检拆封、用检加封等。

近年来,国家电网公司系统各单位按照"整体式授权、自动化检定、智能化仓储、物流化配送"的建设目标,积极向各级政府计量管理部门汇报,加强沟通,巩固和拓展计量授权项目;利用计量生产调度系统等信息化手段,推行计量资产全寿命周期的信息化管理,强化"电能表质量管理"为核心的闭环管理措施,保障"大营销"建设顺利开展,进一步增强检测和服务能力,提升集约化、专业化和自动化水平,确保了电力计量公平、公正、公开。在质量监督方面,国家电网公司印发了《智能电能表质量监督管理办法》,自上而下建立了检验检测体系、指标评价体系,通过强化"五道"质量保证关卡,严格进行智能电能表招标前、供货前(后)及运行中抽检环节的验收检测工作,全面实施产品监造和关键点见证。在质量管控方面,国家电网公司通过"管控十八条",从组织保障、制度建设、检测要求、质量控制、优质服务等方面提出了保障智能电能表质量的措施。正是通过层层检测、步步把关,有力确保了智能电能表的检定质量。

6.1.2　电能计量资产全寿命周期管理流程及指标

(1)工作流程图

电能计量资产的全寿命周期包括计划、采购、验收、仓储、检定、配送、投运前准备、投运验收、首检、周检、更换、回收、报废等各环节。目前,采用集约化管理理念和先进的物流技术手段,不断开发和应用先进物流技术和设备,以资产管理为核心,通过技术创新、统一技术规范和现场作业标准、优化电能计量资产管理流程、对电能计量资产进行统一采购、检定、配送和报废,使电能计量资产的管理流程更加规范,基本做到了资源统一调配,使得资金周转效率和劳动生产率有所提高,实现了电能计量资产在计划、采购、验收、仓储、检定、配送、新装审查、投运验收、首检、周检、更换、回收、报废等各环节的全寿命周期管理。电能计量资产全寿命周期管理工作流程如图6-1所示。

首先由供电单位上报需求计划,之后由电能计量中心负责需求计划平衡、采购订货、验收管理、库存管理以及配送管理等环节。电能计量资产配送到供电单位后,又由供电单位负责库存管理、投运前管理、运行管理、轮换管理以及回收操作,之后由电能计量中心将电能计量资产进行回收后直至报废。

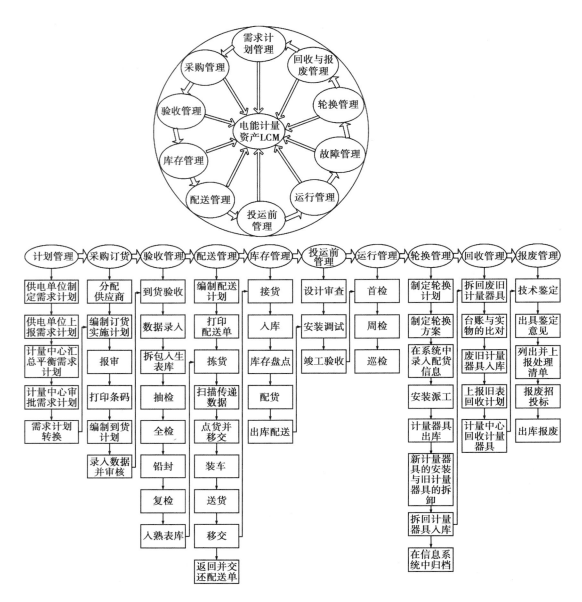

图 6-1　电能计量资产全寿命周期管理工作流程图

（2）评价指标体系及管理目标

经过长期探索，在已有的经验基础上不断开拓创新，针对电能计量资产全寿命周期中的每个环节，提出科学的、易于实施的考核评价指标，并定义每个指标的意义和标准，从而构建了系统、全面的电能计量资产全寿命周期管控指标体系，如图 6-2 所示。对应业务流中的每个业务环节，设计了易于操作的、科学的管控指标，同时，通过定义和量化指标，充分应用电能计量生产调度平台、营销业务应用系统、用电信息采集等系统进行数据统计和分析，对电能计量资产全寿命周期管理的各环节及参与其中的各部门及人员进行综合、系统的评价。管控指标体系的设计，在督促计量中心、各级供电单位严格按照标准和规范执行日常业务的同时，提高了管理的科学性和有效性。

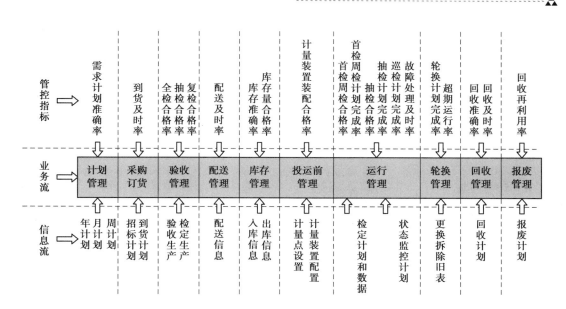

图6-2 电能计量资产全寿命周期管控指标体系图

①需求计划阶段目标:建立需求预测的模型,对设备需求进行智能计算,实现计划准确率100%,配合安全库存机制实现周需求计划制订。

②采购订货阶段目标:严格执行国网公司电能计量设备技术规范,严格遵守采购技术协议。同时实施集中采购、多频次补货,确保到货及时率100%、采购完成率100%,避免结构性缺货影响生产。

③验收检定阶段目标:确保到货验收抽检合格率、全检合格率、全检抽检合格率均达到国网要求,确保设备验收合格。

④仓储阶段目标:实施计量中心集中仓储管理,全面负责一级、二级库房建设标准、管理标准和作业标准,逐步推进二级库智能化,实现各级库存准确率100%,不出现库存冗余和超期库存,资产在库合格率达100%。

⑤配送阶段目标:利用生产调度平台实时查询需求计划、生产计划,自动生成配送计划,实现周配送。同时按照正向配送与逆向回收一体化管理,达到需求计划配送及时率和完成率100%,回收及时率100%。

⑥投运阶段目标:严格执行国网公司新投设计审查、竣工验收各项技术和管理规范,确保计量人员设计审查率、竣工验收参与率100%,保证新投计量资产配置合格率100%。

⑦运行阶段目标:严格执行计量设备周期检验、定期轮换和故障处理机制,确保计量装置周期检验率100%、到期轮换率100%、故障处理及时率100%。同时积极利用用电信息采集系统和稽查监控系统及时发现和处理计量设备异常,确保设备运行安全可靠。

⑧设备回收报废阶段目标:利用营销业务应用系统信息查询功能确保设备及时回收,按照低压集抄建设规划,开展供电单位大批量换表回收再利用支持供电公司用表,有效减低供电公司成本;同时按月定期开展故障设备回收和技术鉴定,对故障原因进行收集归结,确保故障分析率100%,报废处理及时率达到100%。

(3)有关配套的标准或规章制度

电力公司在对电能计量资产进行全寿命周期管理过程中,不断总结经验,在实践中逐步改进相关策略,将理论与实践结合,并制定了一系列标准和规章制度来保证电能计量资产全寿命周期管理的实施。如《国家电网公司计量资产全寿命周期管理办法》《国家电网公司计量工作管理规定》《国家电网公司电能表质量监督管理办法》《国家电网公司计量自动化生产系统建设和运维管理办法》等。

思考与讨论

1.电能计量资产全寿命周期流程是怎样的?

2.电能计量资产全寿命周期管理各环节有哪些主要指标?

任务6.2 电能计量资产管理

电能计量资产全寿命周期管理的范围涵盖各类电能表、互感器、采集设备、封印、费控开关等设备,对需求计划、采购订货、验收检定、仓储配送、设备投运、设备运行、设备回收、设备报废等全寿命周期所有环节实施闭环管理。依托各环节有效贯通的流程化管理方法和标准化建设理念,从基础数据、工作流程、提高效能出发,使资产全寿命周期管理各项数据真实准确、各环节业务流程顺畅执行标准、退役计量设备资源处置优化,逐步实现电能计量资产全寿命周期"技术规范、质量可靠、运行安全、效益最优"。

电能计量资产在信息系统中通常会经过入库→建档→领用→运行→报废的过程。在这个过程中资产的状态是不断发生变化的,对资产状态变化的跟踪记录就形成了资产全生命周期管理。资产的状态可以分为三类:

①工作状态:预建账、待检修、待检定、检定完、待走字、走字完、待施封、施封完、新表待退货、旧表待退货、已退货等;

②位置状态:库存待装、领出待装、备表待领、装出、遗失等;

③品质状态:淘汰、报废等。

上述三类状态统一构成资产的状态(部分资产可能不存在其中的某些状态,如封印就没有检定、检修、走字等相关的状态)。

下面分别介绍资产管理的几个主要业务。

6.2.1 需求计划制订、报送及平衡

根据需求单位的实际需要(电力工程建设、专项工程、业扩发展等)编制设备需求计划,由上级单位进行汇总平衡,再通过省级计量中心进行汇总平衡、审核,由省公司审批通过后,生成正式的需求计划。对生效的需求计划,综合考虑招标批次、采购周期等情况,对计划期内采购进行安排。

通过对电能计量资产需求计划的制定、报送和平衡等作业流程进行规范化,并明确影响

需求制定和平衡的各个因素,建立科学模型和考核评价方法来保证需求计划制定和平衡的准确性,并在信息系统中实现需求计划的自动制定、自动报送和自动平衡,以此来提高需求计划效率、降低需求计划成本,从而保证电能计量资产全寿命周期管理的最优化开展。电能计量资产需求计划制定、报送和平衡自动管理的流程如图6-3所示。

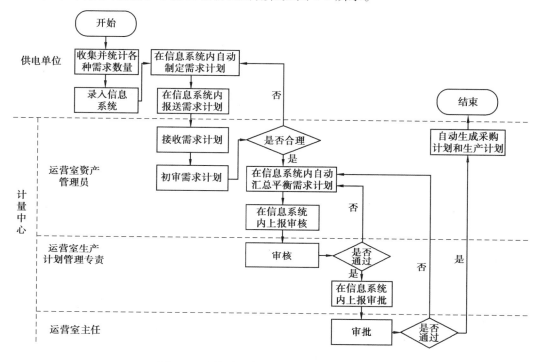

图6-3　电能计量资产需求计划管理流程图

①明确供电单位和计量中心电能计量资产需求计划的报送流程与责任。供电单位在拟定需求计划时应充分考虑计量设备运行状况、新建、扩建、技术改造各类管理目标的有效协调,以及项目时序、进度步调的一致性,不仅仅局限于关注本阶段的目标和急需解决的问题,还要在趋势预测的基础上加强各阶段工作之间的密切联系,制定综合考虑的计划;同时突出计量中心计量集约化管理对需求审核和平衡的功能,提高计划准确性。

②进行需求计划制定、报送及平衡时,利用生产调度平台、营销业务应用系统中设备新投、故障更换、到期轮换、工程改造、实时库存、安全库存、需求时间等业务数据,建立需求计划系统预测模型,综合考虑、统一平衡,科学测算和指导计划制定。

6.2.2　采购订货管理

对招标结果维护、合同信息维护,编制设备订货清单、编制到货计划,收货确认、制定付款申请单等采购的全过程中计量中心参与内容进行管理,并同时实现采购全过程的跟踪与监督,如图6-4所示。

采购订货是电能计量资产全寿命周期管理的基础环节。主要包括分配供应商、编制订货实施计划、报审、制定送货通知单、打印条码、下达采购计划、录入数据并审核等步骤。为了保证库存,满足供电单位生产需求,计量中心提出了集中采购、多频次补货的方法改进采购流程,缩短补货周期。实现了对电能计量资产采购业务的集中管控,减少了采购成本,保证了生产厂商能按时完成采购需求;同时,通过不断补货,减少了库存量,增强了对需求的应变能力,降低了库存成本和库存资金占有量,提高了资金的流通能力。同时对电能表、互感器、采集设备等实施 RFID 电子标签管理,确保资产信息全寿命周期可控、在控。

6.2.3 资产验收及退换

按照采购合同(技术协议)的要求,在中标结果颁布后对样品进行生产前适应性检查;在设备生产过程中,对设备监造信息与档案进行维护;在新购设备发货前对所采购批次设备进行供货前检验工作,检验不合格的批次不允许发货;在新购设备到货后,进行开箱验收、样品比对、抽检验收、全检验收,对验收不合格的设备进行退换处理。

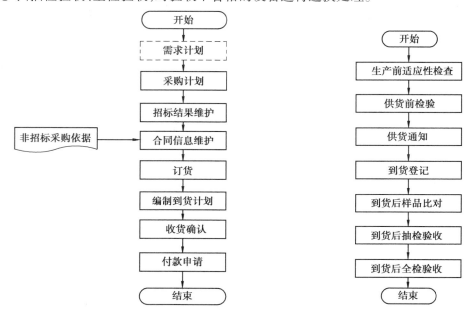

图 6-4　电能计量资产采购订货管理流程图　　　图 6-5　电能计量资产验收管理流程图

资产退货是指将校验不合格的资产整批或零散退回厂家。对于新入库的资产,如果抽样校验不合格则执行整批退货,入库后检定不合格的资产应执行零散退换;对于现场运行的资产,如果抽检不合格并且在质保期以内的,也需要进行退换。

电能计量资产验收管理流程如图 6-5 所示。

6.2.4 多级库存管理

这是指建立库房、库区、存放区、储位等信息,对储存计量资产的周转箱以及托盘进行管理。对设备的入库、出库、移库信息进行登记,将设备放置在对应储位上。对库存量进行盘点,并进行盘盈盘亏处理;根据库存量和设备库存时限发出预警;对设备淘汰、丢失、损坏、报废、借用工作进行管理。

针对各级仓库间完全独立运作导致衔接较差、效率较低的问题,电力公司实施了基于 VMI 的集中控制与分散控制相结合的多级库存管理模式。将计量中心作为库存控制中心,由其控制整个闭环供应链的库存。计量中心不仅管理自有的一级仓库,还要对供电单位的二级仓库活动进行协调控制;各二级仓库通过共享当前库存和实际耗用数据协助计量中心按照实际的消耗模型、消耗趋势和补货策略进行及时补货。同时,针对各级仓库管理特点,制定了标准化的库存管理流程,如图 6-6 所示。在一级仓库包括配送室的到货验收、拆包入库、出库移交等,技术质检室的抽检,以及室内检定室全检、复检;在供电单位的二级仓库包括仓库管理员进行到货验收、入库、拣货、点货移交等,装卸工的装卸货,信息系统管理员的扫描、配货等作业。多级仓库管理流程标准是各级库存协调运作的保障。

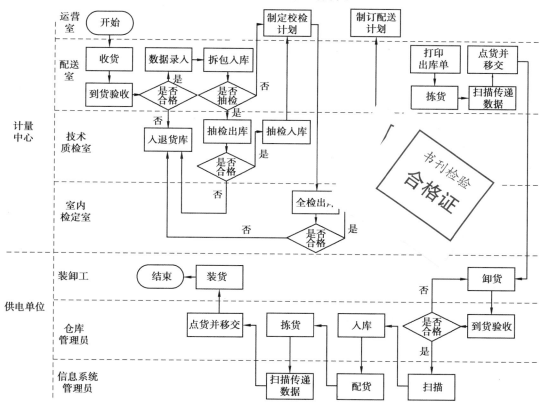

图 6-6 多级仓库库存作业流程图

6.2.5 正逆向集约化配送

资产配送是对设备配送过程以及配送车辆信息进行管理,主要适用于电能表、互感器、采集终端等设备的配送。配送需求生成是指设备使用单位根据库存情况、设备使用需求等提出配送申请,审核配送申请,并提交计量中心运营室进行审批,形成配送计划。计量中心配送室根据配送计划、配送车辆情况,制定最优的配送线路,打印配送任务单分类发送到库房与车辆管理人员。库房管理人员根据配送任务准备设备,同时车辆管理人员根据配送任务安排车辆到库房装货进行配送。

对原有正向配送和逆向回收相分离造成的返回车辆空载率高、浪费大量人力、物力、财力,不利于人、财、物集约化管理发展的问题,采用了基于闭环供应链的正向配送和逆向回收一体化管理模式。当采用自行配送方式时,计量中心在向供电单位配送电能计量资产之后,应该立即对供电单位存有的废旧电能计量资产和周转箱进行回收,实现正向配送与逆向回收的集约化;当采用代理型配送方式时,计量中心与第三方物流公司协商确定配送模式。将正向配送与逆向回收进行集约化以后,变更了配送作业流程,增加了逆向回收相关作业流程,使得整个配送作业呈闭环状,如图6-7所示。主要流程为:计量中心首先编制配送实施计划并做好配送准备;随后,进行拣货、扫描数据,并将货物移交给自有车队或者第三方物流公司,然后进行配送;当货物移交至二级仓库后,二级仓库将已有的废旧电能计量资产清点并移交给自有配送人员或者第三方物流公司回收人员,清点确认后再将回收资产运回回收管理部门(计量中心)。

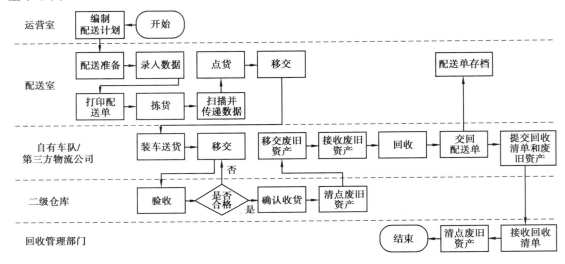

图6-7　电能计量资产正逆向集约化配送作业流程图

6.2.6　故障及报废管理

对故障电能计量资产进行统一分类,对每种故障电能计量资产进行分类处理,尽量对故障电能计量资产进行修复后再次利用,以提高再利用率,减少浪费,降低成本。同时,在对故障电能计量资产进行技术鉴定时,进行集中式检测,将从各个供电单位处回收的电能计量资产进行统计,科学计算设置检测批量和检测时间,以规模效应降低检测成本。当对故障电能计量资产进行集中式检测后,也对故障处理流程进行了规范化。具体流程如图6-8所示。

6.2.7　封印管理

封印管理业务是对计量封印的标记、采购、领用发放、使用、报废的全过程进行管理。计量封印按用途分为检定封印、安装封印、现场检验封印、抄表封印等。

封印和其他计量资产类似,也包括入库、建档、领用、退回、在用、报废等过程。

不同部门不同工种的人员必须使用规定的封印,为方便管理,一般采用不同的封印颜色来区分封印类型,如蓝色的装表封、绿色的检定封、黄色的用检封等(根据各供电单位的具体管理要求,封印颜色可能会不完全相同)。几种常见封印的作用如下:

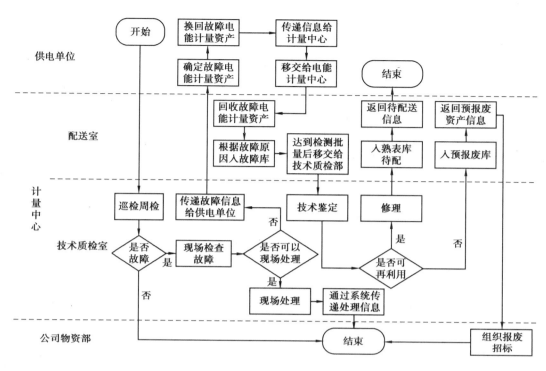

图6-8　集中式检测的电能计量资产故障处理流程图

①检定封印：在抽样验收、正常检定、委托检定、库存复检、监督抽检工作中，对被检设备加封检定封印，并记录检定封印跟设备的对应关系。

②安装封印：对计量二次回路接线端子、计量柜（箱）及电能表表尾实施封印后，记录安装封印跟设备的对应关系。

③现场校验封印：从事现场检验的人员进行现场校验工作后，施加现校封印，记录现校封印跟设备的对应关系。

④抄表封印：对必须开启柜（箱）才能进行抄表的人员，抄表对电能计量柜（箱）门和电能表的抄读装置进行加封后，记录抄表封印跟设备的对应关系。

思考与讨论

1. 计量资产管理包括哪几个主要业务？并简述各业务的具体内容。

2. 计量封印按用途分为哪几类？

任务6.3　"四线一库"系统及运行与维护管理要求

长期以来，采用传统的手工方式开展电能计量器具的检定工作，工作效率低，运营成本高，且检定质量与工作人员的技术水平密切相关，难以保证检定标准和检定结果的高度一致，难以满足用电信息采集系统建设和智能电能表快速推广应用的更高要求。

自动化检定系统是近年来随着电子技术、通信技术、控制技术和计算机技术的快速发展

199

而兴起的新兴技术。它将自动化、信息化和人工智能等先进技术应用到常规的计量检定作业中,通过在传统计量器具检定装置的基础上增加输送线、机械手、自动接拆线、照相及识别等自动化装置,高效完成国家规程规定的各个检定(检测)项目,可准确判定检定结果,消除人为和地域因素引起的检定质量差异,并可在省级计量中心生产调度系统控制下实现与智能化仓储系统的无缝衔接,有效提高检定工作质量、效率和计量管理水平,代表了计量检定技术的发展趋势。

智能化仓储系统集成现代物流与自动化、信息化等先进技术,通过货架、堆垛机、出入库输送机等自动化装置,实现计量器具的自动出入库作业,可按照先入先出、发陈储新等出入库原则实现仓储计量器具的自动化管理,并可在省级计量中心生产调度系统控制下实现与自动化检定系统的无缝衔接,能够有效减少库房占地,大幅提高计量器具搬运仓储的工作效率和管理水平,代表了现代化物流技术的发展趋势。

6.3.1 "四线一库"系统

"四线一库"是指:单相智能电能表自动化检定流水线、三相智能电能表自动化检定流水线、低压电流互感器自动化检测流水线、用电采集终端自动化检测流水线、智能化仓储库房。

(1)智能化仓储系统

智能化仓储系统指基于自动化仓储技术和现代化物流系统的智能化仓储设施,实现计量器具和用电信息采集终端仓储过程自动装(拆)箱、自动搬运、自动盘点、自动出入库和自动定位等智能化管理。其中,自动化立体仓库区为智能化仓储的主要货物存放区域,由立体货架、有轨巷道堆垛机、出入库托盘输送机系统、通信系统、自动控制系统、计算机监控系统、计算机管理系统以及其他如电线、电缆、桥架、配电柜、托盘、调节平台、钢结构平台等辅助设备组成的复杂的自动化系统。它运用一流的集成化物流理念,采用先进的控制、总线、通讯和信息技术,通过以上设备的协调动作,按照用户的需要完成指定货物的自动有序、快速准确、高效的入库出库作业。

(2)单、三相电能表自动化检定系统

它集成自动传输设施和全自动电能表检定装置的智能化检定系统,能够完成自动传输、电子式电能表自动化检定、数据处理和全过程监控。

电能表自动化检定系统分为采用电能表检定机器人方式(如图6-9所示)和电能表自动检定线检定方式(如图6-10所示)。

(3)用电信息采集终端自动化检测系统

它集成自动传输设施和全自动检测装置的智能化检测系统,能够完成自动传输、专变采集终端(Ⅲ)、集中器、采集器的功能和部分性能的自动化检测、数据处理。

(4)低压电流互感器自动化检定系统

它集成自动传输设施和全自动互感器检定装置的智能化检定系统,能够完成自动传输、互感器自动化检定、数据处理和全程监控。

图 6-9　采用电能表检定机器人方式的计量车间一角

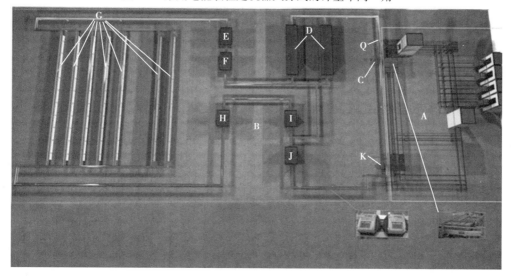

图 6-10　电能表自动检定线布局示意

A—周转箱输送单元;B—电能表输送单元;C—上料单元;D—耐压单元;E—自动光学检测单元;F—自动编程单元;G—多功能检测单元;H—自动编程单元;I—自动钳封单元;J—自动贴标单元;K—下料单元;Q—扫描单元

6.3.2　省级计量中心生产调度平台与四线一库调度层次图

省级计量中心生产调度层次如图 6-11 所示。

省级计量中心生产调度整体层次分为调度层、工控层和设备层。

调度层部署生产调度平台与自动化检定线本地监控系统、人工检定台本地监控系统、人工检定台台体软件、智能仓储系统对接,实现对计量生产过程的调度和控制。

工控层由各类检定线(台)本地监控系统、智能仓储系统构成,与检定设备、仓储设备对接,实现对检定设备、仓储设备的控制,同时可接收生产调度平台的调度控制指令,并将生产过程信息上送到生产调度平台。

设备层由各类硬件设备构成,并接受工控层的控制。

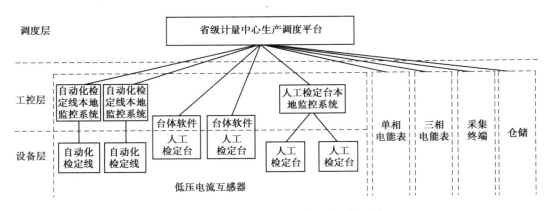

图 6-11　省级计量中心生产调度整体层次

6.3.3　自动化检定/检测系统运行与维护工作要求

①科学制定检定/检测计划,做好生产任务的排产,统筹考虑检定能力、设备状况、计量器具供货情况、配送能力等因素,合理安排各批次计量器具的抽检、检定/检测和复检工作。

②引入生产管理理念、建立与自动化检定/检测生产相适应的运维管理体系及质量管理体系,制定运行、检修、故障处理、质量控制等管理制度;编制适应新模式的管理标准、工作标准及作业指导书。

③严格执行运维管理制度,保证运维管理体系正常运转,形成运维常态化工作机制;制定运行维护方案,日常开展例行检查,定期组织对系统设备开展大、小修等维护保养工作,保证设备处于健康状态;落实运维专用资金,解决专业设备保养检修和易损备件更换费用。

④完善应急机制,组建应急工作小组,提高应急处理能力。超前制订应急预案,重点针对短期不易恢复的关键设备故障、电源故障、通信故障以及计量器具批量质量问题、自然灾害等风险,分析研判可能出现问题的环节,制定有针对性的措施,提高响应速度和解决问题水平,确保系统出现问题乃至完全瘫痪时能够保证一定的检定能力,并能够尽快组织恢复系统运行;依据应急预案,配备相应的应急设施及设备,妥善保管,定期维护;模拟风险出现的场景,定期组织应急演练。

⑤加强日常运维管理,做好系统运行日志、故障记录、维护和维修记录等管理工作;统计各项运维指标数据,进行数据挖掘工作,开展系统实际检定能力评估和稳定性评价工作;定期组织比对、复核自动化系统检定数据;做好设备的日常维护工作和备品备件管理工作,按月、年对设备进行定期维护保养,包括设备检查与清洁、检查固定螺丝是否松动、耗材更换、损耗严重的零部件及时更换等。

⑥做好现场设备的运行巡视。针对仓储系统给料、机器人上下料、计量器具条形码识别、外观检查、自动加封、激光打标、下料装箱后计量器具摆放、检定系统设备告警指示、装箱后计量器具输送、主输送线送料等关键环节,应每日定时巡视;按日、周或月对检定系统的异常告警信息进行统计分析,对重复出现的异常进行专项维护,对属于设备缺陷的进行改进或消缺。

⑦加强系统运行情况监控。严格执行监控工作流程,对设备报警信息、输送系统运行情况和各子系统连接情况、检定/检测方案与检定规程符合度验证情况、检定/检测数据上传情

况、图像识别情况、不合格（异常）计量器具人工复核情况、设备运行情况等进行全方位监控，及时协调解决生产过程中出现的问题。

⑧做好系统使用说明书和运维手册编制工作。系统使用说明书的内容应包括系统总体设计说明，机械、电控和信息管理系统操作使用说明等详细内容；运维手册内容应包括设备维护周期、常规维护方法、易损件清单、备品备件清单以及售后服务事项、联系方法等。

⑨加强安全教育和培训。加强运行维护人员专业化培训，提高运行维护水平；提高员工安全防护意识，确保工作安全；严格执行操作规程，配备足够的安全防护器具和设施；加强信息安全管理，合理分配工作权限，严格执行保密制度；针对自动化检定/检测系统故障处理的故障原因、故障分析、解决方案、操作步骤等详细描述，形成自动化系统运行维护备忘录，为后续人员培养建立有效的指导文件。

6.3.4　自动化检定/检测系统运行维护阶段主要问题及解决办法

①重点关注因被备品备件缺乏导致的检定系统停运问题，合理配置并提前准备好备品备件、消耗品（封印件、标签、色带）等，应定期制定采购计划，提前采购、适量储备。

②针对 RFID 标签和条形码不统一、设备信息核对无法通过的问题，要加强 RFID 和条形码使用管理，严格执行公司系统颁布的标准，加强 RFID 标签和条形码验收和质量管控，有效提高检定工作的质量和效率。

③超前考虑自动化检定、检测系统故障停机导致检定、检测工作无法正常开展的问题，配套建立人工备用应急机制，保留部分传统的人工检定装置，作为应急检定装置，以及日常新表抽检、性能测试、故障分析、人工复检等工作使用，确保正常检定/检测工作开展。

④要加强自动化检定、检测系统检定质量的监控，防范自动化检定、检测系统错检、误检导致的质量事故，常态化开展复核检定工作，定期制定复检计划，从自动检定合格的计量器具中抽取一定比例进行人工检定，并将自动化系统与人工检定、检测结果进行比对分析，及时发现、处理自动化检定设备故障导致的检定/检测结果偏差，确保计量公正、准确。

⑤高度重视由于人员结构不合理引起的系统运维不到位问题，适量引进相关领域的专业技术人才，建立相应的培训制度，丰富培训内容，加强相关领域的培训工作，以满足运行、维护、检修要求。

⑥针对图像识别环节存在少量的误判情况，应加强专项技术研究攻关，提高系统准确识别率，并可增加由监控人员人工复核判定的辅助手段。

6.3.5　智能化仓储系统运行与维护工作要求

①引入生产管理理念，建立相应生产管理体系及质量管理体系，建立健全管理制度，编制适应新模式的管理标准、工作标准及作业指导书；建立常态化运维机制，定期制定维护计划，进行各类硬件设备的例行保养维护工作；落实运维专用资金，解决专业设备保养检修和易损备件更换费用。

②加强日常运维管理，在运行阶段根据仓储系统各类设备的每日运行情况，做好系统运行日志；应根据系统使用情况分班次合理配置运维人员，保证每个班次有机械、电气、计算机

等各领域运维人员参与,有效解决系统运行中出现的故障和问题;运维保障机制要具备本地服务、故障处理、定期巡检及远程技术专家支持等多种模式,以应对不同难度技术问题。

③智能化仓储系统计算机控制系统与计量生产调度平台存在接口数据传输及维护、业务需求配合、信息交互及控制等业务,应不定期对两个系统进行优化和维护,保证两者接口通信正常、运转顺畅。

④做好系统使用说明书和运维手册编制工作。系统使用说明书内容应包括但不限于总体系统设计说明、机械设备操作维护使用说明、设备维护周期、易损件清单、备品备件清单以及售后服务事项、联系方法等详细内容;运维手册内容应包括但不限于系统常规维护、机械设备维护说明、控制系统操作维护使用说明、售后服务事项等。

⑤智能化仓储系统涉及通信、机械、自动控制等专业领域,要适量引进相关领域的专业技术人才;建立相应的培训制度,丰富培训内容,拓展人员知识结构,加强相关领域的培训工作,以满足系统运行、维护、检修要求。

6.3.6 智能化仓储系统运行维护阶段主要问题及解决办法

①在智能仓储系统故障影响出入库效率或不能执行出入库操作时,应制定相应的故障应急预案,考虑暂时采用人工作业替代自动化作业。

②加强设备安全管理。智能化仓储系统大量采用的高速运动设备(堆垛机)、传动设备(输送线)、移载设备(机器人、穿梭车)、承载设备(提升机)、高空货架等设备,在运行或检修过程中存在机械伤害、物体坠落伤人等风险,必须加强安全教育和培训,提高操作人员安全防护意识;应配备相应的安全防护器具和设施,严格执行操作规程,有效防止安全事故发生。

③针对智能化仓储系统与计量生产调度平台接口在运行使用过程中的数据传输异常等问题,应及时扩充、修订相关需求,完善平台与系统功能,对软件系统进行优化升级,有效排查和解决问题。

④根据智能化仓储系统易出现问题的故障点,实施分类预控,有效防范设备故障风险。

针对到货入库输送线发生无法进行新购表计入库的故障,若在系统故障容忍时间内,由系统安全库存继续支撑自动化检定、检测系统的正常作业,同时对入库表计进行暂存处理;若超出系统故障容忍时间,安全库存无法继续支撑自动化检定、检测系统继续作业,则表计转而可入人工库,由人工检定装置检定或由自动化检定、检测系统通过人工上下料方式完成检定。

发生堆垛机故障时,在降低出入库效率和产量的情况下,维持相应的自动化检定工作,同时开启人工检定备用方案补充产量。

自动化检定、检测系统主输送线发生故障时,无法进行正常出入库输送,可降低自动化检定、检测系统产量,人为干预搬运上下料输送,同时执行人工检定方案补充产量。

思考与讨论

1. 什么是"四线一库"系统?其运行与维护管理有哪些要求?

2. 省级计量中心生产调度整体层次是怎样构成的?

任务6.4 电能计量资产全寿命周期管理信息支持系统

针对电能计量资产全寿命周期各个环节使用多个信息系统进行管理、系统之间未进行数据共享、存在信息孤岛、电能计量资产全寿命周期流程数据不能得到充分利用等问题,电力公司紧紧把握时代脉搏,深刻地认识到信息系统在电能计量资产管理中的重要作用,在电能计量资产管理各环节中分别引入了省级计量中心生产调度平台、用电采集系统、营销系统等信息系统,实现了电能计量资产需求计划、采购、校检、库存、配送、运行、轮换、回收等过程管理的信息化,在电能计量资产全寿命周期管理信息化建设中取得了一定的成效。

6.4.1 电能计量资产全寿命管理的几个主要系统

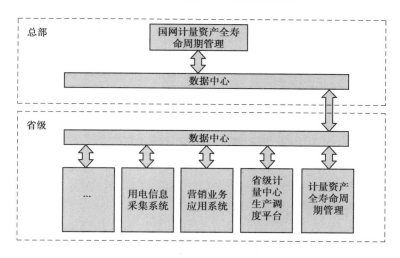

图6-12 电能计量资产全寿命管理主要系统图

(1)省级计量中心生产调度平台(MDS)

省级计量中心生产调度平台由生产运行管理、生产调度监控、计量体系管理、产品质量监督、技术服务、辅助决策分析等相关业务功能模块组成,与自动化检定、智能化仓储、营销业务应用、用电信息采集、国网计量生产调度平台等系统实现信息交互,实现三级计量资产的全过程管控。如图6-13所示。

(2)国网计量生产调度平台(SG-MDS)

国网计量生产调度平台由计量生产调度管控、用电信息采集管控、计量体系管控、辅助管理、决策支持、系统管理等相关业务功能模块组成,直接从省级计量生产调度平台和国网计量中心信息化平台抽取数据,实现对国网计量业务和数据全面监控的信息化平台。

(3)营销业务应用系统

营销业务应用系统全面覆盖27个省市公司,支撑省、地市、区县、供电站(所)四级供电单位,侧重于客户服务、电能计量、电费管理等营销业务的专业化管理。系统的主要功能包括:

205

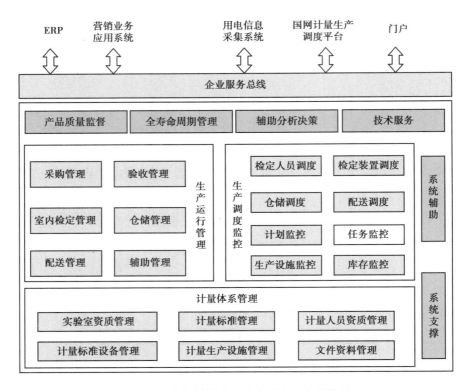

图 6-13　省级计量中心生产调度平台结构图

客户服务与客户关系管理、电能计量及信息采集、电费管理、市场与需求侧管理、综合管理等。如图 6-14 所示。

（4）电力用户用电信息采集系统

电力用户用电信息采集系统是对电力用户的用电信息进行采集、处理和实时监控的系统，实现用电信息的自动采集、计量异常监测、电能质量监测、用电分析和管理、相关信息发布、分布式能源监控、智能用电设备的信息交互等功能。

6.4.2　省级生产调度平台与其他系统接口内容

生产调度平台需与自动化检定系统、人工检定台控制系统、智能化仓储系统、用电信息采集系统、国网计量生产调度平台、资产识别系统、物流配送系统（为独立系统时）等系统进行无缝集成。

与营销业务应用系统对接，完成系统之间的数据交互及共享，实现计量设备的全寿命周期管理；还需与 ERP 系统、供应商 MIS 系统等业务应用系统进行对接。

6.4.3　电能计量资产全寿命周期管理的关键环节

计量资产全寿命周期管理主要对象为电能表、采集终端、互感器、检定检测设备等 4 类设备。计量检定检测设备由计量标准设备（计量标准器、计量标准装置、测试设备）和生产设施（含自动化检定/检测系统及智能化仓储系统等）组成。

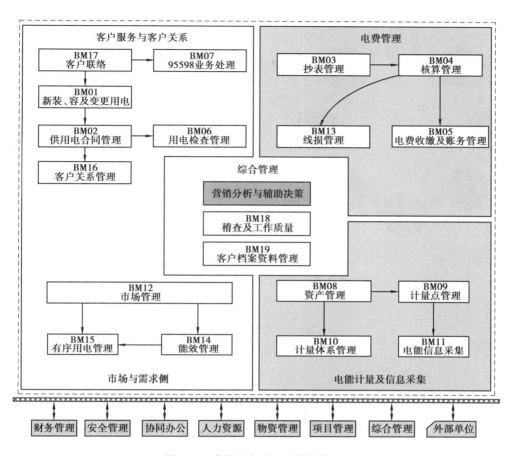

图6-14　营销业务应用系统结构图

(1)电能表、互感器、采集终端等计量设备的8个关键环节

通过分析管理需求,将电能表、互感器、采集终端等计量设备的全寿命管理分为8个关键环节,分别为采购到货、设备验收、检定检测、仓储配送、设备安装、设备运行、设备拆除、资产报废。如图6-15所示。计量设备状态信息表见附录2,计量设备全寿命评价指标见附录4。

(2)检定检测设备的5个关键环节

计量标准设备(计量标准器、计量标准装置、测试设备)和生产设施(含自动化检定/检测系统及智能化仓储系统等)等计量检定检测设备的全寿命周期管理环节有5个关键状态,分别为采购到货、设备验收、运行维护、停用管理、鉴定报废。如图6-16所示。计量检定检测设备状态信息表见附录3,检定检测设备资产全寿命评价指标见附录5。

6.4.4　信息系统下的计量资产全寿命周期管理

计量资产全寿命周期管理是遵照《国家电网公司资产全寿命周期管理(SG-LCAM)框架体系》要求,基于省级计量中心生产调度平台开发的,具有资产状态分析、质量分析、资产寿命分析及评价、供应商综合评价等功能;集成营销业务应用系统、用电信息采集系统等计量资产信息,强化电能表库龄、表龄的识别、统计、分析,通过计量资产全寿命周期管理指标库、计量

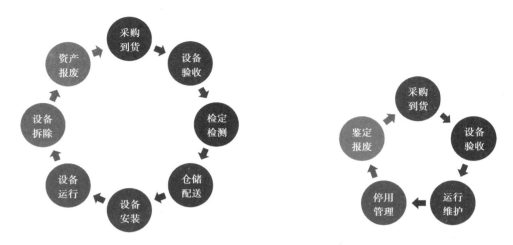

图 6-15　计量设备的全寿命管理环节图　　图 6-16　计量检定检测设备的全寿命管理环节图

资产寿命评价模型等量化评价等手段,实现计量资产全寿命周期各环节状态分析、质量分析,达到计量资产全寿命周期管理要求,不断提高计量资产精益化管理水平。如图 6-17 所示。

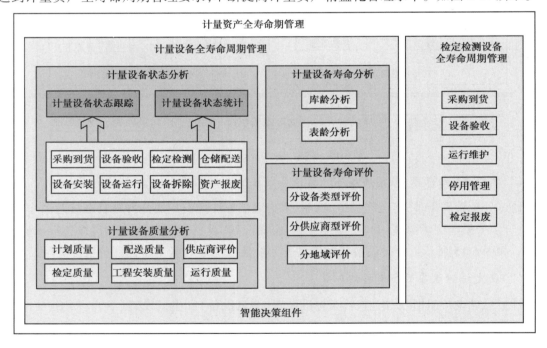

图 6-17　计量资产全寿命周期管理图

(1)计量资产全寿命管理涉及系统流程

计量资产全寿命管理涉及系统流程包括计量生产调度平台需求计划、采购计划、验收(到货前、到货后、到货后抽检)、检定、配送等流程;营销业务应用系统中二级向下级配送、安装、运行、拆回等流程。

(2)计量资产全寿命管理涉及业务数据情况

涉及业务数据有计量生产调度平台的采购、验收、检定、仓储、配送等数据;营销业务系统的安装、运行、拆回等信息;用电信息采集系统的采集成功率、抄表数据等信息。

思考与讨论

1. 电能计量资产管理有哪些相关信息系统?

2. 电能计量资产全寿命周期管理有哪些关键环节?

3. 基于省级计量中心生产调度平台开发的计量资产全寿命周期管理有哪些功能?

附录 1
电能计量工作相关法规条款

电能计量工作必须在计量和电力法律、法规的规范下进行，尤其是电力企业电能计量管理的对象是国家实行依法管理和强制检定的电能计量器具，对社会负有公正、诚信的义务和责任，其技术和管理水平直接影响电力企业的利益和形象。所以，电能计量工作人员应认真学习计量和电力法律、法规，严格依法行事，开展工作。下面就电能计量工作开展所涉及的法规条款进行列举（引用原文以异体字表示）。

一、《计量法》相关条款

（中华人民共和国计量法于一九八五年九月六日第六届全国人民代表大会常务委员会第十二次会议通过，一九八六年七月一日起施行）

第二条　在中华人民共和国境内，建立计量基准器具、计量标准器具，进行计量检定，制造、修理、销售、使用计量器具，必须遵守本法。

第三条　国家采用国际单位制。

国际单位制计量单位和国家选定的其他计量单位，为国家法定计量单位。国家法定计量单位的名称、符号由国务院公布。

非国家法定计量单位应当废除。废除的办法由国务院制定。

第四条　国务院计量行政部门对全国计量工作实施统一监督管理。

县级以上地方人民政府计量行政部门对本行政区域内的计量工作实施监督管理。

第八条　企业、事业单位根据需要，可以建立本单位使用的计量标准器具，其各项最高计量标准器具经有关人民政府计量行政部门主持考核合格后使用。

第九条　县级以上人民政府计量行政部门对社会公用计量标准器具，部门和企业、事业单位使用的最高计量标准器具，以及用于贸易结算、安全防护、医疗卫生、环境监测方面的列入强制检定目录的工作计量器具，实行强制检定。未按照规定申请检定或者检定不合格的，不得使用。实行强制检定的工作计量器具的目录和管理办法，由国务院制定。

对前款规定以外的其他计量标准器具和工作计量器具，使用单位应当自行定期检定或者送其他计量检定机构检定，县级以上人民政府计量行政部门应当进行监督检查。

第十条　计量检定必须按照国家计量检定系统表进行。国家计量检定系统表由国务院计量行政部门制定。

计量检定必须执行计量检定规程。国家计量检定规程由国务院计量行政部门制定。没有国家计量检定规程的,由国务院有关主管部门和省、自治区、直辖市人民政府计量行政部门分别制定部门计量检定规程和地方计量检定规程,并向国务院计量行政部门备案。

第十一条　计量检定工作应当按照经济合理的原则,就地就近进行。

第十七条　使用计量器具不得破坏其准确度,损害国家和消费者的利益。

第二十条　县级以上人民政府计量行政部门可以根据需要设置计量检定机构,或者授权其他单位的计量检定机构,执行强制检定和其他检定、测试任务。

执行前款规定的检定、测试任务的人员,必须经考核合格。

第二十一条　处理因计量器具准确度所引起的纠纷,以国家计量基准器具或者社会公用计量标准器具检定的数据为准。

第二十六条　属于强制检定范围的计量器具,未按照规定申请检定或者检定不合格继续使用的,责令停止使用,可以并处罚款。

第二十七条　使用不合格的计量器具或者破坏计量器具准确度,给国家和消费者造成损失的,责令赔偿损失,没收计量器具和违法所得,可以并处罚款。

第二十八条　制造、销售、使用以欺骗消费者为目的的计量器具的,没收计量器具和违法所得,处以罚款;情节严重的,并对个人或者单位直接责任人员按诈骗罪或者投机倒把罪追究刑事责任。

二、《计量法实施细则》相关条款

(中华人民共和国计量法实施细则于一九八七年一月十九日国务院批准,一九八七年二月一日国家计量局发布)

第二条　国家实行法定计量单位制度。国家法定计量单位的名称、符号和非国家法定计量单位的废除办法,按照国务院关于在我国统一实行法定计量单位的有关规定执行。

第三条　国家有计划地发展计量事业,用现代计量技术装备各级计量检定机构,为社会主义现代化建设服务,为工农业生产、国防建设、科学实验、国内外贸易以及人民的健康、安全提供计量保证,维护国家和人民的利益。

第七条　计量标准器具(简称计量标准)的使用,必须具备下列条件:

(一)经计量检定合格;

(二)具有正常工作所需要的环境条件;

(三)具有称职的保存、维护、使用人员;

(四)具有完善的管理制度。

第十条　企业、事业单位建立本单位各项最高计量标准,须向与其主管部门同级的人民政府计量行政部门申请考核。乡镇企业向当地县级人民政府计量行政部门申请考核。经考核符合本细则第七条规定条件并取得考核合格证的,企业、事业单位方可使用,并向其主管部门备案。

第十一条　使用实行强制检定的计量标准的单位和个人,应当向主持考核该项计量标准的有关人民政府计量行政部门申请周期检定。

使用实行强制检定的工作计量器具的单位和个人,应当向当地县(市)级人民政府计量行政部门指定的计量检定机构申请周期检定。当地不能检定的,向上一级人民政府计量行政部门指定的计量检定机构申请周期检定。

第十二条　企业、事业单位应当配备与生产、科研、经营管理相适应的计量检测设施,制定具体的检定管理办法和规章制度,规定本单位管理的计量器具明细目录及相应的检定周期,保证使用的非强制检定的计量器具定期检定。

第十三条　计量检定工作应当符合经济合理、就地就近的原则,不受行政区划和部门管辖的限制。

第二十五条　任何单位和个人不准在工作岗位上使用无检定合格印、证或者超过检定周期以及经检定不合格的计量器具。在教学示范中使用计量器具不受此限。

第二十八条　县级以上人民政府计量行政部门依法设置的计量检定机构,为国家法定计量检定机构。其职责是:负责研究建立计量基准、社会公用计量标准,进行量值传递,执行强制检定和法律规定的其他检定、测试任务,起草技术规范,为实施计量监督提供技术保证,并承办有关计量监督工作。

第二十九条　国家法定计量检定机构的计量检定人员,必须经县级以上人民政府计量行政部门考核合格,并取得计量检定证件。其他单位的计量检定人员,由其主管部门考核发证。无计量检定证件的,不得从事计量检定工作。

计量检定人员的技术职务系列,由国务院计量行政部门会同有关主管部门制定。

第三十条　县级以上人民政府计量行政部门可以根据需要,采取以下形式授权其他单位的计量检定机构和技术机构,在规定的范围内执行强制检定和其他检定、测试任务:

(一)授权专业性或区域性计量检定机构,作为法定计量检定机构;

(二)授权建立社会公用计量标准;

(三)授权某一部门或某一单位的计量检定机构,对其内部使用的强制检定计量器具执行强制检定;

(四)授权有关技术机构,承担法律规定的其他检定、测试任务。

第三十一条　根据本细则第三十条规定被授权的单位,应当遵守下列规定:

(一)被授权单位执行检定、测试任务的人,必须经授权单位考核合格;

(二)被授权单位的相应计量标准,必须接受计量基准或者社会公用计量标准的检定;

(三)被授权单位承担授权的检定、测试工作,须接受授权单位的监督;

(四)被授权单位成为计量纠纷中当事人一方时,在双方协商不能自行解决的情况下,由县级以上有关人民政府计量行政部门进行调解和仲裁检定。

第三十七条　县级以上人民政府计量行政部门负责计量纠纷的调解和仲裁检定,并可根据司法机关、合同管理机关、涉外仲裁机关或者其他单位的委托,指定有关计量检定机构进行仲裁检定。

第三十八条　在调解、仲裁及案件审理过程中,任何一方当事人均不得改变与计量纠纷有关的计量器具的技术状态。

　　第四十条　建立计量标准申请考核,使用计量器具申请检定,制造计量器具新产品申请定型和样机试验,制造、修理计量器具申请许可证,以及申请计量认证和仲裁检定,应当缴纳费用,具体收费办法或收费标准,由国务院计量行政部门会同国家财政、物价部门统一制定。

　　第四十三条　违反本细则第二条规定,使用非法定计量单位的,责令其改正;属出版物的,责令其停止销售,可并处一千元以下的罚款。

　　第四十五条　部门和企业、事业单位的各项最高计量标准,未经有关人民政府计量行政部门考核合格而开展计量检定,责令其停止使用,可并处一千元以下的罚款。

　　第四十六条　属于强制检定范围的计量器具,未按照规定申请检定和属于非强制检定范围的计量器具未自行定期检定或者送其他计量检定机构定期检定的,以及经检定不合格继续使用的,责令其停止使用,可并处一千元以下的罚款。

　　第五十一条　使用不合格计量器具或者破坏计量器具准确度和伪造数据,给国家和消费者造成损失的,责令其赔偿损失,没收计量器具和全部违法所得,可并处二千元以下的罚款。

　　第五十三条　制造、销售、使用以欺骗消费者为目的的计量器具的单位和个人,没收其计量器具和全部违法所得,可并处二千元以下的罚款;构成犯罪的,对个人或者单位直接责任人员,依法追究刑事责任。

　　第五十六条　伪造、盗用、倒卖强制检定印、证的,没收其非法检定印、证和全部违法所得,可并处二千元以下的罚款;构成犯罪的,依法追究刑事责任。

　　第五十九条　计量检定人员有下列行为之一的,给予行政处分;构成犯罪的,依法追究刑事责任:

　　(一)伪造检定数据的;

　　(二)出具错误数据,给送检一方造成损失的;

　　(三)违反计量检定规程进行计量检定的;

　　(四)使用未经考核合格的计量标准开展检定的;

　　(五)未取得计量检定证件执行计量检定的。

　　第六十一条　本细则下列用语的含义是:

　　(一)计量器具是指能用以直接或间接测出被测对象量值的装置、仪器仪表、量具和用于统一量值的标准物质,包括计量基准、计量标准、工作计量器具。

　　(二)计量检定是指为评定计量器具的计量性能,确定其是否合格所进行的全部工作。

　　(三)定型鉴定是指对计量器具新产品样机的计量性能进行全面审查、考核。

　　(四)计量认证是指政府计量行政部门对有关技术机构计量检定、测试的能力和可靠性进行的考核和证明。

　　(五)计量检定机构是指承担计量检定工作的有关技术机构。

　　(六)仲裁检定是指用计量基准或者社会公用计量标准所进行的以裁决为目的的计量检定、测试活动。

三、《电力法》相关条款

　　(中华人民共和国电力法于一九九五年十二月二十八日第八届全国人民代表大会常务委

员会第十七次会议通过,一九九六年四月一日起施行)

第三十一条　用户应当安装用电计量装置。用户使用的电力电量,以计量检定机构依法认可的用电计量装置的记录为准。

用户受电装置的设计、施工安装和运行管理,应当符合国家标准或者电力行业标准。

第三十三条　供电企业应当按照国家核准的电价和用电计量装置的记录,向用户计收电费。

供电企业查电人员和抄表收费人员进入用户,进行用电安全检查或者抄表收费时,应当出示有关证件。

用户应当按照国家核准的电价和用电计量装置的记录,按时交纳电费;对供电企业查电人员和抄表收费人员依法履行职责,应当提供方便。

四、《电力供应与使用条例》相关条款

(一九九六年四月十七日中华人民共和国国务院第 196 号令发布,自一九九六年九月一日起施行)

第二十六条　用户应当安装用电计量装置。用户使用的电力、电量,以计量检定机构依法认可的用电计量装置的记录为准。用电计量装置,应当安装在供电设施与受电设施的产权分界处。

安装在用户处的用电计量装置,由用户负责保护。

第二十七条　供电企业应当按照国家核准的电价和用电计量装置的记录,向用户计收电费。

用户应当按照国家批准的电价,并按照规定的期限、方式或者合同约定的办法,交付电费。

第三十条　用户不得有下列危害供电、用电安全,扰乱正常供电、用电秩序的行为:

……

(五)擅自迁移、更动或者擅自操作供电企业的用电计量装置、电力负荷控制装置、供电设施以及约定由供电企业调度的用户受电设备;

第三十一条　禁止窃电行为。窃电行为包括:

(一)在供电企业的供电设施上,擅自接线用电;

(二)绕越供电企业的用电计量装置用电;

(三)伪造或者开启法定的或者授权的计量检定机构加封的用电计量装置封印用电;

(四)故意损坏供电企业用电计量装置;

(五)故意使供电企业的用电计量装置计量不准或者失效;

(六)采用其他方法窃电。

五、《供电营业规则》相关条款

(一九九六年十月八日中华人民共和国电力工业部第 8 号令发布)

第二十二条　有下列情况之一者,为变更用电。用户需变更用电时,应事先提出申请,并

携带有关证明文件,到供电企业用电营业场所办理手续,变更供用电合同:

……

5.移动用电计量装置安装位置(简称移表);

6.暂时停止用电并拆表(简称暂拆)。

第二十七条　用户移表(因修缮房屋或其他原因需要移动用电计量装置安装位置),须向供电企业提出申请。供电企业应按下列规定办理:

1.在用电地址、用电容量、用电类别、供电点等不变情况下,可办理移表手续;

2.移表所需的费用由用户负担;

3.用户不论何种原因,不得自行移动表位,否则,可按本规则第一百条第 5 项处理。

第二十八条　用户暂拆(因修缮房屋等原因需要暂时停止用电并拆表),应持有关证明向供电企业提出申请。供电企业应按下列规定办理:

1.用户办理暂拆手续后,供电企业应在五天内执行暂拆;

2.暂拆时间最长不得超过六个月。暂拆期间,供电企业保留该用户原容量的使用权;

3.暂拆原因消除,用户要求复装接电时,须向供电企业办理复装接电手续并按规定交付费用。上述手续完成后,供电企业应在五天内为该用户复装接电;

4.超过暂拆规定时间要求复装接电者,按新装手续办理。

第七十条　供电企业应在用户每一个受电点内按不同电价类别,分别安装用电计量装置。每个受电点作为用户的一个计费单位。

用户为满足内部核算的需要,可自行在其内部装设考核能耗用的电能表,但该表所示读数不得作为供电企业计费依据。

第七十一条　在用户受电点内难以按电价类别分别装设用电计量装置时,可装设总的用电计量装置,然后按其不同电价类别的用电设备容量的比例或实际可能的用电量,确定不同电价类别用电量的比例或定量进行分算,分别计价。供电企业每年至少对上述比例或定量核定一次,用户不得拒绝。

第七十二条　用电计量装置包括计费电能表(有功、无功电能表及最大需量表)和电压、电流互感器及二次连接线导线。计费电能表及附件的购置、安装、移动、更换、校验、拆除、加封、启封及表计接线等,均由供电企业负责办理,用户应提供工作上的方便。

高压用户的成套设备中装有自备电能表及附件时,经供电企业检验合格、加封并移交供电企业维护管理的,可作为计费电能表。用户销户时,供电企业应将该设备交还用户。

供电企业在新装、换装及现场校验后应对用电计量装置加封,并请用户在工作凭证上签章。

第七十三条　对 10 千伏及以下电压供电的用户,应配置专用的电能计量柜(箱);对 35 千伏及以上电压供电的用户,应有专用的电流互感器二次线圈和专用的电压互感器二次连接线,并不得与保护、测量回路共用。电压互感器专用回路的电压降不得超过允许值。超过允许值时,应予以改造或采取必要的技术措施予以更正。

第七十四条　用电计量装置原则上应装在供电设施的产权分界处。如产权分界处不适宜装表的,对专线供电的高压用户,可在供电变压器出口装表计量;对公用线路供电的高压用

215

户,可在用户受电装置的低压侧计量。当用电计量装置不安装在产权分界处时,线路与变压器损耗的有功与无功电量均须由产权所有者负担。在计算用户基本电费(按最大需量计收时)、电度电费及功率因数调整电费时,应将上述损耗电量计算在内。

第七十五条 城镇居民用电一般应实行一户一表。因特殊原因不能实行一户一表计费时,供电企业可根据其容量按公安门牌或楼门单元、楼层安装共用的计费电能表,居民用户不得拒绝合用。共用计费电能表内的各用户,可自行装设分户电能表,自行分算电费,供电企业在技术上予以指导。

第七十六条 临时用电的用户,应安装用电计量装置。对不具备安装条件的,可按其用电容量、使用时间、规定的电价计收电费。

第七十七条 计费电能表装设后,用户应妥为保护,不应在表前堆放影响抄表或计量准确及安全的物品。如发生计费电能表丢失、损坏或过负荷烧坏等情况,用户应及时告知供电企业,以便供电企业采取措施。如因供电企业责任或不可抗力致使计费电能表出现或发生故障的,供电企业应负责换表,不收费;其他原因引起的,用户应负担赔偿费或修理费。

第七十八条 用户应按国家有关规定,向供电企业存入电能表保证金。供电企业对存入保证金的用户出具保证金凭证,用户应妥为保存。

第七十九条 供电企业必须按规定的周期校验、轮换计费电能表,并对计费电能表进行不定期检查。发现计量失常时,应查明原因。用户认为供电企业装设的计费电能表不准时,有权向供电企业提出校验申请,在用户交付验表费后,供电企业应在七天内检验,并将检验结果通知用户。如计费电能表的误差在允许范围内,验表费不退;如计费电能表的误差超出允许范围时,除退还验表费外,并应按本规则第八十条规定退补电费。用户对检验结果有异议时,可向供电企业上级计量检定机构申请检定。用户在申请验表期间,其电费仍应按期交纳,验表结果确认后,再行退补电费。

第八十条 由于计费计量的互感器、电能表的误差及其连接线电压降超出允许范围或其他非人为原因致使计量记录不准时,供电企业应按下列规定退相应电量的电费:

1. 互感器或电能表误差超出允许范围时,以"0"误差为基准,按验证后的误差值退补电量。退补时间从上次校验或换装后投入之日起至误差更正之日止的二分之一时间计算。

2. 连接线的电压降超出允许范围时,以允许电压降为基准,按验证后实际值与允许值之差补收电量。补收时间从连接线投入或负荷增加之日起至电压降更正之日止。

3. 其他非人为原因致使计量记录不准时,以用户正常月份的用电量为基准,退补电量,退补时间按抄表记录确定。

退补期间,用户先按抄见电量如期交纳电费,误差确定后,再行退补。

第八十一条 用电计量装置接线错误、保险熔断、倍率不符等原因,使电能计量或计算出现差错时,供电企业应按下列规定退补相应电量的电费:

1. 计费计量装置接线错误的,以其实际记录的电量为基数,按正确与错误接线的差额率退补电量,退补时间从上次校验或换装投入之日起至接线错误更正之日止。

2. 电压互感器保险熔断的,按规定计算方法计算值补收相应电量的电费;无法计算的,以用户正常月份用电量为基准,按正常月与故障月的差额补收相应电量的电费,补收时间按抄表记录或按失压自动记录仪记录确定。

3.计算电量的倍率或铭牌倍率与实际不符的,以实际倍率为基准,按正确与错误倍率的差值退补电量,退补时间以抄表记录为准确定。

退补电量未正式确定前,用户应先按正常月用电量交付电费。

第八十二条　供电企业应当按国家批准的电价,依据用电计量装置的记录计算电费,按期向用户收取或通知用户按期交纳电费。供电企业可根据具体情况,确定向用户收取电费的方式。

用户应按供电企业规定的期限和交费方式交清电费,不得拖延或拒交电费。

用户应按国家规定向供电企业存入电费保证金。

第九十二条　供电企业和用户应当在正式供电前,根据用户用电需求和供电企业的供电能力以及办理用电申请时双方已认可或协商一致的下列文件,签订供用电合同:

……

5.用电计量装置安装完工报告;

第一百条　危害供用电安全、扰乱正常供用电秩序的行为,属于违约用电行为。供电企业对查获的违约用电行为应及时予以制止。有下列违约用电行为者,应承担其相应的违约责任:

……

5.私自迁移、更动和擅自操作供电企业的用电计量装置、电力负荷管理装置、供电设施以及约定由供电企业调度的用户受电设备者,属于居民用户的,应承担每次500元的违约使用电费;

属于其他用户的,应承担每次5 000元的违约使用电费。

六、《用电检查管理办法》相关条款

(一九九六年八月二十一日中华人民共和国电力工业部第6号令发布,自一九九六年九月一日起施行)

第四条　供电企业应按照规定对本供电营业区内的用户进行用电检查,用户应当接受检查并为供电企业的用电检查提供方便。用电检查的内容是:

……

八、用电计量装置、电力负荷控制装置、继电保护和自动装置、调度通信等安全运行状况;

……

十一、违章用电和窃电行为;

第二十条　现场检查确认有危害供用电安全或扰乱供用电秩序行为的,用电检查人员应按下列规定,在现场予以制止。拒绝接受供电企业按规定处理的,可按国家规定的程序停止供电,并请求电力管理部门依法处理,或向司法机关起诉,依法追究其法律责任。

……

五、擅自迁移、更动或操作供电企业用电计量装置、电力负荷控制装置、供电设施以及合同(协议)约定由供电企业调度范围的用户受电设备的,应责成其改正,并按规定加收电费。

七、《水利电力部门电测、热工计量仪表和装置检定管理的规定》

（一九八六年五月十二日国务院批准，一九八六年六月一日国家计量局、水利电力部发布）

为实施《中华人民共和国计量法》（以下简称计量法），现对水利电力部门电测、热工计量仪表和装置检定、管理工作，规定如下：

一、根据电力生产、科研和经营管理的特殊需要，在业务上属水利电力部门管理的各企业、事业单位内部使用的电测、热工计量仪表和装置，按计量法第七条规定，由水利电力部建立本部门的计量标准，并负责检定、管理。根据计量法第二十条规定，授权水利电力部门计量检定机构对所属单位的电侧、热工最高计量标准执行强制检定。水利电力部门的电测、热工最高计量标准，接受国家计量基准的传递和监督。

二、在业务上属水利电力部门管理的各企业、事业单位，其电测、热工最高计量标准的建标考核，由被授权执行强制检定的水利电力部门计量检定机构考核合格后使用；属地方人民政府或其他单位管理的，由有关地方人民政府计量局主持考核合格后批准使用。

三、在业务上属水利电力部门管理的各企业、事业单位内部使用的强制检定的工作计量器具，授权水利电力部门计量检定机构执行强制检定。县级以上地方人民政府计量局负责对其计量工作检查、指导。

四、水利电力部门管理的用于结算、收费的电能计量仪表和装置，按照方便生产、利于管理的原则，根据计量法第二十条规定，授权水利电力部门计量检定机构执行强制检定。县级以上地方人民政府计量局对其考核检定人员，建立和执行计量规章制度及检定工作，负责监督检查。

五、水利电力部门计量检定机构在计量器具的强制检定中，可根据需要开展修理业务，其工作受有关人民政府计量局检查、指导。

六、水利电力部门计量检定机构被授权执行强制检定工作的人员，在有关人民政府计量局监督下，由水利电力部门组织考核、发证。在此规定发布之前，水利电力部门已进行的考核有效。

属地方人民政府管理的用于结算、收费的电能计量仪表和装置，以及其他企业、事业单位使用的电能计量仪表和装置的检定、管理办法，由地方人民政府决定。

七、水利电力部门要对授权检定的计量工作加强管理，保证结算、收费电能计量仪表和装置的准确。当用户对计量准确性提出质疑时，应负责认真查处。对违反计量法律、法规的行为，由县级以上地方人民政府计量局按计量法有关规定追究法律责任。

八、水利电力部门所属供电单位与其他部门用电单位因电能计量准确度发生的纠纷，先由上一级水利电力部门会同对方主管部门进行第一次复核调解。对第一次调解不服的，可向双方再上一级主管部门申请第二次调解。

对调解后仍未达到一致的问题，由相应的人民政府计量局主持仲裁检定，以国家电能计量基准或社会公用电能计量标准检定的数据为准。

八、《法定计量检定机构监督管理办法》相关条款

（二〇〇一年一月三日经国家质量技术监督局局务会议通过，二〇〇一年一月二十一日国家质量技术监督局令第 15 号颁布，自二〇〇一年一月二十一日起实施）

第四条　法定计量检定机构应当认真贯彻执行国家计量法律、法规，保障国家计量单位制的统一和量值的准确可靠，为质量技术监督部门依法实施计量监督提供技术保证。

第十二条　法定计量检定机构需要新增授权项目，应当向授权的质量技术监督部门提出新增授权项目申请，经考核合格并获得授权证书后，方可开展新增授权项目的工作。

法定计量检定机构需要终止所承担的授权项目的工作，应当提前六个月向授权的质量技术监督部门提出书面申请；未经批准，法定计量检定机构不得擅自终止工作。

第十三条　法定计量检定机构根据质量技术监督部门授权履行下列职责：

（一）研究、建立计量基准、社会公用计量标准或者本专业项目的计量标准；

（二）承担授权范围内的量值传递，执行强制检定和法律规定的其他检定、测试任务；

（三）开展校准工作；

（四）研究起草计量检定规程、计量技术规范；

（五）承办有关计量监督中的技术性工作。

第十四条　法定计量检定机构不得从事下列行为：

（一）伪造数据；

（二）违反计量检定规程进行计量检定；

（三）使用未经考核合格或者超过有效期的计量基、标准开展计量检定工作；

（四）指派未取得计量检定证件的人员开展计量检定工作；

（五）伪造、盗用、倒卖强制检定印、证。

第十六条　对质量技术监督部门监督中发现的问题，法定计量检定机构应当认真进行整改，并报请组织实施监督的质量技术监督部门进行复查。对经复查仍不合格的，暂停其有关工作；情节严重的，吊销其计量授权证书。

第十七条　法定计量检定机构有下列行为之一的，予以警告，并处一千元以下的罚款：

（一）未经质量技术监督部门授权开展须经授权方可开展的工作的；

（二）超过授权期限继续开展被授权项目工作的。

第十八条　法定计量检定机构有下列行为之一的，予以警告，并处一千元以下的罚款；情节严重的，吊销其计量授权证书：

（一）违反本办法第十二条规定，未经质量技术监督部门授权或者批准，擅自变更授权项目的；

（二）违反本办法第十四条第一、二、三、四项目规定之一的。

第十九条　违反本办法第十四条第五项规定，伪造、盗用、倒卖强制检定印、证的，没收其非法检定印、证和全部违法所得，并处二千元以下的罚款；构成犯罪的，依法追究刑事责任。

附录 **2**

计量设备状态信息表

环节	分类	内 容
采购到货	信息	1. 需求计划信息:需求数量、实际计划数量、实际完成数量。 2. 到货实时信息:(分招标批次、厂商、类型)订货数量、实际到货数量。 3. 合同执行信息:招标批次、合同总数量、已完成执行合同数量、正在执行合同数量、违约合同数量、终止/取消合同数量,到货批次数量、到货数量、未到货数量。 4. 厂商到货信息:时间周期、采购批次总数、厂商名称、采购内容(设备类型)、及时供货批次数、延迟供货批次数,厂商应到货数量、厂商未到货数量。
	分析	1. 需求计划分析:需求计划准确率、需求计划完成率、计划与需求的应对率。 2. 合同执行情况分析:合同执行率、合同违约率、合同终止率。 3. 供应商履约情况分析:及时供货率、延迟供货率。
设备验收	信息	1. 供货前质量监督信息:供应商、供货前质量监督(样品比对和全性能试验)批次总数、供货前质量监督(样品比对和全性能试验)实际完成批次数、供货前质量监督(样品比对和全性能试验)合格批次数、已完成检测批次的平均检测时长。 2. 到货后质量监督信息:供应商、到货后质量监督(样品比对、抽检验收和全检验收)批次总数、到货后质量监督(样品比对、抽检验收和全检验收)不合格批次数、已完成抽检批次的平均检测时长。 3. 抽检信息:实际完成的检测合格批次数、完成抽检的到货批次总数。 4. 全检信息:实际完成验收的合格批次数、完成全检验收批次总数、全检验收合格数、完成全检验收数、全检验收合格批次中一次检定不合格电能表数、全检验收合格批次中的电能表总数、全检验收合格批次中一次检定不合格电能表数、全检验收合格批次中的电能表总数、全检验收合格批次中的一次检测不合格专变终端数、全检验收合格批次中的专变终端总数、全检验收合格批次中的一次检测不合格低压抄表终端数、全检验收合格批次中的低压抄表终端总数。 5. 退换货信息:应退换货的到货批次、应退换货的数量、重新到货的批次、重新到货的数量、退换货时长。
	分析	1. 供货前质量监督分析:供货前全性能试验检测率、到货后抽检试验检测率。 2. 供货后质量监督分析:中标批次合格率、到货后抽检试验检测率、到货批次不合格率、到货后抽检试验批次合格率、到货后全检验收批次合格率、到货后全检验收合格率、全检验收不合格率、电能表全检验收不合格率、专变终端全检验收不合格率、低压抄表终端全检验收不合格率。 3. 供应商执行分析:供应商应退换货批次占比、重新到货及时率。

环节	分类	内　　容
检定检测	信息	1. 检定信息:检定数量、计划检定数量、完成全检数量、全检不合格数量、检定平均误差。 2. 临检信息:用户临时申请检定的(智能)电能表数、临时检定不合格(智能)电能表数。 3. 检定故障信息:电能表检定设备发生故障次数(按故障原因)、电能表检定设备发生故障总次数、全部电能表检定设备数量。 4. 供应商供货信息:按照供应商、招标批次、设备类型、设备型号等维度统计的设备数量、已到货数、未到货数、已检定数、未检定数、全检合格数、全检不合格数、临检不合格数、申请临检数量。
	分析	1. 检定信息分析:检定计划完成率、检定合格率、电能表临检不合格率、智能电能表临检不合格率。 2. 检定设备故障分析:电能表检定设备年故障率、故障原因占比。 3. 供应商供货质量分析:不同设备类别、批次、厂商检定的平均误差、检定合格率、临检不合格率。
仓储配送	信息	1. 省中心、地市、县、供电所库房仓储信息:各级库房总数量及分类数量(库房分类细化)、库房容量(平库＋立库)、库容面积、仓储设备数量、预警库房数量。 2. 库存资产信息:库存资产类型,库存资产属性分类(如工程用物资、报废物资、定额物资、拆回物资等)数量。 3. 库存周转信息:各级库出库数量、各级库入库数量、配送在途数量。 4. 库龄信息:各时间段库龄设备数量(6个月以下、6个月到1年、1年到2年、2年以上)。 5. 各级库之间配送信息:计划应配送数、实际完成配送数、配送时长、配送抽检数量、配送合格数量。
	分析	1. 各级库房库存分析:各级库房库存周转率。 2. 计量设备库龄分析:各时间段库龄设备占比。 3. 配送质量分析:配送平均时长、配送计划完成、配送抽检合格率。
设备安装	信息	1. 总体安装信息:省、市、县级范围内时间段、安装总量、各类型设备安装数量(类型细分,涵盖关口表)。 2. 关口表信息:8类关口表省级范围内时间段、安装总量(各类型设备、各地市)、安装数量。 3. 安装时长信息:(各单位、各类用户)平均安装时长、分类装表环节平均时长。 4. 计量建设管理信息:当年智能电能表应用数、年度计划下达应用总数、(全口径、直供直管)累计实现用电信息采集的低压用户数、上年度末本单位低压用户总数、(全口径、直供直管)累计实现用电信息采集的专变用户数、上年度末本单位专变用户总数、(全口径、直供直管)智能电能表应用户数、(全口径、直供直管)上年度末本单位用户总数。
	分析	1. 安装计划分析:分设备类型、型号,二级库房库存与二级单位安装计划比对分析。 2. 安装时长分析:分类装表环节时长与分类平均时长分析、超长安装时长统计分析。 3. 用采工程信息分析:智能电能表应用计划完成率、(全口径、直供直管)低压用户用电信息采集覆盖率、(全口径、直供直管)专变用户用电信息采集覆盖率、(全口径、直供直管)用户智能电能表应用率。

续表

环节	分类	内 容
设备运行	信息	1. 档案类信息:计量点信息、运行设备档案信息。 2. 设备运行信息:运行设备数量(电能表、采集终端)、智能表分布信息、运行设备异常信息。 3. 现场周期检验信息:电能表检验(首检、周检)检验数量、电能表检验(首检、周检)合格数量;互感器:校测(周期测试、现场检测)数量、互感器:校测(周期测试、现场检测)合格数量。 4. 运行故障分析、处理信息:设备分类、设备类型、接线方式、制造单位、型号、故障类型、发生日期、持续时间、处理时间、零度户和设备突变数量、运行设备故障数量、发生故障采集设备数、采集设备运行总数。 5. 运行质量监督信息:运行表计划应抽检数量、完成抽检数量、用户电能表实际轮换数量、按规程应轮换电能表总数量。 6. 监督抽检信息:设备分类、运行年限、抽检数量、抽检合格数量(政府监督抽检)。 7. 用户申校信息:设备分类、运行年限、接线方式、电流、(5 个工作日内)出具检测结果数、客户申校总数。
设备运行	分析	1. 设备运行数据分析:一次采集成功率、专变用户日采集成功率、终端当前在线率、远程费控正确率、自动抄表率、低压用户专变用户自动抄表核算率、自动抄表核算电量比率等。 2. 设备运行故障分析:设备故障分布占比、故障类型占比、运行智能电能表分类故障率、运行电能表故障率、运行智能电能表故障率、采集设备运行故障率。 3. 现场检验、检测数据分析:(电能表、电压/电流互感器)现场检测合格率、电压互感器二次回路电压降周期测试合格率、现场校验合格率。 4. 运行设备质量分析:运行表(电能表、智能电能表)抽检计划完成率、用户电能表轮换率、运行电能表抽检合格率、运行智能电能表抽检合格率、监督抽检合格率。 5. 服务质量分析:计量承诺兑现率。
设备拆除	信息	1. 拆除信息:计划拆除数量、实际拆除数量、拆回原因。 2. 设备分拣信息:设备类型、运行年限、设备状态。
设备拆除	分析	拆除信息分析:拆除计划分析、拆除原因分析、拆回再利用分析。
设备报废	信息	报废统计信息:设备类型、设备运行年限、报废类型。
设备报废	分析	报废信息分析:设备类型占比、设备运行年限分析、报废类型占比。

计量检定检测设备状态信息表

环节	分类	内　　容
采购到货	信息	采购合同信息:合同编号、设备大类、设备小类、生产厂商、中标数量、型号、单价、总价、签订日期、交货日期。
	分析	1. 合同到货分析:合同到货率、延迟到货率。 2. 供应商履约分析。
设备验收	信息	验收明细信息:验收人、验收日期、验收内容、验收结论。
	分析	验收信息分析。
运行维护	信息	1. 运行设备档案信息:资产编号、投运日期、状态变更日期、设备状态、存放地点、使用部门/班组、设备管理员、是否计量标准配套设备、所属的计量标准编号、最近溯源日期、有效期。 2. 历次溯源信息:资产编号、溯源单位、溯源证书编号、溯源日期、有效期、溯源结论。 3. 历次维修信息:故障类型、故障发生日期、报告人、具体故障信息、处理意见、是否需维修、维修单号、维修日期、具体维修内容、维修商、维修结果、处理意见。
	分析	1. 溯源信息分析:溯源计划分析、溯源结果分析。 2. 维修信息分析:故障类型占比。
停用管理	信息	停用信息:申请人、申请日期、停用原因、批准人、批准日期。
	分析	停用信息分析:停用原因分析、运行时间分析。
鉴定报废	信息	报废信息:申请人、申请日期、报废原因、鉴定部门、鉴定日期、鉴定结论、批准人、批准日期。
	分析	报废信息分析:报废原因分析、报废类型占比。

附录 4

计量设备全寿命评价指标

环 节	评价指标
采购到货	需求计划准确率、需求计划完成率、合同执行率、合同违约率、合同终止率、及时供货率、延迟供货率。
设备验收	供货前全性能试验检测率、到货后抽检试验检测率、中标批次合格率、到货后抽检试验检测率、到货批次不合格率、到货后抽检试验批次合格率、到货后全检验收批次合格率、到货全检验收合格率、全检验收不合格率、电能表全检验收不合格率、专变终端全检验收不合格率、低压抄表终端全检验收不合格率、重新到货及时率。
检定检测	检定计划完成率、检定合格率、电能表临检不合格率、智能电能表临检不合格率、电能表检定设备年故障率。
仓储配送	库存周转率、设备滞留度、配送计划完成率、配送抽检合格率。
设备安装	智能电能表应用计划完成率、(全口径、直供直管)低压用户用电信息采集覆盖率、(全口径、直供直管)专变用户用电信息采集覆盖率、(全口径、直供直管)用户智能电能表应用率。
设备运行	运行表(电能表、智能电能表)抽检计划完成率、用户电能表轮换率、监督抽检合格率、运行表(电能表、智能电能表)抽检计划完成率、用户电能表轮换率。
	全口径低压用户用电信息采集覆盖率、直供直管低压用户用电信息采集覆盖率、全口径专变用户用电信息采集覆盖率、直供直管专变用户用电信息采集覆盖率、全口径用户智能电能表应用率、直供直管用户智能电能表应用率、低压用户一次采集成功率、低压用户日采集成功率、专变用户一次采集成功率、专变用户日采集成功率、终端当前在线率、远程费控正确率、电能表时钟偏差发现数量、自动抄表率、低压用户自动抄表核算率、专变用户自动抄表核算率、自动抄表核算电量比率、低压用户费控功能实现率、低压用户费控功能应用率、专变用户费控功能实现率、专变用户费控功能应用率。
	用户电压互感器二次回路电压降周期测试合格率、关口电能表现场检测合格率、贸易结算关口电能表现场检测合格率、关口电压互感器现场检测合格率、贸易结算关口电压互感器现场检测合格率、关口电流互感器现场检测合格率、贸易结算关口电流互感器现场检测合格率、关口电压互感器二次回路电压降周期测试合格率、贸易结算关口电压互感器二次回路电压降周期测试合格率、计量承诺兑现率。
	运行智能电能表分类故障率、运行电能表故障率、运行智能电能表故障率、采集设备运行故障率。
	运行电能表抽检合格率、运行智能电能表抽检合格率、监督抽检合格率。

检定检测设备资产全寿命评价指标

环 节	评价指标
采购到货	合同到货率、延迟到货率。
运行维护	标准周期受检率、标准周检合格率、标准考核率、电能表检定设备年故障率、电能表自动化检定系统年故障次数、电能表自动化检定系统可用率、互感器自动化检定系统年故障次数、互感器自动化检定系统可用率、采集终端自动化检测系统年故障次数、采集终端自动化检测系统可用率。

附录 **6**
故障类型分类表

设备类型	故障类型	故障分类
电能表	人为因素	参数设置不正确
		配送不当
		接线错误
		过负荷
		用户操作不当
	外力破坏因素	窃电
		运行过程中损毁
		检定过程中损毁
		电网因素
		丢失
	不可抗力因素	雷击
		雨淋
		地震
		火灾
		高低温
		盐雾
		洪水
	设备质量故障因素	外观损坏
		元器件损坏
		程序设计缺陷
		生产工艺缺陷
		硬件设计缺陷
	用户误报因素	用户误报(计量装置无故障)

续表

设备类型	故障类型	故障分类
采集终端	人为因素	SIM 卡欠费
		SIM 卡故障
		档案信息错误
		接线错误
		过负荷
		配送不当
		通信信道故障
		载波模块与终端不匹配
	外力破坏因素	窃电
		运行过程中损毁
		检定过程中损毁
		电网因素
		丢失
	不可抗力因素	雷击
		雨淋
		地震
		火灾
		高低温
		盐雾
		大风
		洪水
	设备质量故障因素	外观损坏
		元器件故障
		通信模块故障
		生产工艺缺陷
		硬件设计缺陷
		程序设计缺陷
		版本错误
		数据抄读不准确
		控制异常

续表

设备类型	故障类型	故障分类
互感器	人为因素	倍率差错
		极性错误
		接线错误
		过负荷
		配送不当
	外力破坏因素	窃电
		运行过程中损毁
		检定过程中损毁
	不可抗力因素	雷击
		电网振荡
		地震
		火灾
		污闪
		盐雾
	设备质量故障因素	断相
		误差超差
		二次回路接触不良
计量生产设施	人为因素	入库时参数填写错误
		没开电源
		检定人员疏忽
		RFID 写入错误
	外力破坏因素	丢失
		检定过程中损毁
		输送过程中损毁
		消防/空调漏水
		地震
		火灾
		断电
	设备质量故障因素	软件错误
		硬件错误

参考文献

［1］国家电网公司.电力安全工作规程.2005.

［2］陈向群.电能计量技能考核培训教材［M］.北京:中国电力出版社,2007.

［3］王月志.电能计量［M］.2版.北京:中国电力出版社,2006.

［4］李友红.多功能电能表计量应用的现状与展望［J］.电测与仪表,2007(4).

［5］康广庸.电能计量装置故障接线分析模拟与检测［M］.北京:中国水利水电出版社,2007.

［6］国家电网公司生产运营部.电能计量装置现场检验作业指导书,2006.

［7］吴安岚.电能计量及装表技术［M］.北京:中国水利水电出版社,2008.

［8］吕振勇.电力营销法律法规知识［M］.北京:中国电力出版社,2002.

［9］中华人民共和国国家经济贸易委员会.DL/T448—2000电能计量装置技术管理规程.

［10］中华人民共和国国家经济贸易委员会.DL/T825—2002电能计量装置安装接线规则.

［11］国家质量监督检验检疫总局.JJG313—2010测量用电流互感器［M］.北京:中国计量出版社,2011.

［12］国家质量监督检验检疫总局.JJG314—2010测量用电压互感器［M］.北京:中国计量出版社,2011.

［13］李国胜.电能计量及用电检查实用技术［M］.北京:中国电力出版社,2009.

［14］徐登伟.电能计量工作手册［M］.北京:中国电力出版社,2011.

［15］孙褆.电能计量新技术与应用［M］.北京:中国电力出版社,2010.

［16］宗建华.智能电能表［M］.北京:中国电力出版社,2010.

［17］国家电网公司生产技能人员职业能力培训专用教材.电能计量.2011.

［18］国家电网公司生产技能人员职业能力培训专用教材.装表接电.2011.

［19］付艮秀.电能计量实验实训教程［M］.北京:中国电力出版社,2009.

［20］毕满昳.电能计量职业能力培训习题集［M］.北京:中国水利水电出版社,2010.

［21］中华人民共和国国家发展和改革委员会.DL/T614—2007多功能电能表［M］.北京:中国电力出版社,2008.

［22］国家电网公司人力资源部.计量基础知识［M］.北京:中国电力出版社,2010.

［23］JJG596—2012《电子式交流电能表检定规程》.

［24］国家电网公司省级计量中心"四线一库"全过程管理工作指导意见,2012.

［25］国家电网公司,SGPMSS 总体设计说明书.

［26］国家电网公司,省级计量中心生产调度平台功能规范,2013.

［27］国家电网公司,营销计量资产全寿命周期管理指标库,2012.

［28］国网重庆市电力公司,基于信息系统的计量业务集约化管理,2013.